彩图 4-27　银杏

彩图 4-29　玉兰

彩图 4-39　′钻天′杨

彩图 4-42　山楂

彩图 4-43　梅

彩图 4-44　碧桃
(a) 碧桃整株；(b) 碧桃花

(a)

(b)

彩图 4-45　山桃
(a) 山桃整株；(b) 山桃干皮

(a)

(b)

彩图 4-49　双荚决明

(a)

彩图 4-50　凤凰木
(b)　(a) 凤凰木整株；(b) 凤凰木的花

(b)

(a)

彩图 4-53　槐树

(a) 槐树整株；(b) 槐树花

(b)

(a)

彩图 4-54　紫薇

(a) 紫薇整株；(b) 紫薇花

彩图 4-56　山茱萸

彩图 4-57　四照花

彩图 4-58　栾树

(a)

彩图 4-59　七叶树
(a) 七叶树整株；(b) 七叶树花

(b)

彩图 4-64　红鸡蛋花

彩图 4-70　蓝花楹

彩图 5-2　南天竹秋冬红叶红果

(a)

(b)

彩图 5-3　红花檵木
(a) 红花檵木整株；(b) 红花檵木花

(a)　　　　　　　　　　　　　　　　　(b)

彩图 5-4　山茶
(a) 山茶枝叶；(b) 山茶花

彩图 5-8　垂枝红千层（串钱柳）

彩图 5-9　'洒金'东瀛珊瑚

(a)

彩图 5-11　枸骨
(a) 枸骨整株；(b) 枸骨果

(b)

彩图 5-13 变叶木

彩图 5-14 一品红

彩图 5-18 假连翘

彩图 5-19 '金叶'假连翘

(a)

(b)

彩图 5-20 五色梅
(a) 五色梅整株;
(b) 五色梅'Flava'的花

彩图 5-23　凤尾兰

彩图 5-25　牡丹

(a)

(b)

彩图 5-27　木芙蓉
(a) 木芙蓉整株；(b) 木芙蓉花

(a)

(b)

彩图 5-29　八仙花
(a) 八仙花的叶；(b) 八仙花的花

(a)   (b)

彩图 5-30　太平花
(a) 太平花整株；(b) 太平花的花

(a)   (b)

彩图 5-31　日本贴梗海棠
(a) 日本贴梗海棠整株；(b) 日本贴梗海棠花

彩图 5-32　白鹃梅

(a)   (b)

彩图 5-33　棣棠
(a) 棣棠整株；(b) 棣棠花

彩图 5-34　榆叶梅

彩图 5-35　现代月季

(a)

(b)

彩图 5-37 黄刺玫
(a) 黄刺玫整株；(b) 黄刺玫花

(a)

(b)

彩图 5-38 珍珠梅
(a) 珍珠梅整株；(b) 珍珠梅花

彩图 5-39 珍珠花

(a)   (b)

彩图 5-41 金凤花
(a) 金凤花整株；(b) 金凤花的花

(a)   (b)   (c)

彩图 5-42 红瑞木
(a) 红瑞木整株；(b) 红瑞木的花；(c) 红瑞木的果

彩图 5-43 小紫珠

彩图 5-46 连翘

彩图 5-47　迎春

彩图 5-50　蓝丁香

(a)

(b)

彩图 5-54　猬实
(a) 猬实整株；(b) 猬实的花

彩图 5-55　金银木
(a) 金银木整株；
(b) 金银木的花；
(c) 金银木的果

(a)

(b)

(c)

彩图 5-56 天目琼花
(a) 天目琼整株；
(b) 天目琼的花；
(c) 天目琼的果

(b)

(c)

(a)

彩图 6-3 炮仗花
(a) 炮仗花茎蔓；
(b) 炮仗花的花

(a)

(b)

彩图 6-5 紫藤
(a) 紫藤整株；
(b) 紫藤的花

(b)

(a)

彩图 6-7 美国凌霄

(a) 美国凌霄整株；(b) 美国凌霄的花

彩图 7-2 粉单竹

彩图 7-4 毛竹

彩图 8-1 假槟榔

彩图 8-7 银海枣

彩图 9-3　雏菊

彩图 9-4　翠菊

彩图 9-5　凤尾鸡冠（火炬鸡冠）

彩图 9-6　醉蝶花

彩图 9-9　须苞石竹

彩图 9-13　香雪球

(a)   (b)

彩图 9-14 紫茉莉
(a) 紫茉莉整株；(b) 紫茉莉花

彩图 9-20 孔雀草   彩图 9-21 夏堇

彩图 10-4 长春花
(a) 长春花植株；
(b) 长春花的花

(a)   (b)

(a)   (b)

彩图 10—9 荷包牡丹

(a) 荷包牡丹植株；(b) 荷包牡丹的花

彩图 10—18 芍药   彩图 10—20 随意草

彩图 10—22 费菜   彩图 10—24 银叶菊

彩图 11-4　番红花

彩图 11-8　忽地笑

彩图 11-9　鹿葱

彩图 11-10　葡萄风信子

彩图 11-14　郁金香

(a)

(b)

彩图 12-2　山荞麦
(a) 山荞麦茎蔓；(b) 山荞麦的花

彩图 12-3　羽叶茑萝

彩图 12-5　蔓长春花

彩图 12-6　花叶蔓长春

彩图 13-4　荷花

彩图 13-6　荇菜

彩图 13-7　大藻

彩图 13-13　王莲

彩图 13-17　金琥

彩图 13-18　仙人掌

普通高等教育土建学科专业"十一五"规划教材
高校风景园林（景观学）专业规划推荐教材

园林植物学
Landscape Plant

董　丽　包志毅　编著
苏雪痕　张启翔　主审

中国建筑工业出版社

图书在版编目（CIP）数据

园林植物学／董丽等编著. —北京：中国建筑工业出版社，2012.6
普通高等教育土建学科专业"十一五"规划教材 . 高校风景园林
（景观学）专业规划推荐教材
ISBN 978-7-112-14449-5

I.①园… II.①董… III.①园林植物－植物学－高等学校－教材
IV.① S68

中国版本图书馆 CIP 数据核字（2012）第 143968 号

责任编辑：王 跃 陈 桦 杨 虹
责任设计：赵明霞
责任校对：王誉欣 刘 钰

普通高等教育土建学科专业"十一五"规划教材
高校风景园林（景观学）专业规划推荐教材
园 林 植 物 学
董 丽 包志毅 编著
苏雪痕 张启翔 主审

*

中国建筑工业出版社出版、发行(北京西郊百万庄)
各地新华书店、建筑书店经销
北京嘉泰利德公司制版
北京云浩印刷有限责任公司印刷

*

开本：787×1092 毫米 1/16 印张：23 插页：12 字数：650 千字
2013 年 8 月第一版 2017 年 8 月第七次印刷
定价：52.00 元
ISBN 978-7-112-14449-5
（22541）

本教材编写委员会

主　　编：董　丽
副 主 编：包志毅
参编人员：郝培尧　于晓南　陈瑞丹　李湛东　刘秀丽
　　　　　周　丽　晏　海　潘剑彬　王玮然　张　凡
　　　　　翟　蕾　陈　珂　刘　曦　乔　磊　廖圣晓
　　　　　雷维群　李　冲　张　超　王彦杰　徐晓蕾
　　　　　杨德凭　谢晓蓉　贾培义　章银柯　邵　峰
　　　　　宁惠娟　宋爱春　王　阔　王晓倩　李晨然

前　言

随着我国风景园林一级学科地位的确立，风景园林建设正得到全社会的重视。园林植物是构成风景园林景观的最基本和最重要素材，不仅在实现风景园林的实用和美学功能中发挥重要作用，而且是生态环境建设的必要条件。植物这一具有生命力的素材，是其他具有生命活力的景观得以实现的基础，因而也是景观多样性的基础。正因如此，在风景园林（景观学）专业的培养计划中，园林植物学是专业教育平台上的一门核心课程，同时也是许多相关学科、专业的重要专业或专业基础课程。本教材正是为了满足这方面教学的需要而组织编写的，主要适用于风景园林专业、景观学专业及园林专业，同时也可作为建筑学、城乡规划学、旅游管理、草业科学、环境艺术等相关专业的教学参考书，对于从事风景园林及绿化行业等相关工作的专业人员也是重要的参考资料。

针对当前我国风景园林专业和景观学专业普遍的课程设置情况及教学特点，本教材主要包含了两部分内容。第一部分是园林植物学基础：主要包括种子植物的器官形态和自然分类以及植物的生长发育及环境影响，目的是为学生在进入园林植物学的学习之前，先学习必要的植物学基础知识。第二部分是园林植物学：主要包括园林植物类型及各论。园林植物的各论包含了木本的园林树木和草本的园林花卉，并根据植物的形体特征或生长发育特征，尤其是根据风景园林（景观学）专业的需求重点考虑植物的园林应用特点，将园林树木分为园林乔木、园林灌木、园林藤本；将园林花卉分为一、二年生花卉、宿根花卉、球根花卉、攀援及蔓性花卉、水生花卉、蕨类植物、多浆类花卉及草坪草。考虑到以木本为主的竹类和棕榈类植物在形态、生物学习性及应用方面的特殊性，将其独立成章，以方便教学。这部分内容是教材的主体部分。

由于我国东西、南北气候差异大，期望在一本书中囊括所有风景园林建设用到的植物种类是不现实的。编著者在各论种类的选择过程中仔细斟酌，并多方请教专家，力求包含我国各地园林中最重要和最常见的风景园林植物种类以及我国特产的重要资源，对于园林应用广泛的栽培类群，则尽量列出重要品种。全书共收集园林乔木 257 种（变种、品种），园林灌木 222 种（变种、品

种），园林藤本 45 种（变种、品种），竹类 22 种及品种，棕榈类 22 种及品种，
一、二年生花卉 39 种及变种，宿根花卉 62 种及变种，球根花卉 23 种及变种，
攀援及蔓性花卉 17 种，水生花卉 19 种，蕨类植物及多浆类花卉 11 种及品种，
草坪草 17 种，合计 756 种。对于每个种类，从形态及观赏特征、原产地、繁
殖方式及园林应用几个方面进行介绍，力求提供与应用设计相关的较全面的植
物信息。重要种类配有彩色插图。

教材中部分插图等资料转引自或参考临摹自相关文献，限于篇幅未能一一
标注，将参考文献列于书后，谨致谢忱。

教材编写过程中，北京林业大学苏雪痕教授在种类确定过程中倾力指导，
并与北京林业大学副校长张启翔教授对全文进行了审阅，在此致以诚挚谢意。

北京林业大学教务处、园林学院和中国建筑工业出版社的大力支持是完成
教材编写的重要力量，在此衷心感谢。

书中如有错误及不当之处，敬请读者指出。

董丽

2013 年 3 月

目 录

绪　论

第一节　园林植物的概念及
园林植物学的研究内容

　　园林植物（Landscape plant）是一切适用于园林绿化（从室内花卉装饰到风景名胜区绿化）的植物材料的统称，既包括木本植物，也包括草本花卉；既有观花植物（即狭义的花卉），也有观叶、观果及观树姿等以及适用于园林绿化和风景名胜区的若干保护植物（环境植物）和经济植物（陈俊愉，2001）。随着城乡风景园林建设的发展，园林植物概念所涵盖的范围越来越广。许多传统上并没有被列入园林植物的种类，因其在生态环境建设、园林结合生产甚至在种质资源保存及科普教育等方面的重要价值，也被广泛应用于风景园林建设中。而且，随着新物种的不断发现和引种、新品种的不断培育和应用，园林植物的种类也必将越来越丰富。

　　园林植物是构成风景园林的基本要素。园林植物学是研究园林植物的分类、生物学特性、生态习性、观赏特性及园林应用的一门科学，与植物学、植物生态学、景观生态学、风景园林规划与设计等学科有着密切的关系。园林植物学是风景园林（景观学）专业的重要专业基础课，是风景园林植物景观规划设计、园林设计、景观生态修复等课程的先行课程，为上述课程奠定植物材料基础。

第二节　园林植物的作用

　　全球范围内日益加剧的气候变化以及我国快速发展的城市化进程，使得人居环境建设的提升面临着巨大的挑战。风景园林是人居环境建设的重要内容，而植物是构成风景园林的基础，是风景园林中最重要的具有生命活力的景观要素。植物以其独有的生命代谢活动成为自然界的初级生产力，在应对全球气候变化、受损环境的生态修复、多样化的栖息地建设及舒适的微环境营造等方面扮演着重要的角色。同时，植物的美学特征是构成人类宜居家园不可缺少的审美元素，植物还具有深厚的文化内涵，成为人类精神文明的载体，这些都使得风景园林植物成为人类宜居环境建设中不可缺少的重要内容，其发挥的作用是其他景观要素所永远不可替代的。本节简要介绍园林植物在人居环境建设中的作用。

一、园林植物改善和保护环境的作用

1. 降低温度

　　城市环境中由于大量的铺装和建筑形成了热岛效应。园林树木浓密的树冠在夏季能吸收和散射、反射掉一部分太阳辐射能，能阻挡阳光 80% ~ 90%

的热辐射，减少地面增温。此外，树木强大的根系不断从土壤中吸收大量水分，经树叶蒸发到空气中，通过蒸腾作用消耗城市空气中的大量热能，从而实现降温效益。即使是生态效益最低的绿地类型如草坪也会通过植物叶片的蒸腾作用降低绿地表面的温度。绿色植物的这一作用是缓解城市热岛效应的最有效途径。

2. 增加空气湿度

植物的蒸腾作用不仅是地球生物圈水分循环的重要途径之一，园林植物的蒸腾作用在降低温度的同时还具有增加空气湿度的效果。如一株中等大小的杨树，在夏季的白天每小时可由叶部蒸腾水 25kg，一天的蒸腾量就有 500kg 之多。研究表明，一般树林中的空气湿度要比空旷地的湿度高 7%～14%。植物的这一增湿作用对于气候干旱地区改善城市生态环境及在园林绿地中为居民营造舒适的微气候环境具有重要的意义。

3. 净化空气

城市环境中由于人类的各种生产和生活活动，造成严重的空气污染，包括大气尘埃、有害细菌、有毒气体等。园林植物在改善空气质量方面发挥着重要的作用。

园林植物的枝叶可以阻滞空气中的尘埃。许多园林树种冠大而浓密、叶面多毛或粗糙以及分泌有油脂或黏液，对粉尘有截流和吸附作用。此外，园林植物还通过降低风速而起到降尘作用，从而实现滞尘效应。覆盖地面的地被植物则可避免地表扬尘而达到净化空气的作用。

粉尘是空气中细菌的载体，园林植物通过其枝叶的吸滞、过滤作用减少粉尘而减少城市空气中的细菌含量，改善大气质量。有些树种还能分泌一些杀菌素，常见的如松树，其分泌物被誉为"空气维生素"，对预防感冒有很好的功效；而桉树的挥发物则能杀死结核菌、肺炎病菌等。

大气污染包括多种有毒气体，其中以二氧化硫（SO_2）、氟化氢（HF）以及氯气（Cl_2）为主。园林植物具有吸收不同有毒气体的能力，故可在环境保护方面发挥相当大的作用。如忍冬、卫矛、旱柳、臭椿、水曲柳、水蜡等均对二氧化硫和氯气有较强的吸收能力；泡桐、梧桐、大叶黄杨、女贞、榉树、垂柳等则对氟（F_2）有较好的吸收能力。

合理应用园林植物还可以增加空气负离子含量，创造出适宜的人居环境。负离子即空气中的负氧离子，具有杀菌、降尘、清洁空气的功效。一般情况下，地球表面负离子浓度在每立方厘米数千个。在城市中，由于环境污染，一般负离子浓度仅 600 个 /cm^3 以下；在城市街道等区域，负离子含量仅为 100～200 个 /cm^3，过低的负离子含量可诱发人体生理障碍。绿色植物在旺盛的光合作用过程中的光电效应和充沛的流水冲刷、撞击时能产生大量负离子，从而显著增加空气中的负离子含量。

4. 降低噪声

城市中由于繁忙的交通及各种生产活动造成了严重的噪声污染。园林绿地中大量栽植植物具有显著的减弱噪声的作用。园林植物如雪松、桧柏、水杉、悬铃木、垂柳、臭椿、樟树、榕树、桂花以及女贞等都是隔声效果较好的树种。如果植物配植合理，4 ~ 5m 宽的林带能降低噪声 5dB。利用植物在居住区外围形成一道隔声减噪的屏障，对保护居住区内的环境有重要作用。

5. 涵养水源、保持水土

植物发达的根系可固定土壤，使土壤流失减少，使得更多的水分积蓄在土壤中，从而达到涵养水源、保持水土的作用。植物树冠截留部分降水量，可有效减小雨水对于地面的冲刷力，防止水土流失。这些作用反过来减少地表径流，进而减少土壤流失，增加水分蓄积。此外，植物蒸腾作用加速水循环，使降雨量增多，对涵养水源也十分有利。

6. 防风固沙作用

大规模的树林有着良好的防风作用。选择抗风性能强、根系发达的树种种植成行、成带、成网、成片的防风林，当风遇到树林的时候，经过树林的阻挡和削减作用，风速得以降低，从而减弱或避免强风带来的各种自然灾害或不利效应。适应当地土壤气候条件的乡土树种，尤其是树冠成尖塔形或柱形而叶片较小的树种，如东北和华北地区的杨、柳、榆、白蜡等，华中到华南地区的马尾松、黑松、圆柏、榉、乌桕、柳、台湾相思、木麻黄等均是良好的防风林树种。在沙漠地区，通过防风林减弱风对沙粒的搬运作用而起到固沙的效果。通过植物配植减弱风力，也可降低风力对地表土壤的破坏，从而减弱或避免土壤的沙漠化。

7. 抗灾防火

一些园林植物含树脂少，不易燃烧，由于具有木栓层且富含水分，着火时不易产生火焰，植成隔离带，能起到一定的防火作用。如珊瑚树、苏铁、银杏、榕树、女贞、木荷、青冈栎等均是防火作用较好的树种。

此外，城市中大量的建筑材料产生了严重的光污染，而园林植物可以有效减弱光的反射，起到减弱城市眩光的作用。

8. 维护生物多样性的作用

生物多样性（biodiversity）是地球上各种生物——植物、动物和微生物等组成的生态综合体，是人类社会赖以生存和发展的基础。在城市环境中，园林植物自身的物种多样性不仅对改善和保护环境具有重要的意义，同时还是许多其他生物赖以生存的条件，如为动物提供食源和栖息地，土壤微生物的活动等均依赖于良好的植物环境。随着人们对环境保护认识的不断提高，在城市园林绿化中遵循生物多样性原则也越来越被重视，保留天然森林和自然景观，强调乡土树种的选择及合理配植，协调动物、植物、微生物的关系，维护和增加城市的生物多样性，已成为当代园林植物景观设计的共识。

二、园林植物观赏和美化环境的作用

园林植物种类繁多，色彩丰富，形态各异，具有极高的观赏价值。在园林绿化建设中，通过合理的设计，园林植物既可以成为被观赏的对象，也可以与其他环境要素相配置而起到美化环境的作用。

1. 园林植物的观赏作用

园林植物具有丰富多彩的姿、色、香、韵等美学特征。无论单体还是不同种类、不同数量构成的群体，常常是人们欣赏的对象。小到一盆或遒劲、或飘逸的盆景，大到一棵或树形丰美、或色彩绚烂的孤植树，都是把园林植物单体作为审美对象。而春季香雪海一样的梅林，秋季层林尽染的红叶，则体现了园林植物群体的观赏价值。

2. 园林植物美化环境的作用

园林植物除自身作为审美对象之外，还在人居环境的美化中扮演着最为重要的角色。无论居住在乡村还是城市，无论日常的生活、工作环境，还是节假日的休闲度假胜地，无论城乡开放的大空间，还是居室内外的小空间，人们渴望青山绿水、鸟语花香的优美环境，而除植物外，无以当此重任者。

（1）园林植物和建筑

人们生活、工作的建筑环境是高度人工化的最缺少自然元素的环境。因此，自古以来利用植物美化建筑内外空间早已成为传统。《园冶》中的"梧阴匝地，槐荫当庭，插柳沿堤，栽梅绕屋，结茅竹里"之句就充分表达出植物对建筑空间功能完善和景观美化的重要性。

园林植物与建筑搭配，不仅可使建筑主题更加突出，而且可以减缓或消除建筑因为造型、尺度、色彩、质感等原因与周围的环境不和谐，软化界限，同时丰富建筑的艺术构图和色彩，活化建筑物线条，赋予建筑以时间和空间的生命感。

（2）园林植物与山水

水虽然自有灵气，然而缺乏植物，其美则逊。无论是自然界的各种水域，还是园林中人工营造的水景，正因为有了"接天莲叶无穷碧，映日荷花别样红"，有了"柔条拂水"、"疏影横斜"，有了"波摇影晃，风送荷香"，才使得水景成为人们千古吟咏的对象，其中植物的美化作用不可或缺。

宋代山水画家郭熙在《林泉高致集·山水训》中谈到"风景以山石为骨架，以水为血脉，以草木为毛发，以烟云为神采。故山得水而活，得草木而华，得烟云而秀媚"，可以看出植物对于山体的重要作用。有了植物，才有四季不同的景色，植物赋予了山体生命和活力。

植物除了美化山水、建筑从而美化人居环境之外，还是装点节日、烘托节日气氛的重要材料。大到城市街道广场上花的海洋，小到居家环境的墙角几案，植物的美化、装饰也成为生活中不可或缺的内容。

三、园林植物的文化和教育作用

园林植物由于其自身的特性，还具有一定的文化、教育作用。在我国源远流长的文明发展历程中，植物文化享誉于世。其中以植物来寓意人类某些美好的品质，又在欣赏植物的过程中提高自身的审美情趣和道德情操是最为深刻和广泛的。如千古流传的"梅兰竹菊"四君子，岁寒三友"松竹梅"，出淤泥而不染的荷花，雍容华贵、富丽堂皇的牡丹等都成为中华文化不可分割的组成部分。

地域特色是一个地区自然景观与历史文脉的综合，是一个地区真正区别于其他地方的特性。园林植物景观受地区自然气候、土壤等条件的制约，受社会、经济、文化、地方风俗等的影响，在具有历史脉络的场所中，形成了不同的地方风格，最突出的例子莫过于国树、国花、市树、市花。国花、国树、市花、市树的形成就是植物本身所具有的象征意义上升为该地区文明的标志和城市文化的象征。如上海的白玉兰、广州的木棉、杭州的桂花、扬州的琼花、昆明的山茶、泉州的刺桐及重庆的黄葛树都具有悠久栽培历史与深刻的文化内涵，并深受当地人们的喜爱，这些植物的应用丰富了城市美的内涵，使城市文脉得以延续，提升了当地居民对城市的认同感。而杭州西湖的"十里荷风"，北京的"香山红叶"等，甚至成为城市的代言和标志。园林植物文化成为城市精神内涵不可或缺的重要部分，由此可见一斑。

一个城市的历史以及地方特色还常常体现在一个城市的古树名木上。古树是历史的见证，活的文物；名木是珍贵的资源，它们都是具有很高文化价值的历史遗产，是城市文化浓墨重彩的一笔。另外，具有明显科技价值、科普意义的植物在城市中的应用，可以从一个方面提升大众的科技水平和文明修养，间接地推动一个城市的文明进程。

四、园林植物的生产和经济作用

园林植物的生产和经济效益表现为两个方面。一方面，园林植物的生产是绿化产业的重要内容。以园林花卉为例，据有关方面统计，近年来，世界花卉产业每年以6%的速度增长。2003年全球花卉产业总产值就已达1018.4亿美元。我国花卉产业起步比较晚，但是已经取得了长足进步。近10年来，我国花卉产业产值年平均增长20%以上，经济效益明显。另外，许多园林植物，既有很高的观赏价值，又不失为良好的经济树种，如桃、梅、李、杏、枇杷、柑橘、杨梅等既是园林植物，又是经济价值较高的果树；松属、胡桃属、山茶属、文冠果等树种的果实和种子富含油脂，为木本油料；玫瑰、茉莉、含笑、白玉兰、珠兰、桂花等著名花木，富含芳香油；很多花木的不同器官都可以入药，如银杏、牡丹、十大功劳、五味子、紫玉兰、枇杷、刺楸、杜仲、接骨木、金银花等均为药用花木。此外，还有不少树种可以提供淀粉类、纤维类、鞣料类、橡胶类、树脂类、饲料类、用材类等经济副产品。这些植物均可园林应用结合生产，实现生态和经济两方面的效益。

第三节 园林植物栽培和应用简史

人类对植物的利用伴随着其进化的历史。但是，只有在生产力有了一定的发展后，人们才开始从因实用目的而栽培植物转向实用和观赏兼顾或者专门栽植植物供观赏。这一过程伴随着园林的发展过程，中外皆同。

一、国外园林植物栽培和应用简史

在古埃及，因为葡萄和无花果可以提供遮荫和美味的水果而被种植在聚居地的周围和园圃内。到公元前 1500 年时，种植果树、蔬菜的实用性的园子演变成具有围墙、规则式种植床和水池、栽植的树木等装饰性设计的花园。之后不久，就种植了专为赏花而栽植的植物。在十八王朝时期的古埃及的宅园中，除了以规则式种植的棕榈、柏树、葡萄等木本植物外，还在规则式的植坛中种植有虞美人、牵牛花、黄雏菊、玫瑰、茉莉、夹竹桃等草本和木本花卉。

古巴比伦高度发达的文明也孕育了发达的园林艺术和技术。在古巴比伦的宫苑中不仅大量种植树木，而且结合其发达的建筑技术，孕育了举世闻名的"空中花园"，"空中花园"中不仅种植乔木，还种植蔓生和悬垂花卉美化柱廊和墙体。

古希腊文化、艺术和科学的繁荣，也促进了园林的发展和园林植物的应用。在荷马（Homer）的史诗"奥德赛（Odyssey）"中（公元前 19 ~ 18 世纪）曾这样描述古希腊的花园：园子被树篱所围绕，"里面树木茂盛，梨、石榴及苹果结满硕果，还有甜蜜的无花果及硕果累累的油橄榄。肥沃的葡萄园中栽满葡萄，在最后的两排树外面，布置着规划整齐的花园，其中鲜花四季开放。"公元前 5 ~ 4 世纪,许多聚会场所和纪念场所都栽植有大量树木进行遮荫和装饰。当时的雅典就有了专卖食品和花卉的市场，大多数的公共或个人纪念活动都需要花环、花圈及花冠等花卉饰品，因此花卉市场在那时就已经必不可少。古希腊园林中应用的花卉品种亦非常丰富，不仅有葡萄、柳树、榆树和柏树，而且月季随处可见，三色堇、百合、番红花、风信子等至今仍在广泛应用的草本花卉种植也相当普遍。

古罗马早期的园林以实用为主要目的，园中以种植果树、蔬菜以及香料和药草植物为主，但也有以纯粹供观赏的百合、罂粟、蔷薇等。之后由于受希腊文化的影响，罗马的园林也得以发展。古罗马的园林主要是规则式布局，花园中有整齐的行道树，几何形的花坛、花池，修剪整齐的绿篱，以及葡萄架、菜圃和果园等，一切都呈现出井然有序的人工美。植物造型在古罗马园林中受到重视，黄杨、紫杉和黄柏等常绿植物常被修剪成各种形式的篱、几何形体、文字、图案甚至一些复杂的动物和人物形象，被称为绿色雕塑或植物雕塑（topiary）。花卉则主要以花坛、花台等形式种植，而且还出现了以绿篱围合、内部图案复杂的迷园，而且那时就有了蔷薇专类园。花园中，美丽的林荫道、爬满常春藤的柱廊，有大量的树丛和番红花、晚香玉、三色堇、冠状银莲花等组成的花坛，已经应用较多。这种花卉布置的方式对后来西方园林的风格具有深远的影响。

中世纪时，社会动荡，人们多居住于城堡，园林以实用性为主，城堡内通常有一个蔬菜花园（kitchen garden），栽植果树、蔬菜及药草和香料植物。后期随着游乐型园林的出现，树木、花卉逐渐取代了早期的实用栽培，花卉应用的形式则以低矮的绿篱组成图案式的花坛为主，内部铺设碎石、沙或种植色彩艳丽的草花，被称为结园（knot garden）。寺庙园林中常常通过两条垂直交叉的路将花园分成四部分，每个种植床以锦熟黄杨（*Buxus sempervirens*）镶边，里面种植花卉和药草及香料植物。在富有的城市人的花园中，则经常种着观赏植物及果树，蔬菜及药草。蔷薇（*Rosa* spp.）、苹果（*Malus pumila*）、梨（*Pyrus* spp.）和无花果（*Ficus carica*）是那个时代最受欢迎的花卉和果树。草地极为普遍，上面还种有各种各样的野花。这些小型的城市花园有围墙或篱笆，也有的用树篱围合，树篱的植物长得非常茂盛。

文艺复兴时期，园林艺术的发展达到了前所未有的高度，对植物的研究也有了长足的进展。在文艺复兴初期的意大利就产生了用于科研的植物园及温室，对植物的引种取得了突出的成就，如帕多瓦植物园当时就引种了凌霄、雪松、仙客来、迎春花以及多种竹子，即使在全欧洲也是首次引进。文艺复兴中期的意大利花园中仍然以规则式的绿丛植坛和树坛为植物配置的主要形式，通过对植物修剪形成墙垣、栏杆、入口拱门、背景、围墙等，花坛由以前的直线形变成曲线形，图案更为复杂和精致，做成各种徽章及文字的形式，植物雕塑应用更多，点缀于角隅和道路交叉点上，造型也更为复杂。文艺复兴时期的法国园林，表现的是高度的秩序和庄重典雅的贵族气势，因此植物景观的布局形式以大手笔的规则式布局为主，模仿衣服上刺绣花边的刺绣花坛是这一时期花卉配置的新形式，复杂精致且规模宏大的刺绣花坛，多是将常绿植物修剪出纹样，以花卉或彩色石砾和沙子填充于纹样之间起到衬托作用，与周围修剪整齐的绿篱、树墙、林荫道以及外围的丛林形成园林中主要的植物景观。虽然植物雕塑也有应用，但摆脱了原来的繁琐和堆砌而具有简洁明快和庄重典雅的效果。

从 17~19 世纪，欧洲大量引进国外的观赏植物资源，随着植物学及观赏植物育种技术的迅速发展，西方园林中植物的品种极大地丰富，植物景观也越来越多样化。尤其是到 19 世纪及之后，花卉的应用成为园林景观的重要内容，并且出现了以专门欣赏花卉为主的花园以及各类花卉的专类园。19 世纪后期，由于大工业的发展，许多西方国家的城市日益膨胀、人口集中，大城市生态环境急剧恶化，开始出现居住条件明显两极分化的现象。此时，越来越多的人成为中产阶级，它们住在独立的或有庭院的房子里，热衷于建造花园，城市花园盛行一时，观赏植物的园艺品种极为丰富，成为花园展示的重要内容。

第一次世界大战以后，各种艺术流派迭兴，也对园林艺术产生了重大的影响。把现代艺术和现代建筑的构图法则运用于造园设计乃至植物景观设计中，从而形成一种新型风格的"现代园林"。20 世纪 80 年代，随着"自然园艺"在英国的逐渐流行，人们深刻意识到回归自然的重要性，野生植物特别是野生花卉和一些具极高观赏价值的观赏草类逐渐应用于园林中。这两类植物生长健壮、管理粗放、自播能力强，形成的景观自然优美，富有野趣，深受人们喜爱。

进入 20、21 世纪以来，园林植物的各种引种、育种和栽培、繁殖技术不断提高，促使植物新优种和品种层出不穷，各种矮生植物、匍地或垂枝植物、彩叶植物及丰富多样的花色品种都广泛应用于园林中，为提升园林的景观效果和生物多样性发挥了重要作用。同时，由于全球气候变化和因对自然资源的过度利用而导致的资源匮乏，加上生物入侵带来的各种生态环境问题，人们开始意识到利用乡土植物、保护生物多样性的重要性，开始大力提倡以可持续性为目标的利用乡土植物为主的植物景观的营造。

二、我国园林植物栽培和应用简史

中华文明源远流长。中华民族自古热爱自然，钟情草木。伴随着园林的发展，园林植物的栽培和应用也具有悠久的历史传统。

殷周至秦朝末期（距今约 3000 ~ 2000 年）随着园林的萌芽，苑囿园圃开始出现，人们开始引种、栽培、应用和欣赏各种观赏植物。在春秋时期（公元前 770 ~ 前 476 年），城市快速发展，民间经营的园圃也普遍起来，带动了植物栽培技术的提高和栽培品种的多样化。同时，出现了单纯的以经济为目的的植物栽植活动，许多食用和药用的植物被逐渐有意识地培育成以观赏为主的花卉。秦朝期间，秦始皇于咸阳渭水南面兴建了"上林苑"，除了大量天然植被外，还从各地引进 2000 多种奇花异草珍果，如梅花、木兰、柿、柑橘、桃、女贞、黄栌、杨梅、枇杷等。

东汉、晋、南北朝时期（距今约 2000 ~ 1500 年），是中国历史上的一个动荡时期，南北分立，战乱频繁。但这个时期的植物栽培已由经济、实用型为主逐渐转向以观赏、美化目的为主，而且开始大规模引种活动。据《三辅黄图》

记载，汉朝时长安扩修上林苑，大量收集各地嘉果名花，多达3000余种，为保证个别南方植物在苑内成活还配备了温室栽培设施。上林苑内有大量以植物命名的宫殿，如扶荔宫、葡萄宫、五柞宫、细柳观、白杨观等，说明了先民对于植物审美的重视。在此阶段，城市绿化也逐步发展起来，在《蜀都赋》中有"被以樱、梅，树以木兰"之句，可见花木、果树已作为城镇或庭园的绿化树种广泛应用了。晋朝（公元265～420年）中国观赏园艺在原有基础上有较大提高，大量植物谱志出现，对于植物资源和栽培技术进行了记录和总结。晋时陶渊明描述自己庄园的诗《归田园居》曰："……方宅十余亩，草屋八九间。榆柳荫后檐，桃李罗堂前……"，庭院还种植菊花、松柏，暇时把酒赏花，聆听松涛之天籁，"采菊东篱下，悠然见南山"，表明当时在私家园林中为观赏而栽植植物的情景。

南北朝时期（公元420～589年）山水画影响了园林，遂产生了自然山水园。农业巨著《齐民要术》也于这一时期著成，记载了已然高超的植物栽培技艺。在此时期，文人寄情山水、崇尚隐逸，所谓"魏晋风流"。随着文人隐士的自然审美意识的觉醒，翳然林水、高林巨树的自然环境和文人雅士的清雅生活相映衬，植物开始走入文人的精神世界。这一时期，佛教的盛行使得佛教对植物的审美观点也渐入人心，植物被进一步赋予深邃的人文意义，花木成为理想人居环境的必要条件。

隋、唐、宋三朝是我国园林植物栽培兴盛期。隋炀帝杨广在洛阳建立西苑，广植奇花异卉，他广诏名花，易州献20箱牡丹名品，表明当时牡丹栽培、选种和应用的盛况。

唐朝社会经济繁荣，园林也得到很大发展，园林植物栽培和应用也更为普遍，以梅花为例，当时已经有了绿萼梅、朱砂梅、宫粉梅等梅花新类型和新品种。唐代的皇家园林多以植物景观而著称，大明宫太液池中蓬莱岛山上遍植花木，尤以桃花为盛。兴庆宫龙池中遍植荷花、菱角等水生植物，池北土山上有"沉香亭"，周围遍植牡丹。公共园林和邑郊风景游览地如长安曲江池"芙蓉园"，其"花卉周环，烟水明媚"，"江侧菰蒲葱翠，柳荫四合，碧波红蕖，湛然可爱"（唐·《剧谈录》）。唐代私家园林兴盛，留下名称的园林别业不下千处。著名如文人园林王维之辋川别业，以植物造景为其特色；出现多处以植物命名的景点，如文杏馆、木兰柴、茱萸沜、竹里馆、辛夷坞、柳浪、椒园等。

宋朝社会经济发展，出现了发达的手工业和商业，文化艺术也得到了极大的发展。园林以及园林植物应用也随之步入繁荣。宋朝造园、栽花之风盛行。如在兰花栽培技术方面有了较大发展，对兰花的分类也进行了较深的研究；菊花由室外露地栽培发展到盆栽，并已用其他植物作砧木嫁接菊花，栽培技术不断提高，新品种大量出现，并出现我国第一部菊花专著《菊谱》。宋时造园之风盛行，园中植物造景已相当普遍。宋时皇家园林亘岳中以植物为主题的景点达数十处，《亘岳记》登录的植物品种有"枇杷、橙、柚、椰、栀、荔枝之木，金蛾、玉羞、虎耳、凤尾、素馨、渠那、茉莉、含笑之草"等种类。植物或孤植、丛植，或混合布置，更有成片栽植，漫山遍野，沿溪傍垄，连绵不断，甚至有种在栏槛下面、石隙缝里，几乎到处都被花木淹没。北宋李格非的《洛阳名园记》记述名园19处，其中奇花异木、松竹林泉等植物景观比比皆是。足见当时园林中植物景观之繁盛了。

自明代而后，花卉的商品化栽培渐趋旺盛，植物观赏及应用深入民间。明清两代，北京、承德、沈阳等地建立了许多皇家园林，北京、苏州、无锡等地则出现了大批私家园林。皇家行宫御苑大多选址于自然植被丰富地区，所以园林常有大面积的自然植被为背景，同时注重栽培植物的选择和配置，多植松、柏、槐、栾，缀以梧桐、玉兰、海棠、牡丹、芍药、荷花等，许多景点名称也来源于植物，如承德避暑山庄的万壑松风、梨花伴月、曲水荷香、香远益清、采菱渡、观莲所、萍香泮等，北京圆明园则有碧桐书院、杏花春馆及借鉴杭州西湖景色而设的平湖秋月、曲院风荷等。私家园林则更多追求诗情画意，多植垂柳、玉兰、梅花、桃花、芍药、月季、荷花、紫薇、菊花、桂花、蜡梅、山茶、南天竹、竹类等植物。面积较小之园林，花卉配植少而精，重在写意，营造"雨打芭蕉"、"疏影横斜"、"暗香浮动"等意境深远之植物景观及"尺幅窗，无心画"等小巧精致之植物景观。

中华人民共和国成立后，尤其是改革开放后，随着国民经济的恢复与发展，园林事业也得到蓬勃的发展。随着园林植物培育、引进和栽培技术的进步，园林植物新优种和品种不断增多。园林植物应用方面更为注重兼顾艺术性和科学性，同时也更为重视园林植物在改善生态环境方面的功能。如今，在不断增加的城乡绿色空间中，园林植物正以其自身独具特色的生态环保价值和人文美学价值而发挥着日益重要的作用。

第四节　我国园林植物资源概况

我国是世界上植物种类最丰富的国家之一，植物总数达到4.3万种，种子植物就有2.5万种以上，其中乔灌木种类约8000种之多，居世界前列。我国不仅植物种类丰富，而且也是享誉世界的园林植物资源的宝库，被誉为"世界园林之母"。本节简述我国园林植物资源的特点。

1. 物种多样性丰富

全世界现有裸子植物12科，约800种，而我国就有11科，约240种。山茶属（*Camellia*）的国产种类数占世界总种类数的90%；丁香属（*Syringa*）、石楠属（*Photinia*）、溲疏属（*Deutzia*）、刚竹属（*Phyllostachys*）等国产种类数占世界总种类数均在 80% 以上。而国产种类数占世界总种类数在 70% 以上的则更多，如槭树属（*Acer*）、花楸属（*Sorbus*）、含笑属（*Michelia*）、报春花属（*Primula*）、菊属（*Dendronthema*）、李属（*Prunus*）等。我国的银杏、水杉、水松及银杉等均有活化石之誉。此外，还有很多特产树种，如金钱松、油杉、白豆杉等。这充分说明我国园林植物资源的物种多样性极为丰富。这些丰富的资源对世界园林作出了很大的贡献，如英国丘园（Royal Botanical Gardens, Kew）曾成功引种大量中国园林植物，其 33.15% 的树种产于我国华东地区；爱丁堡皇家植物园中引自中国的就有 1527 个种与变种。

2. 分布集中

我国是很多著名观赏树木的科、属分布中心，在相对较小的地区内，集中原产着众多的种类。中国还是很多花卉资源的分布中心，尤以西南山区为重，这一地区的植物种类约比毗邻的印度、缅甸、尼泊尔等国山地多 4 ~ 5 倍。

3. 栽培品种类型多样

我国不仅是野生观赏植物资源的分布中心，而且由于中国花卉栽培的历史达 3000 多年，许多栽培历史悠久的花卉变异广泛、类型丰富、品种多样。如中国的传统名花牡丹就有 500 多个品种；明清时菊花就有 10 多个类型，3000 多个品种；月季、梅花、蔷薇、山茶、丁香、紫薇、芍药、杜鹃、蜡梅、桂花等也是丰富多彩、名品繁多，深受中国及世界各国人民的喜爱。也成为人类珍贵的观赏植物基因资源。

4. 特色突出

我国拥有许多中国特产科、属、种。孑遗植物水杉、银杏、中国鹅掌楸、香榧、珙桐、穗花杉等被誉为植物活化石。中国蔷薇属、紫薇属、乌头属、报春花属等类型丰富，是世界上少有的。品种资源中也具有许多非常奇特的品质，如黄香梅花、红花檵木、红花含笑、重瓣杏花等，都是杂交育种的珍贵资源；多季开花的种与品种，如月季花及其品种'月月红'、'月月粉'、'小月季'等，香水月季（*Rosa* × *odarata*）及其品种'彩晕'香水月季、'淡黄'香水月季等；早花种类及品种，如梅花（*Prunus mume*）、蜡梅（*Chimonanthus praecox*）、迎春（*Jasminum nudiflorum*）、山茶（*Camellia japonica*）、山桃（*Prunus davidiana*）、瑞香（*Daphne odora*）、玉兰（*Maglnolia denudata*）、木兰（*Magnolia liliflora*）、蜡瓣花（*Corylopsis* spp.）、二月兰（*Orychophragmus violaceus*）等；珍稀黄色的种类与品种，如金花茶（*Camellia chrysantha*）、梅花'黄香梅'、'姚黄'牡丹（*Paeonia suffruticosa* 'Yaohuang'）、黄牡丹（*Paeonia lutea*）、大花黄牡丹（*Paeonia lutea* var.*ludlowii*）、蜡梅等；香花种类与品种，如梅花、蜡梅、瑞香、芫花、香水月季、玫瑰、桂花、米兰、牡丹、百合、兰属、丁香属、含笑属等；奇异类型与品种，如'姣容三变'月季、'绿萼台阁'梅、'台阁宫粉'梅、龙游桃、龙游山桃、龙游桑、龙游槐、垂枝樱、垂枝桃、垂枝榆、垂枝椴、垂枝槐、巨花蔷薇（*Rosa gigantea*）、大树杜鹃等。此外，中国的若干园林植物还具备特殊的抗逆性和抗病能力，如抗寒、抗白粉病和抗空气污染的紫薇，抗病的榆树，抗性强、花期晚的光核桃（*Prunus mira*）都曾在抗性新品种的选育中作出了巨大贡献。

本章参考文献

[1] 王毓瑚 . 中国农学书录 [M]. 北京：农业出版社，1964.

[2] 陈植 . 观赏树木学 [M]. 北京：中国林业出版社，1984.

[3] 陈有民 . 园林树木学 [M]. 北京：中国林业出版社，1990.

[4] 周维权 . 中国古典园林史 [M]. 北京：清华大学出版社，1990.

[5] 张钧成 . 中国林业传统引论 [M]. 北京：中国林业出版社，1992.

[6] 李浩 . 唐代园林别业考论 [M]. 西安：西北大学出版社，1996.

[7] 吴存浩 . 中国农业史 [M]. 北京：警官教育出版社，1996.

[8] 中国农业百科全书编辑委员会观赏园艺卷编辑委员会 . 中国农业百科全书·观赏园艺卷 [M]. 北京：中国农业出版社，1996.

[9] 陈俊愉 . 中国花卉品种分类学 [M]. 北京：中国林业出版社，2001.

[10] 邱国金 . 园林植物 [M]. 北京：中国农业出版社，2001.

[11] 董丽 . 园林花卉应用设计 [M]. 第二版 . 北京：中国林业出版社，2010.

[12] 潘富俊 . 诗经植物图鉴 [M]. 上海：上海书店出版社，2003.

[13] 潘富俊 . 唐诗植物图鉴 [M]. 上海：上海书店出版社，2003.

[14] 李景侠，康永祥主编 . 观赏植物学 [M]. 北京：中国林业出版社，2005.

第一章

园林植物基础一——种子植物器官形态及自然分类

摘要：种子植物是进化水平最高、最繁茂的一个类群。种子植物的个体发育从种子萌发开始，经过种子成熟、发芽、开花，进一步形成果实和种子，完成一个生活周期。种子植物在个体发育过程中，植物体的根、茎、叶、花、果实和种子六种器官都具有一定的形态结构并担负一定的生理功能。根、茎、叶为营养器官，与植物吸收、合成、运输和贮藏营养物质有关；花、果实、种子为生殖器官，与植物繁殖有关。种子植物种类繁多、形态各异、用途广泛，人们在生活和生产实践中根据植物的形态、习性、用途等一个或少数几个性状分类，或根据植物之间的亲缘关系对其进行分类，以便人们识别、研究、利用和保护植物资源。前者称为人为分类法，后者称为自然分类法。被子植物的自然分类系统主要有恩格勒系统、哈钦松系统、柯朗奎斯特系统等。种是植物自然分类的阶层系统中最基本的分类单元。每一种植物只有一个学名，学名采用双名法。

种子植物是进化水平最高、最繁茂的一个类群。虽然植物体的大小、形态千变万化，但是它们的结构和发育过程仍然有共同的规律。种子植物的个体发育从种子开始，当种子成熟后，在适宜的外界条件下萌发成幼苗，再进一步生长发育形成具根、茎、叶的植物体。当植物发育到一定阶段时，由营养生长向生殖生长转化，顶芽或侧芽分化形成花芽。再进一步形成花、果实和种子，至此种子植物完成一个生活周期。

在种子植物个体发育过程中，根、茎、叶、花、果实和种子分别为植物体内具有一定形态结构、担负一定生理功能、由数种组织按照一定的排列方式构成的植物体的组成单位，这种组成单位叫器官。

第一节　种子植物的营养器官

在种子植物的所有器官中，根、茎、叶与植物营养物质的吸收、合成、运输和贮藏有关，叫做营养器官（vegetative organs），它们又分别具备各自特定的功能与形态特征。

一、根

根（root）是维管植物的重要营养器官，是植物在长期进化过程中适应陆地生活的产物。根一般生长于地下，并形成庞大的根系。根结构的产生解决了陆生植物的供水问题，有力地推动了维管植物的进化。

根的主要功能是吸收与输导作用。根深扎于土壤，从中吸收植物所需的水分和溶于水的各种矿物质（无机离子），进而通过根中的维管组织输送到地上的部分。吸收主要发生于靠近根端的幼嫩部位（根毛与表皮），吸收的动力则来自于根细胞所具有的较高渗透压。根还为植物体的地上部分提供了稳固的支持与固着作用，根在土壤中的侧向扩展往往超过了地上的部分。根能合成氨基酸、生物碱、植物激素等有机物质，对地上部分的生长发育产生重要影响。多数根是重要的贮藏器官，将光合作用产生的有机物贮藏起来以便在需要的时候提供能量。此外，根上产生的不定芽具有营养繁殖的作用。

（一）根的形态与类型

普通的根通常呈长的圆柱形，在靠近尖端的部位逐渐变细，其上产生多级的分枝，分枝系统与茎相比要简单得多。根具有向地性、向湿性和背光性，通常生长在土壤中，无节和节间，细胞不含叶绿体。根的表面一般较为平滑，当具有次生保护结构（周皮）时则会变得粗糙，有些植物如蒲公英的根具有相当多的褶皱，这是由于根的收缩作用而形成的，这种作用是一个普遍现象，广泛存在于多年生草本双子叶植物与单子叶植物中，但在禾本科植物中是缺乏的。

根的收缩可以将苗或芽拉近或拉下地面，有利于不定根的产生和度过不良的环境（越冬）。

1. 根的类型

种子植物的第一个根起源于胚根末端的顶端分生组织。在种子萌发时，胚根首先突破种皮向下生长成为主根或称初生根。主根生长达到一定长度，在一定部位上侧向地从内部生出许多支根，称为侧根或次生根，侧根继续产生次级的分枝，而这些分枝在粗细上一般是逐级递减的（图1-1）。主根与侧根由特定位置的细胞分裂、分化而来，故又称为定根。在主根和侧根以外的部分，如茎、叶、老根或胚轴上生出的根，来自于恢复分裂能力的薄壁组织，位置不定，统称为不定根。

2. 根系的类型

植物个体地下部分所有根的总体，称为根系。根系有两种基本类型，即直根系和须根系（图1-1）。直根系一般具有粗壮而直的主根，其上生长的各级侧根逐级变细，较老的侧根靠近根茎相接的部位，而幼嫩的侧根则靠近根端。双子叶植物和裸子植物一般具有明显的直根系。多数单子叶植物的根系缺少明显的主根，而由形态与粗细相近的不定根及其分枝组成须根系。

直根系一般以垂直向下生长为主，分布于较深的土层，因而称为深根系；而须根系多以水平方向生长为优势，分布于较浅的土层，称为浅根系。

（二）根尖的基本结构

根尖是指根的顶端到着生根毛的部分，长约4～6mm，是根中生命活动最活跃的部分。不论主根、侧根或不定根都具有根尖。根的伸长、对水分和养料的吸收、成熟组织的分化以及对重力与光线的反应都发生于这一区域。

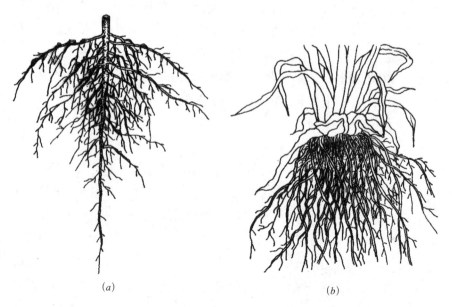

图1-1　根与根系的类型
(a) 直根系（并头黄芩）；
(b) 须根系（宽叶苔草）

(a)　　　　　　　　　　　　(b)

在轴向上，根尖的结构一般可以划分为四个部分：根冠、分生区、伸长区和成熟区。各区的细胞行为与形态结构均有所不同，功能上也有差异，但各区间并无明显的界线，而是逐渐过渡的。

二、茎

茎（stem）是维管植物共有的营养器官，通常生长在地面上，将植物体的光合部分（叶）与非光合部分（根）连接起来。蕨类植物在历史上曾经形成过高大茂密的森林，有较发达的地下茎，但现存蕨类植物（除少数木本蕨类外）的茎多数为地下的根状茎。种子植物的茎由胚芽发育而来，形成了草本、木本、藤本等丰富多样的形态。由于顶端分生组织的存在，多数植物的茎在一生中能够不断地伸长生长并产生分枝，进而形成繁茂的枝系。也有些植物如蒲公英等一些草本具有极短缩而不明显的茎。

茎的主要功能是支持与输导作用。此外，很多植物的茎可以储藏养料和水分；有些植物的茎可以进行营养繁殖；幼嫩的茎常能进行光合作用。

（一）茎的形态特征

茎在外形上多呈圆柱状，也有些植物的茎呈三棱柱状、方柱状或扁平柱状，有些特化的茎会形成根状或不规则的块状、球状或圆锥状。茎上生有叶与芽（图1-2），叶子着生的部位称为节，节一般是茎上稍微膨大隆起的部位；相邻两节之间的部分，称为节间。在木本植物中，节间显著伸长的枝条，称为长枝；节间短缩，各个节间紧密相接，甚至难于分辨的枝条，称为短枝，其上的叶常因节间短缩而呈簇生状态，例如银杏与多数松科植物。芽着生于叶腋或茎的顶端，由于芽的存在使茎得以不断伸展并形成了复杂的分枝系统。

茎的表面可能具棱或沟槽，也可能被覆各种类型的毛状结构或刺，各种形状的皮孔是木本植物茎表面常见的结构。

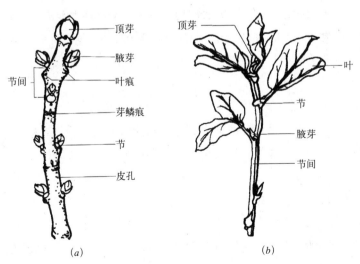

图1-2 茎的外部形态
(a) 木质茎；(b) 草质茎

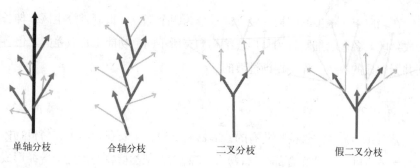

图 1-3　茎的分枝类型　　　　单轴分枝　　　　合轴分枝　　　　二叉分枝　　　　假二叉分枝

　　分枝是植物生长中普遍存在的现象，具有重要的生物学意义。不同植物由于芽的性质和活动情况不同，其分枝方式也各异（图 1-3）。不同的分枝方式会影响到植株的形态。茎的分枝常分为以下四种类型：

　　单轴分枝：顶芽不断地向上伸展而形成明显且较直的主干，各次级分枝的伸长与加粗均弱于主干，形成主次分明的分枝形式。单轴分枝容易形成高而粗壮的主茎，许多高大树木包括多数裸子植物都属于这种分枝方式。

　　合轴分枝：顶芽仅生长发育一段时间即发生生长停滞或死亡，或者顶芽转变为花芽，而其下的腋芽取代顶芽发育为粗壮的侧枝，在伸长一段时间后生长优势又转向新一级的侧枝，如此交替产生新的分枝，从而形成"之"字形弯曲的主轴，这种主轴实际上是由许多腋芽发育的侧枝联合组成的，所以称为合轴。合轴分枝是顶端优势减弱或消失的结果，因而增大了植物体水平方向的铺展面积，是大多数被子植物的分枝方式。

　　二叉分枝：顶端分生组织在发育一段时间后平分为均等的两部分，各形成一个分枝，并以这种方式重复产生次级分枝。二叉分枝常见于石松、卷柏等蕨类植物，但不存在于种子植物中。

　　假二叉分枝：其实质属于合轴分枝，是具有对生叶的植物在顶芽停止伸长后，由顶芽下同一节上的两侧腋芽同时发育成二叉状分枝。假二叉分枝常见于丁香、茉莉、接骨木、石竹等被子植物。

　　从进化史上看，二叉分枝方式出现得最早，是早期维管植物的分枝方式，随着蕨类植物与裸子植物的进化单轴分枝逐渐出现并占据了优势，合轴分枝最后出现，是被子植物进化的产物。

（二）茎的类型

　　由于茎是植物体最显著的地上部分，因此常依据其特征对植物个体或群体进行整体的描述与概括，通常是综合了茎的质地、生长习性与生长方式的特征。

1. 茎的质地与生长习性

　　具有发达的木质部而质地坚硬的茎称为木质茎（图 1-2），一般是适应于持续多年生长的结果，这类植物通常称为木本植物。其中植株高大、主干明显、

图1-4　茎的质地与习性
(a) 乔木（洋白蜡）；
(b) 灌木（连翘）；
(c) 草本（非洲凤仙）

基部少分枝或不分枝的称乔木（图1-4a）；植株较矮、主干不显、基部发出数个丛生枝干的称灌木（图1-4b）；仅在茎的基部发生木质化的称为亚灌木或半灌木。

　　木质部不发达而质地较柔软的茎称为草质茎（图1-2b），一般适应于较短的生命周期，这类植物称为草本植物（图1-4c）。其中，在一年内完成生命周期而整株枯死的（包括根）称为一年生草本；当年萌发，次年开花结果而整株枯死的称为二年生草本或越年生草本；生命周期在二年以上的称为多年生草本，通常地上的茎在每个生长季结束的时候枯死，地下部分仍保持存活。宿根和球根花卉均属于多年生草本。

　　多数木本植物在越冬时叶片会脱落，称为落叶植物，有些则会保持绿叶越冬，称为常绿植物。也有些多年生草本植物会多年保持常绿（多年生常绿草本）。

　　2. 茎的生长方式

　　茎的生长方式决定了植株的整体形态。茎可能依靠自身的力量伸展，这包括最为常见的垂直生长的直立茎；最初偏斜，后变直立的斜升茎，如山麻黄；基部斜倚地上的斜倚茎，如扁蓄、马齿苋；铺展于地面的平卧茎，如蔓长春花；平卧地上，但节上生根的匍匐茎，如草莓、甘薯、连钱草等（图1-5a）。茎也可能依赖于其他物体的支持而向上攀升，这类植物通常有长而细弱的茎，统称为藤本植物。攀爬的结构，有的是靠茎自身的螺旋缠绕于他物，如紫藤、北五味子等，称为缠绕藤本（图1-5b）。有的是靠茎上产生的卷须、吸盘、不定根或其他的特殊结构攀附于他物上，如丝瓜、葡萄等的茎以卷须攀援；铁线莲以叶柄攀援；野蔷薇、叶子花以钩刺攀援；常春藤、络石等借助于不定根攀援；爬山虎借助短枝形成的吸盘攀援等，这些统称为攀援藤本（图1-5c）。

图1-5　茎的生长方式
(a) 匍匐茎（蛇莓）；
(b) 缠绕茎（山荞麦）；
(c) 攀援藤本（藤本月季）

三、叶

叶（foliage）着生在茎的节部，是由茎尖的叶原基发育而来的器官，其主要生理功能是进行光合作用与蒸腾作用。此外，叶还具有进行气体交换、吸收矿物质元素和贮藏有机物质等功能，少数植物的叶还能繁殖新植株，如秋海棠、景天等植物可用扦插叶的方法进行繁殖。

（一）叶的组成

图1-6 完全叶（徐汉卿，1996）

叶一般可分为叶片、叶柄和托叶三部分（图1-6）。叶片扁平、绿色，是叶行使其功能的主要部分。叶柄是叶片与茎的连接部分，一般呈细长的半圆柱形，主要起输导和支持叶片伸展的作用。有些植物的叶柄扩展成片状，将茎包围，称为叶鞘，如兰科、莎草科和禾本科植物。禾本科植物的叶鞘与叶片之间的内侧有一片向上竖起的膜状结构，叫叶舌。有些禾本科植物的叶鞘与叶片连接处的边缘向外形成一对突起，叫叶耳。托叶一般呈细小的叶状，常成对着生在叶柄基部的叶及叶鞘与茎的连接处，有保护幼叶和腋芽的作用，常早落。

具有叶片、叶柄和托叶三部分的称完全叶，如桃、月季等植物的叶。缺少其中一或两部分的叶称不完全叶，如一品红、丁香、泡桐、女贞的叶缺少托叶；金银花的叶缺少叶柄；金丝桃、郁金香的叶缺少叶柄和托叶；台湾相思树等的叶缺少叶片和托叶，叶柄呈扁平状，代替叶片的功能。

（二）叶的形态

各种植物叶片的形态多种多样，大小不同，形状各异。但就一种植物来讲，叶片的形态还是比较稳定的，可作为识别植物和分类的依据。

叶片的大小差别极大。例如，柏的叶片细小，呈鳞片状，长仅几毫米；芭蕉（*Musa basjoo*）的叶片长达 1 ~ 2m；王莲（*Victoria regia*）的叶片直径可达 1.8 ~ 2.5m，叶面能负荷重量 40 ~ 70kg；而亚马逊酒椰（*Raphia taedigera*）的叶片长可达 22m，宽达 12m。

1. 叶形

叶形是指叶片的外形或基本轮廓。叶形主要根据叶片的长度与宽度的比例以及最宽处的位置来确定（图1-7）。常见的叶形有针形、披针形、倒披针形、条形、剑形、圆形、矩圆形、椭圆形、卵形、倒卵形、匙形、扇形、镰形、心形、倒心形、肾形、提琴形、盾形、箭头形、戟形、菱形、三角形、鳞形等（图1-8）。

不同植物的叶形变化很大，往往不完全像上述的那么典型。有的叶形是两种形状的综合，例如它既像卵形，又像披针形，称为卵状披针形；既像匙形，又像倒披针形，则称为匙状倒披针形。

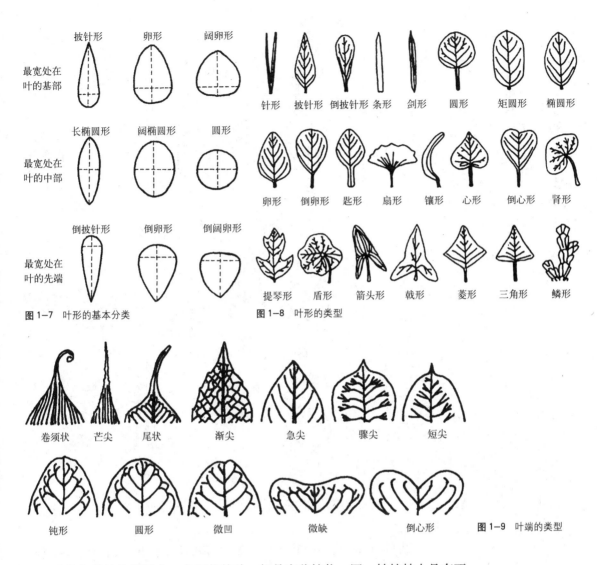

图1-7　叶形的基本分类

图1-8　叶形的类型

图1-9　叶端的类型

　　通常每种植物都具有一定形状的叶。但是有些植物，同一株植株上具有不同叶形的叶，称为异形叶。异形叶的出现有两个原因：一是由于枝的老幼不同而发生叶形各异，例如薜荔的营养枝上着生的叶片小而薄，心状卵形，而花枝上的叶大且呈厚革质，卵状椭圆形，两者大小相差数倍。益母草的基生叶略呈圆形，中部叶为椭圆形并掌状分裂，顶生叶线形无柄而不分裂。二是由于外界环境的影响，例如水生植物菱浮于水面的叶呈菱状三角形，沉在水中的叶则为羽毛状细裂，两者相差悬殊。

2. 叶端

　　叶端是指叶片的上端，亦称先端、顶部、上部。植物种类不同，叶端形态差异很大，主要类型有卷须状、芒尖、尾状、渐尖、急尖、骤尖、短尖、钝形、圆形、微凹、微缺、倒心形等（图1-9）。

3. 叶基

　　叶基是指叶片的基部，亦称下部。主要类型有心形、耳形、箭形、楔形、

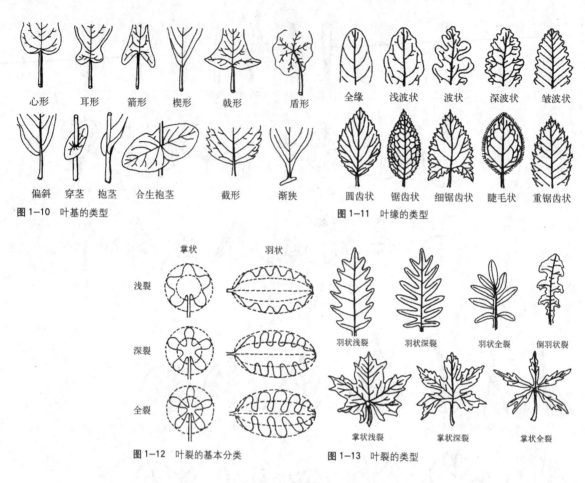

图 1-10 叶基的类型

图 1-11 叶缘的类型

图 1-12 叶裂的基本分类

图 1-13 叶裂的类型

载形、盾形、偏斜、穿茎、抱茎、截形、渐狭等（图1-10）。

4. 叶缘

叶缘即叶片的周边。常见的类型有全缘、浅波状、波状、深波状、皱波状、圆齿状、锯齿状、细锯齿状、牙齿状、睫毛状、重锯齿状等（图1-11）。

5. 叶裂

植物的种类不同，其叶缘形状的差异极大。有的叶缘为全缘，有的叶缘具齿或细小缺刻，还有的叶缘缺刻深且大，形成叶片的分裂。依据缺刻的深浅可将叶裂分为浅裂、深裂和全裂三种类型（图1-12）。浅裂的叶片缺刻最深不超过叶片的1/2；深裂的叶片缺刻超过叶片的1/2但未达中脉或叶的基部；全裂的叶片缺刻则深达中脉或叶的基部，是单叶与复叶的过渡类型，有时与复叶并无明显界限。裂片的排列形式可分为两大类，在中脉两侧呈羽毛状排列的称为羽状裂，而裂片围绕叶基部呈手掌状排列的称为掌状裂。一般对叶裂的描述是综合了以上两种分裂方法，例如羽状浅裂、羽状深裂、掌状深裂等（图1-13）。

6. 叶脉

叶脉就是生长在叶片上的维管束，它们是茎中维管束的分枝。这些维管束经过叶柄分布到叶片的各个部分。位于叶片中央大而明显的脉，称为中脉或主脉。由中脉两侧第一次分出的许多较细的脉，称为侧脉。自侧脉发出的、比侧脉更细小的脉，称为小脉或细脉。细脉全体交错分布，将叶片分为无数小块。每一小块都有细脉脉梢伸入，形成叶片内的运输通道。叶脉在叶片上分布的样式称为脉序，可划分为分叉状脉、网状脉及平行脉三大类（图1-14）。其中，由于叶片形态、主侧脉分布及形态不同，网状脉又分为掌状网脉与羽状网脉，而平行脉则有直出平行脉、弧形平行脉、射出平行脉及横出平行脉之不同。

7. 叶片的质地

植物叶片因薄厚、软硬不同而表现为不同的质地。常见的有以下类型：

革质：即叶片的质地较厚而坚韧，如枸骨。

膜质：即叶片的质地极薄而半透明，如麻黄。

草质：即叶片的质地较薄而柔软，如薄荷。

肉质：即叶片的质地肥厚多汁，如景天属的许多种类。

8. 叶序

叶在茎上排列的方式称为叶序。植物体通过一定的叶序，使叶均匀地、适合地排列，充分地接受阳光，有利于光合作用的进行。叶序的类型主要有（图1-15）：

簇生：两片或两片以上的叶着生在节间极度缩短的茎上，称为簇生。例如，马尾松是两针一束，白皮松是三针一束，银杏、雪松多枚叶片簇生。在某些草本植物中，茎极度缩短，节间不明显，其叶恰如从根上成簇生出，称为基生叶，如蒲公英、车前。基生叶常集生成莲座状，称为莲座状叶丛。

互生：在茎枝的每个节上交互着生一片叶，称为互生，如樟、向日葵。叶通常在茎上呈螺旋状分布，因此，这种叶序又称为旋生叶序。

对生：在茎枝的每个节上相对地着生两片叶，称为对生，如女贞、石竹。有的对生叶序的每节上，两片叶排列于茎的两侧，称为两列对生，如水杉。茎枝上着生的上、下对生叶错开一定的角度而展开，通常交叉排列成直角，称为交互对生，如女贞。

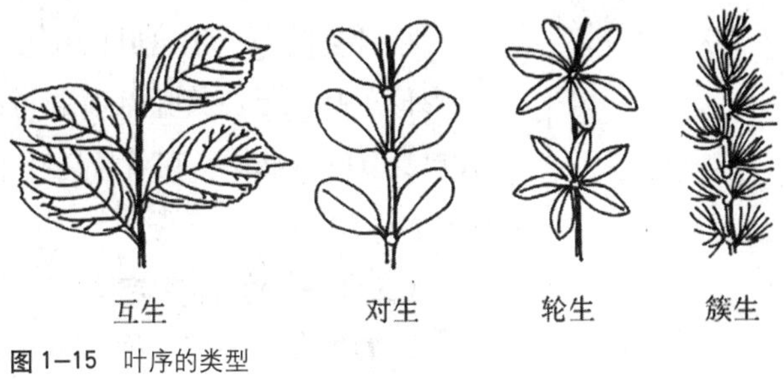

轮生：在茎枝的每个节上着生三片或三片以上的叶，称为轮生。例如，夹竹桃为三

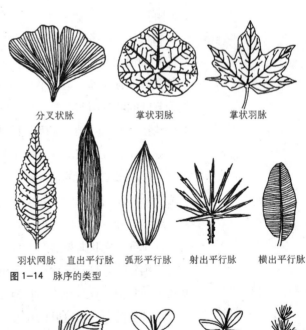

分叉状脉　　掌状羽脉　　掌状羽脉

羽状网脉　直出平行脉　弧形平行脉　射出平行脉　横出平行脉

图1-14　脉序的类型

互生　　　　对生　　　　轮生　　　　簇生

图1-15　叶序的类型

奇数羽状复叶　偶数羽状复叶　二回羽状复叶　掌状复叶

掌状三出复叶　羽状三出复叶　羽状三出复叶　单身复叶

图1-16　复叶的类型

叶轮生，百部为四叶轮生，七叶一枝花为 5 ～ 11 叶轮生。

在各种植物中，绝大多数植物只具有一种叶序，也有些植物会在同一植物体上生长两种叶序。例如，圆柏、栀子具有对生和三叶轮生两种叶序；紫薇、野老鹳草有互生和对生两种叶序；金鱼草甚至可以看到互生、对生、轮生三种叶序。

9. 叶的类型

植物的叶有单叶和复叶两类。一个叶柄上只着生一个叶片的，称为单叶，例如杨树、樟树。二至多枚分离的小叶共同着生在一个叶柄上，称为复叶，例如五加、枫杨。复叶的叶柄称总叶柄，它着生在茎或枝条上。在总叶柄以上着生小叶片的轴称叶轴。复叶中每一片小叶的叶柄，称为小叶柄。小叶柄的一端连在小叶片上，另一端着生在总叶柄或叶轴上。复叶是由单叶经过不同程度的缺裂演化而来的，当单叶的裂片深达主脉或叶基并且形成小叶柄时，复叶便产生了。

根据小叶在叶轴上排列的方式和数目的不同，复叶可分为下列几种类型（图1-16）：

羽状复叶：多数小叶排列在叶轴的两侧呈羽毛状，称为羽状复叶。羽状复叶的叶轴顶端只生有一片小叶，称为奇数羽状复叶或单数羽状复叶，如槐树。羽状复叶的顶生小叶有二枚，称为偶数羽状复叶或双数羽状复叶，如无患子。羽状复叶的叶轴两侧各具一列小叶时，称为一回羽状复叶，如槐树。叶轴两侧有羽状排列的小叶轴，而羽状排列的小叶着生在小叶轴两侧，称为二回羽状复叶，如合欢。在二回羽状复叶中的小叶称羽片。以此类推，可以有三回至多回羽状复叶，最末一次的羽片称小羽片。有的羽状复叶的小叶大小不一、参差不齐或大小相间，则称为参差羽状复叶，如番茄、龙芽草等。

掌状复叶：在复叶上缺乏叶轴，数片小叶着生在总叶柄顶端的一个点上，小叶的排列呈掌状向外展开，称为掌状复叶，例如木通、五加。

三出复叶：只有三片小叶着生在总叶柄顶端，称为三出复叶。如果三片小叶均无小叶柄或有等长的小叶柄，称为三出掌状复叶，如酢浆草。

单身复叶：三出复叶的侧生二枚小叶发生退化，仅留下一枚顶生的小叶，外形似单叶，但在其叶轴顶端与顶生小叶相连处，有一明显的关节，这种复叶称单身复叶，如橘。在单身复叶中，叶轴的两侧通常或大或小向外作翅状扩展。

（三）叶的生存期与落叶

叶的生存期因植物种类而异。许多植物叶的生存期为一个生长季，如落叶树和一年生草本植物的叶。而有些植物叶的生存期为 1 至多年，如女贞叶 1～3 年，松叶 2～5 年，紫杉 6～10 年，冷杉 3～10 年。这些植物植株上虽有部分老叶脱落，但仍有大量叶存在，同时每年又增生许多新叶，因此植株是常绿的，称为常绿树。

叶脱落后在茎上留下的疤痕称叶痕。

四、营养器官变态

植物的营养器官（根、茎、叶）都具有一定的与功能相适应的形态和结构。就多数情况而言，在不同植物中，同一器官的形态、结构是大同小异的，然而在自然界中，由于环境的变化，植物器官因适应某一特殊环境而改变它原有的功能，因而也改变其形态和结构，经过长期的自然选择，已成为该种植物的特征。这种由于功能的改变所引起的植物器官的一般形态和结构上的变化称为变态。这种变态与病理的或偶然的变化不同，而是健康的、正常的遗传特征。

（一）根的变态

正常的根生于土壤中，具有吸收与支持功能。形态上无节与节间的区别，无叶及腋芽。常见的变态根有贮藏根、气生根及寄生根等几种。

1. 贮藏根

贮藏根的主要功能是存贮养料，因而呈现肥厚多汁，形状多样，常见于多年生的草本双子叶植物。贮藏根是越冬植物的一种适应，所贮藏的养料可供来年生长发育时的需要，使根上能抽出枝来，并开花结果。根据来源，可分为肉质直根和块根两大类（图 1-17）。

（1）肉质直根

主要由主根发育而成。一株上仅有一个肉质直根，并包括下胚轴和节间极短的茎。由下胚轴发育而成的部分无侧根，平时所说的根颈，即指这一部分，而根头即指茎基部分，上面着生了许多叶。肥大的主根构成肉质直根的主体。

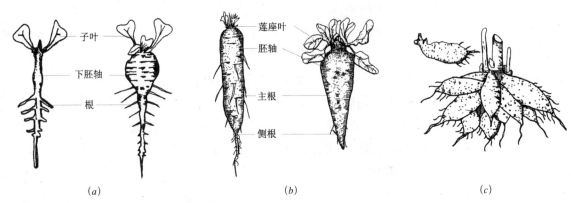

图 1-17　几种贮藏根的形态（张淑萍，2000）
（a）萝卜肉质根的发育与外形；（b）萝卜与甜菜的肉质根；（c）大丽花的块根

（2）块根

和肉质直根不同，块根主要是由不定根或侧根发育而成，因此，在一株上可形成多个块根。另外，它的组成不含下胚轴和茎的部分，而是完全由根的部分构成。甘薯、木薯、大丽花的块根都属此类。

2. 气生根

气生根是生长在地面以上空气中的根。常见的有三种。

（1）支柱根

这些在较近地面茎节上的不定根不断地延长后，根先端伸入土中，并继续产生侧根，能成为增强植物整体支持力量的辅助根系，称为支柱根。在土壤肥力高、空气湿度大的条件下，支柱根可大量发生。培土也能促进支柱根的产生。例如，榕树从枝上产生多数下垂的气生根，也进入土壤，由于以后的次生生长，成为木质的支柱根，榕树的支柱根在热带和亚热带造成"一树成林"的现象。支柱根深入土中后，可再产生侧根，具支持和吸收作用。

（2）攀援根

常春藤、络石、凌霄等的茎细长柔弱，不能直立，其上生不定根，以固着在其他树干、山石或墙壁等表面而攀援上升，称为攀援根。

（3）呼吸根

生长在海岸腐泥中的红树、木榄和河岸、池边的水松等植物都有许多支根，从腐泥中向上生长，挺立在泥外空气中，这些支根称为呼吸根。呼吸根外有呼吸孔，内有发达的通气组织，有利于通气和贮存气体，以适应土壤中缺氧的情况，维持植物的正常生长。

3. 寄生根

寄生植物如菟丝子，以茎紧密地回旋缠绕在寄主茎上，叶退化成鳞片状，营养全部依靠寄主，并以突起状的根伸入寄主茎的组织内，彼此的维管组织相通，吸取寄主体内的养料和水分，这种根称为寄生根，也称为吸器。

（二）茎的变态

植物茎的变态主要有五种（图 1-18）。

1. 根状茎

生长于地下与根相似的地下茎，称为根状茎。例如，竹类、芦苇、鸢尾等植物的根状茎具有明显的节与节间，节部有退化的叶，在退化的叶的叶腋内有腋芽，可发育为地上枝，顶端有顶芽，可以继续生长。根状茎上可以产生不定根，成为具有繁殖作用的根的变态。竹类就是用根状茎——竹鞭来繁殖的。

2. 茎卷须

攀援植物的部分枝条变成卷须，以适应攀援功能，如葡萄的卷须。茎卷须的位置与花相当（如葡萄），或生于叶腋（如黄瓜、南瓜），而与叶卷须不同。

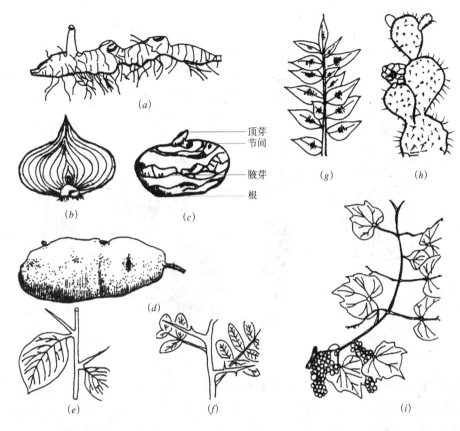

图 1-18　茎的变态（刘仁林，2003）
(a) 黄精的根状茎；
(b) 洋葱的鳞茎（横切）；
(c) 荸荠的球茎；
(d) 马铃薯的块茎；
(e) 山楂的茎刺；
(f) 皂荚的茎刺；
(g) 假叶树叶状茎；
(h) 仙人掌的肉质茎；
(i) 葡萄的茎卷须

3. 贮藏茎

生长在地下具有贮藏养料功能的茎，称为贮藏茎。如仙客来等节不明显的呈块状的称为块茎；郁金香、百合等具有鳞状叶的称鳞茎；唐菖蒲、香雪兰等具有明显节与节间的称球茎。地下茎具有繁殖作用，很多园艺植物都用地下茎繁殖。

4. 叶状茎

也称叶状枝。植物叶退化，茎变态成叶片状，代行叶的生理功能，称为叶状茎，如假叶树、竹节蓼、文竹等。

5. 茎刺

植物茎转变为具有保护功能的刺，称茎刺或枝刺，如山楂的单刺，皂荚的分枝刺，以其位于叶腋的位置而区别于叶刺。

（三）叶的变态

植物叶的变态主要有六种类型（图 1-19）。

1. 苞片和总苞

生在花下面的变态叶，称为苞片。苞片一般较小，绿色，但也有形大，呈各种颜色的。苞片数多而聚生在花序外围的，称为总苞。苞片和总苞有保护花芽或果实的作用。此外，总苞尚有其他作用，如菊科植物的总苞在花序外围，

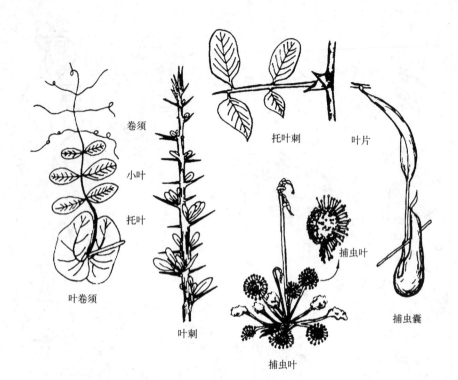

卷须

小叶

托叶

叶卷须

叶刺

托叶刺

叶片

捕虫叶

捕虫囊

捕虫叶

图 1-19 叶的变态（图片临自张淑萍，2000)

它的形状和轮数可作为种属区别的根据；蕺菜（鱼腥草 *Houttuynia cordata*)、珙桐（鸽子树 *Davidia involucrata*）皆具白色花瓣状总苞，而一品红则具鲜红的苞片，这类苞片有吸引昆虫进行传粉的作用，也具有较高的观赏价值；苍耳的总苞作束状，包住果实，上生细刺，易附着于动物体上，有利于果实的散布。

2. 鳞叶

叶的功能特化或退化成鳞片状，称为鳞叶。鳞叶有两类：一类是木本植物的鳞芽外的鳞叶，常呈褐色，有保护芽的作用，也称芽鳞；另一类是地下茎上的鳞叶，有肉质的和膜质的两类。肉质鳞叶出现在鳞茎上，鳞叶肥厚多汁，含有丰富的贮藏养料，有的可食用，如水仙、百合的鳞叶；膜质鳞叶呈褐色干膜状，如水仙地下茎肉质鳞叶的外面还包被有膜质鳞叶，唐菖蒲球茎亦然。

3. 叶卷须

由叶的一部分变成卷须状，称为叶卷须。豌豆的羽状复叶，先端的一些叶片变成卷须，菝葜的托叶变成卷须。这些叶卷须具攀援作用。

4. 捕虫叶

有些植物具有能捕食小虫的变态叶，称为捕虫叶。具捕虫叶的植物，称为食虫植物或肉食植物。捕虫叶有囊状（如猪笼草）、盘状（如茅膏菜）、瓶状（如瓶子草）等。

5. 叶状柄

有些植物的叶片不发达，而叶柄转变为扁平的片状，并具叶的功能，称为叶状柄。如台湾相思树，只在幼苗时出现几片正常的羽状复叶，以后产生的叶，其小叶完全退化，仅存叶状柄。澳大利亚干旱区的一些金合欢属植物，初生的叶是正常的羽状复叶，以后产生的叶，叶柄发达，仅具少数小叶，最后产生的叶，小叶完全消失，仅具叶状柄。

6. 叶刺

由叶或叶的部分（如托叶）变成刺状，称为叶刺。叶刺腋（即叶腋）中有芽，以后发展成短枝，枝上具正常的叶。如小檗长枝上的叶变成刺，刺槐的托叶变成刺，刺位于托叶位置，以此与茎刺相区别。

以上所述的植物营养器官的变态，就来源和功能而言，可分为同源器官和同功器官，它们都是植物长期适应环境的结果。同类的器官，长期进行不同的生理功能，以适应不同的外界环境，就导致功能不同、形态各异，成为同源器官，如叶刺、鳞叶、捕虫叶、叶卷须等，都是叶的变态；反之，相异的器官，长期进行相似的生理功能，以适应某一外界环境，就导致功能相同、形态相似，成为同功器官，如茎卷须和叶卷须、茎刺和叶刺，它们分别是茎和叶的变态。

第二节 种子植物的繁殖器官

种子植物的种子在萌发成幼苗后，经过一段时间的营养生长，便转入生殖生长，首先在植株的一定部位形成花芽，再经过开花、传粉、受精，最后形成果实和种子。花、果实和种子与植物的繁殖有关，被称为被子植物的繁殖器官（reproductive organs）。

一、花

花（flower）是种子植物特有的繁殖器官，因此种子植物又称显花植物。种子植物可分为裸子植物和被子植物。裸子植物的花构造十分简单，其雄花为小孢子叶，雌花为大孢子叶，胚珠生于大孢子叶的边缘，大孢子叶张开时胚珠裸露。被子植物的花是由裸子植物的大小孢子叶和不孕孢子叶发展而来的，大孢子叶卷合起来，胚珠生于由大孢子叶卷成的子房内，胚珠不裸露。花的形成在植物个体发育中标志着植物从营养生长转入了生殖生长。在花中形成有性生殖过程中的雌、雄生殖细胞，并在花器官中完成受精，进一步形成果实和种子，以繁衍后代，延续种族。可见花在植物生活周期中占有极其重要的地位。

（一）花的组成

花由花柄、花托、花萼、花冠、雄蕊和雌蕊几部分组成，花萼和花冠合称花被（图1-20）。花被保护着雄蕊和雌蕊，并有助于传粉。雄蕊和雌蕊完成花的有性生殖过程，是花的重要组成部分。在一朵花中，花萼、花冠、雄蕊和雌蕊都具有的花称完全花，如桃、梅、茶等。缺少其中一部分或几部分的称不完

图 1-20　被子植物的花
（郁金香）

全花。不完全花有多种类型：缺少花萼与花冠的称无被花；缺少花萼或缺少花冠的称单被花；缺少雄蕊或缺少雌蕊的称单性花；雄蕊和雌蕊都缺少的称无性花。在单性花中，仅有雄蕊的称雄花，仅有雌蕊的称雌花。雌雄花生在同一植株上的称雌雄同株，如核桃、乌桕、油桐及桦木科、葫芦科、山毛榉科植物。雌雄花分别生在两个不同植株上的称雌雄异株，如杨、柳、桑、棕榈等。有些树木，在同一植株上既有两性花也有单性花，称杂性，如朴树、漆树、荔枝、无患子等。

1. 花柄与花托

花柄或称花梗（pedicel），是着生花的小枝，其结构与茎相似。花梗主要起支持花的作用，也是茎向花输送养料和水分的通道。花柄的长短、粗细常随植物种类而不同，有些植物的花柄很短，有的植物甚至形成无柄花。果实形成时，花柄发育为果柄。

花柄的顶端部分为花托（receptacle），花的其他部分按一定方式着生于花托上。较原始的被子植物如玉兰，花托为柱状，花的各部分螺旋排列其上。随着植物的演化，在不同植物群中花托呈现不同的形状，在多数种类中花托缩短，在某些种类中花托凹陷呈杯状甚至筒状，如荷花的倒圆锥状海绵质花托，亦即俗称的莲蓬。

2. 花被

花被（perianth）包括花萼和花冠。花萼由萼片组成，通常绿色，位于花各部分的最外轮。萼片完全分离的称离萼；萼片合生的称合萼。合萼大都上部

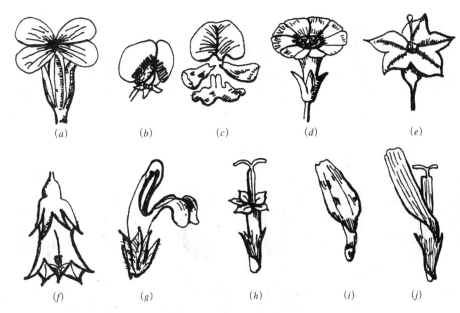

图 1-21 花冠的类型(徐汉卿，1996)
(a) 十字形花冠；
(b)、(c) 蝶形花冠；
(d) 漏斗状花冠；
(e) 轮状花冠；
(f) 钟状花冠；
(g) 唇形花冠；
(h) 筒状花冠；
(i)、(j) 舌状花冠 (i)
具 3 齿，如向日葵花序
周缘的花冠，(j) 具 5 齿，
如蒲公英

分离成萼片，基部连合成萼筒。有些花具有两轮花萼，其中外轮花萼称副萼，如锦葵。花萼通常花后脱落，但也有果实成熟后仍然存在的，称宿萼，如柿。

花冠位于花萼的内侧，由花瓣组成，对花蕊有保护作用。花瓣细胞内常含有花青素或有色体，因而具有各种美丽的色彩，有些还具有分泌组织，能分泌挥发油类，放出特殊香气，用以引诱昆虫传播花粉。

花瓣分离的花称离瓣花，如桃、荷花、槐等；花瓣合生的花称合瓣花，如牵牛、忍冬等。合瓣花通常基部连合而先端裂成多瓣，裂片数即花瓣的数目。

花冠的形状多种多样（图 1-21），其中各花瓣大小相似的称整齐花（辐射对称），如十字形、漏斗形、钟状、筒状等；各花瓣大小不等的，称不整齐花（两侧对称），如蝶形、唇形、舌状花冠等。花冠的形状是被子植物分类的重要依据之一。

萼片与花瓣在花芽中排列的方式也随植物而不同，常见的有回旋状、覆瓦状及镊合状几种。回旋状是花瓣或萼片每片的一侧覆盖着相邻的一片，另一侧又被另一邻片覆盖着；覆瓦状和回旋状相似，但有一片完全在外，有一片完全在内；镊合状是各片的边缘彼此接触，互不覆盖。

3. 雄蕊

雄蕊（stamen）由花丝与花药两部分组成，位于花冠的内轮。花丝的先端着生花药，基部通常着生于花托上或插生于花冠基部与花冠愈合，也有着生于花盘上的。

在一朵花中，雄蕊的数目随不同植物而异。如兰科植物只有一个雄蕊，木樨科植物有两个雄蕊；但通常由多数雄蕊组成雄蕊群，如桃、山茶等。在雄蕊群中，根据花丝与花药的分离或连合，以及花丝的长短分为单体雄蕊、二体雄蕊等不同类型（图 1-22）。

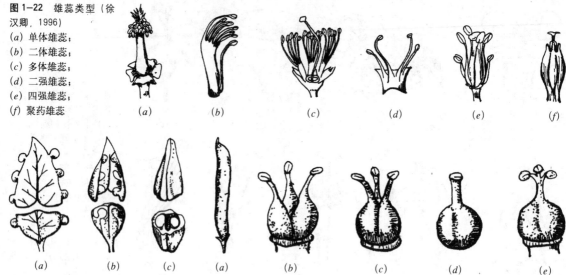

图1-22 雄蕊类型（徐汉卿，1996）
(a) 单体雄蕊；
(b) 二体雄蕊；
(c) 多体雄蕊；
(d) 二强雄蕊；
(e) 四强雄蕊；
(f) 聚药雄蕊

图1-23 心皮发育为雌蕊的示意图（徐汉卿. 植物学[M]，1996）
(a) 一片张开的心皮；(b) 心皮边缘内卷；(c) 心皮边缘愈合形成雌蕊

图1-24 雌蕊类型（郑湘如. 植物学[M]，2001）
(a) 单雌蕊；(b) 离生雌蕊；(b)、(c)、(d)、(e) 不同程度联合的复雌蕊

花药是雄蕊的主要部分，通常由4个花粉囊组成。成熟后花粉囊壁裂开，散出花粉。

4. 雌蕊

雌蕊（pistil）位于花的中央部分，是花的最内轮，由柱头、花柱及子房3部分组成，柱头在雌蕊的先端，是传粉时接受花粉的部位。雌蕊的基部为子房，是雌蕊的主要部分，子房内孕育着胚珠。花柱连接着柱头和子房，是柱头通向子房的通道。

雌蕊由变态的叶卷合而成（图1-23），这种变态叶特称为心皮，由1个心皮卷合而成的雌蕊称单雌蕊（单心皮雌蕊）；由2个以上的心皮卷合而成的雌蕊称复雌蕊（合心皮雌蕊）。在一朵花中，可以有一个单雌蕊或一个复雌蕊，也可以由多数单雌蕊组成雌蕊群（离心皮雌蕊）（图1-24）。

（二）花序

花并不总是单朵存在。有些植物是一朵花单独生于枝顶或叶腋，叫单生花(solitany)，如山茶、广玉兰、荷花等。但多数植物的花是按一定规律多朵着生在一个花序轴上。花在花序轴上排列的方式叫花序（inflorescence）。根据花序轴长短、分枝与否、小花有无花柄及开花顺序，花序可分为无限花序与有限花序（图1-25）。

1. 无限花序

无限花序上花序轴基部的小花先行开放，渐次向上，花序轴顶端在开花过程中可继续生长、延伸；若花序轴很短，则由边缘向中央依次开花。该类花序

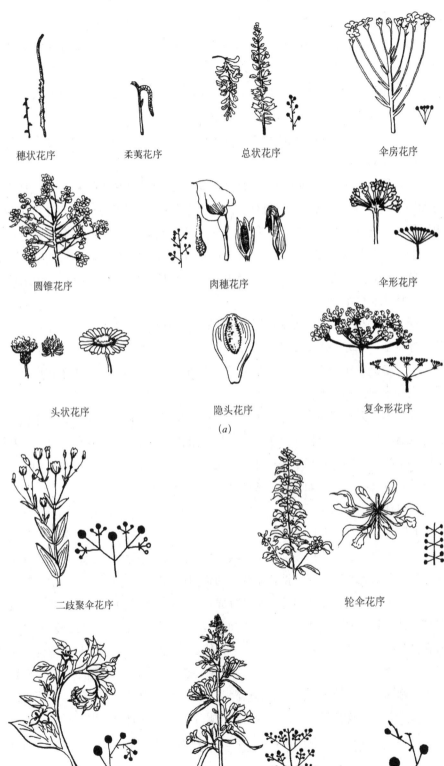

穗状花序　　　　柔荑花序　　　　总状花序　　　　伞房花序

圆锥花序　　　　　肉穗花序　　　　　伞形花序

头状花序　　　　　隐头花序　　　　复伞形花序

(a)

二歧聚伞花序　　　　　　　　　轮伞花序

镰状聚伞花序　　　聚伞圆锥花序（混合花序）　　　蝎尾状聚伞花序

(b)

图1-25　花序的类型（曹慧娟．植物学 [M]．1992）
(a) 无限花序；
(b) 有限花序

常称为总状类花序或向心花序，根据花序排列等特点包括以下几类：

（1）总状花序：花序轴较长但不分枝，花多数，梗近等长，随开花而花序轴不断伸长，如刺槐、金鱼草的花序。

（2）伞房花序：与总状花序相似，唯下部小花的花梗较长，向上渐短，因此各小花呈现出排列在同一个平面，如苹果、梨、八仙花等。

（3）伞形花序：多数花梗等长的小花着生于花序轴的顶部，如五加科的植物及四季报春等。

（4）穗状花序：花序轴较长，着生许多小花，似总状花序，但小花无柄或近无柄，如车前、马鞭草、千屈菜等；穗状花序轴膨大或肉质化，小花密生于肥厚的轴上，外包大型苞片，则称肉穗花序，如香蒲、龟背竹、白鹤芋等。

（5）柔荑花序：许多无柄或具短柄的单性花，着生在柔软下垂的花轴上，似穗状花序，常无花被而苞片明显，开花或结果后，整个花序脱落，如杨树、柳树、核桃及桦木等。

（6）头状花序：多数无柄或近无柄的花着生在极度缩短、膨大扁平或隆起的花序轴上，形成一头状体，外具形状、大小、质地各异的总苞片，如菊科植物。

（7）隐头花序：花序轴顶端膨大，中央凹陷，许多单性花隐生于花序轴形成的空腔内壁上，如无花果等。

以上各类无限花序的花序轴不分枝，可称为简单花序。另一些无限花序的花序轴有分枝，每一分枝相当于上述一种无限花序，称作复合花序。复总状花序，如荔枝、槐树等；复伞房花序，如花楸；复伞形花序，如伞形科植物及天竺葵等；复穗状花序，如女贞、珍珠梅等。

2．有限花序

有限花序的开花顺序与无限花序相反，花序轴顶端或中心的花先开，然后由上而下或自中心向周围逐渐开放。其生长方式属于合轴分枝式，常称为聚伞花序，也称为离心花序，依据花轴分枝的不同包括以下几类：

（1）单歧聚伞花序：顶芽首先发育成花后，仅有顶花下一侧的侧芽发育成侧枝，侧枝顶的顶芽又形成一朵花，如此依次向下开花，形成单歧聚伞花序。若各次分枝都是从同一方向的一侧长出，使整个花序呈卷曲状，称为螺旋状聚伞花序，如附地菜、勿忘我等；若各次分枝是左右相间长出，使整个花序呈蝎尾状，称为蝎尾状聚伞花序，如唐菖蒲、鸢尾、黄花菜等。

（2）二歧聚伞花序：顶花形成后，在其下面两侧同时发育出两个等长的侧枝，每一分枝顶端各发育一花，然后再以同样的方式产生侧枝，如龙胆科的植物、石竹等。

（3）多歧聚伞花序：顶花下同时发育出 3 个以上分枝，各分枝再以同样的方式进行分枝，顶端每枝生一花，花梗长短不一，节间极短，外形似伞形花序，如大戟科的植物等。

（4）轮散花序：聚伞花序着生在对生叶的叶腋，花序轴及花梗极短，呈轮状排列，如益母草等一些唇形科植物。

3. 混合花序

在自然界中花序的类型比较复杂，有些植物是无限花序和有限花序混合的，即在同一花序上同时生有无限花序和有限花序，如七叶树花序的主轴为无限花序，侧轴为有限花序；泡桐的花序是由聚伞花序排列成圆锥花序等。

二、种子和果实

被子植物的受精作用完成后，胚珠便发育为种子，子房发育为果实。有些植物，花的其他部分和花以外的结构，在某些种中也随着一起发育成果实的一部分。

种子是所有种子植物特有的器官。种子植物中的裸子植物，因为胚珠外面没有包被，所以胚珠发育成种子后是裸露的；被子植物的胚珠是包在子房内，卵细胞受精后，子房发育为果实，里面的胚珠发育成种子，所以种子也就受到果实的包被。种子有无包被，这是种子植物中裸子植物和被子植物两大类群的重要区别之一。种子植物除利用种子增殖本属种的个体数量外，同时也是种子植物借以度过干、冷等不良环境的有效途径。而果实部分除保护种子外，往往兼有贮藏营养和辅助种子散布的作用。

（一）种子

种子（seed）是种子植物特有的繁殖器官，由种皮、胚和胚乳三部分组成。种子的形状、大小、颜色因种类不同而异。种子的实质，是一个处于幼态的植物体（胚），外面包裹着保护性的结构（种皮），同时携带有储藏了养料的组织（胚乳）（图1-26）。

（二）果实

受精作用以后，花的各部分起了显著的变化，花萼（宿萼种类例外）、花冠一般枯萎脱落，雄蕊和雌蕊的柱头及花柱也都凋谢，仅子房或是子房以外其他与之相连的部分，迅速生长，逐渐发育成果实（fruit）。

果实的类型可以从不同方面来划分。果实的果皮单纯由子房壁发育而成的，称为真果，多数植物的果实是这一情况。除子房外，还有其他部分参与果实组成的，如花被、花托以至花序轴，这类果实称为假果，如苹果、瓜类、凤梨等。

另外，一朵花中如果只有一枚雌蕊，以后只形成一个果实的，称为单果。如果一朵花中有许多离生雌蕊，以后每一雌蕊形成一个小果，相聚在同一花托之上，称为聚合果，如莲、草莓、悬钩子等。如果果实是由整个花序发育而来，花序也参与果实的组成部分，这就称为聚花果（或称花序果，也称复果），如桑、

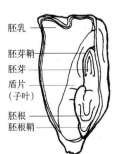

胚乳

胚芽鞘
胚芽
盾片
（子叶）

胚根
胚根鞘

图1-26 有胚乳种子的
基本结构

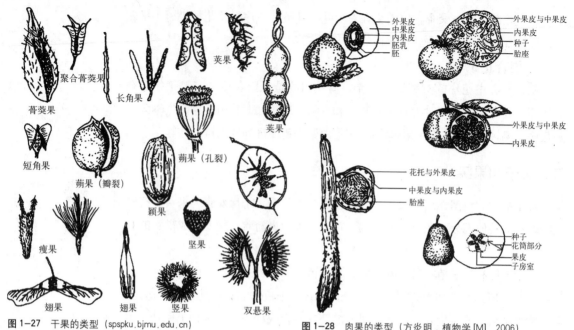

图 1-27 干果的类型（spspku.bjmu.edu.cn）   图 1-28 肉果的类型（方炎明．植物学 [M]．2006）

凤梨、无花果等。

　　按果皮的性质，果实可分为干果和肉果。果实成熟时，果皮呈现干燥的状态，称为干果。干果的果皮在成熟后可能开裂，称为裂果，包括菁葖果、荚果、角果、蒴果等类型；如干果的果皮不开裂，则称为闭果，通常仅具有单粒的种子，包括了颖果、瘦果、翅果、坚果、双悬果与胞果等类型（图 1-27）。果皮肉质而多汁，成熟时不开裂，称为肉果。肉果的常见类型包括浆果、柑果、瓠果、梨果与核果等（图 1-28）。

第三节　植物自然分类的基础知识

　　地球上现存的植物种类约 50 万种。长久以来，人们在生活和生产实践中对各类植物的形态结构、生活习性、利用价值等积累了许多知识，并加以比较研究，根据它们的异同点，将其分门别类，划归为不同的等级和类群，以便于人们识别、研究、利用和保护植物资源，这便是植物分类的任务。在植物分类学漫长的发展历史过程中，形成了不同的分类方法，大致可分为两类：第一种是人为分类法（artificial classification），即人们为了自己认识和应用上的方便，以植物的形态、习性或用途等某一个或少数几个性状作为分类依据来划分植物类群的一种分类方法。如本书后面将涉及的风景园林学科对园林植物的分类方法即属此类。第二种是自然分类法（natural classification）。自达尔文的进化论创立之后，人们认识到植物是长期演化发展形成的，各种植物之间存在着不同程度的亲缘关系，根据植物之间的亲缘关系对植物进行分类的方法，即为自然分类法，以自然分类法建立的分类系统称为自然分类系统。自然分类是其他所有分类方法的基础。

一、植物界的基本分类

在 18 世纪瑞典植物学家林奈（Carolus Linnaeus）把生物划分为动物界和植物界两界，植物界包括藻类植物、菌类植物、地衣植物、苔藓植物、蕨类植物和种子植物六大类群，这种两界系统至今仍被沿用。

植物界一般将其分为蓝藻门、裸藻门、绿藻门、金藻门、甲藻门、褐藻门、红藻门、细菌门、黏菌门、真菌门、地衣植物门、苔藓植物门、蕨类植物门、裸子植物门和被子植物门等 15 个门。根据各门植物形态结构的原始与进化程度，植物界可划分为低等植物（lower plant）和高等植物（higher plant）两大类。低等植物包括藻类植物、菌类植物和地衣植物。高等植物包括苔藓植物、蕨类植物、裸子植物和被子植物 4 个门，其植物体结构比较复杂，大多有根、茎、叶分化，因此也称为茎叶体植物（cormophytes）；除少数水生外，绝大多数陆生；生活史中具有明显的世代交替现象；生殖器官由多细胞构成，合子在母体内发育成胚，因此高等植物又称为有胚植物（embryophytes）。

此外，根据植物是否具有维管系统，15 个门可分为维管植物（vascular plants）和非维管植物（non-vascular plants）两大类；根据植物是以种子繁殖还是以孢子繁殖分为种子植物（spermatophytes seed plants）和孢子植物（spore plants）；根据植物是否形成花而分为显花植物（phanerogamae）和隐花植物（cryptogamae）；根据是否具颈卵器分为颈卵器植物（archegonium plants）和非颈卵器植物（non-archegonium plants）。

二、被子植物分类系统

达尔文的《物种起源》提出了生物进化学说，说明了任何生物物种都有它的起源、进化和发展的过程。进化论的思想促进了植物分类的研究。现代主要的几个系统都以最大可能地体现植物界各类群之间的亲缘关系为目标。基于这种目标建立起来的分类系统实际上是表型分类与系统发育分类有效结合的表达。百余年来，建立的分类系统有数十个，著名的有恩格勒系统（A. Engler）、哈钦松系统（J. Hutchinson）、塔赫他间（A. Takhtajan）系统、柯朗奎斯特（A. Cronquist）系统。另外，还有我国植物学家胡先骕先生研究建立的分类系统。

德国植物学家恩格勒（1844 ～ 1930 年）创立了恩格勒系统，其认为柔荑花序类植物在双子叶植物中是比较原始的类群，单子叶植物比双子叶植物原始，因而在系统中把单子叶植物排列在双子叶植物前面。这种观点被许多植物分类学家认为不妥。后来曼希尔（Melchior）对该系统作了修正，把双子叶植物排列在单子叶植物前面。

英国植物学家哈钦松的哈钦松系统把被子植物分为双子叶植物纲和单子叶植物纲，然后又把双子叶植物纲分为木本支和草本支；把单子叶植物纲分为萼花区、冠花区和颖花区。哈钦松系统的特点：一是认为木兰目植物较原始，因此在被子植物系统中把木兰目排列在前面；而且认为木本支与草本支分别以木兰目和毛茛目为原始起点平行进化。二是认为柔荑花序类植物比较进化，是次生（或退化）的表现。三是单子叶植物比双子叶植物进化。这些都与恩格勒系统不同。

柯朗奎斯特系统、塔赫他间系统与哈钦松系统有一些相似性，三者都把双子叶植物排在单子叶植物前面，而且在双子叶植物中以木兰科为原始类型，排在所有双子叶植物科的前面。但是，柯朗奎斯特系统和塔赫他间系统都有其独特之处，国内近年分 13 卷陆续出版的《中国高等植物》、张天麟编著的《园林树木 1200 种》中的被子植物分类就是采用了柯朗奎斯特系统。本书各论中各科的植物排列，裸子植物按国内通用的郑万均系统（1978 年）；被子植物采用柯朗奎斯特系统（1981 年）。该系统中科的范围与哈钦松系统的基本一致，有一些科的范围较大，能较好地反映被子植物的进化亲缘关系，在总体上较恩格勒系统和哈钦松系统都更科学、更自然、更合理。

三、植物分类的阶层系统和基本单位

植物分类的阶层系统，主要包括 7 个级别：种（species）、属（genus）、科（family）、目（order）、纲（class）、门（division、phylum）和界（kingdom）。种（物种）是基本的分类单元，近缘的种归合为属，近缘的属归合为科，科隶属于目，目隶属于纲，纲隶属于门，门隶属于界。有的阶层植物种类繁多，可在上述 7 个级别下分别设立亚级别，如亚种（subspecies）、亚属（subgenus）、亚科（subfamily）、亚目（suborder）、亚纲（subclass）、亚门（subdivision）等。

种（species）：物种是"形态上类似的，彼此能够交配的，要求类似环境条件的生物个体的总和"。如从现代遗传学的观点考虑，可以简单定义为"一个具有共同基因库的，与其他类群有生殖隔离的类群"。如果强调物种是群体的概念，是以个体集合成大大小小的种群单元而存在的"种群"集团，E. Meyer 定义为"物种是由自然种群所组成的集团，种群之间可以相互交流繁殖（实际上的或潜在的），而与其他这样的集团在生殖上是隔离的"。以上三种定义都强调了生殖隔离的标准，所以只适用于有性物种。物种在自然界是客观真实存在的，它不仅是分类的基本单位，也是繁殖和进化的基本单位。种是生物进化与自然选择的产物。

种下还有亚种（subspecies）、变种（varity）和变型（form）三种分类单位。

亚种：一般认为是种内类群，形态上有一定的变异，分布或生态或季节上有隔离。同种内的不同亚种，不分布于同一地理分布区内。

变种：一个种内类群，形态有变异且较稳定，分布地区较亚种为小。同种内的不同变种，可能有共同的分布区。

变型：形态上有较小变异且较稳定，没有一定的分布区而成零星分布的个体。

植物分类的各级单位也称为阶元（category）。各阶元不仅表示范畴的大小和等级关系，也表示亲缘关系的远近。各阶元都有相应的拉丁词和词尾，属以下的阶元无固定词尾。把各个分类阶元按照隶属关系顺序排列，即组成了植物分类的阶层系统。每种植物在阶层系统中都被明确了分类的位置，如表1-1所示。

植物分类单元（阶元）和阶层系统（等级）   表1-1

分类阶层（等级）			
中文	英文	拉丁文	词尾
植物界	Plant Kingdom	Regnum Plantae	
门	Division	Divisio，Phylum	−phyta
亚门	Subdivision	Subdivisio	−phytina
纲	Class	Classis	−opsida，−eae
亚纲	Subclass	Subclassis	−idae
目	Order	Ordo	−ales
亚目	Suborder	Subordo	−ineae
科	Family	Familia	−aceae
亚科	Subfamily	Subfamilia	−oideae
族	Tribe	Tribus	−eae
亚族	Subtribe	Subtribus	−inae
属	Genus	Genus	−a，−um，−us
亚属	Subgenus	Subgenus	—
组	Section	Sectio	—
亚组	Subsection	Subsectio	—
系	Series	Series	—
种	Species	Species	—
亚种	Subspecies	Subspecies	—
变种	Variety	Varietas	—
变型	Form	Forma	—

四、植物的命名

每种植物都有自己的名称。同一种植物在不同的国家往往会有不同的名称，即使在同一国家的不同地区、不同民族也会有差异。不同种植物也会使用同一名称，如我国叫"白头翁"的植物就有十多种，分属于毛茛科、蔷薇科等不同科、属。

为了避免植物的同名异物和同物异名的混乱，也为了便于国际学术交流，植物学家制定了世界通用的科学名称（scientific name），简称学名。学名的制定，必须严格依照国际植物命名法规来进行。

（一）植物的双名法

植物的学名采用双名法，由瑞典植物分类学家林奈在他的巨著《植物种志》（Species Plantarum）中创立。双名法的优点，首先在于它统一了全世界所有植物的名称，即每一种植物只有一个名称；其次还提供了一个大概的亲缘关系，由于学名中包含有属名，因此根据种名很容易查知该种在植物分类系统中所处的位置。

所谓双名法，是指用拉丁文给植物的种命名，每个种名，都由两个拉丁词或拉丁化的词构成，第一个词是属名，是学名的主体；第二个词是种加词，此外还需加上给这个植物命名的作者名。因此，一个完整的学名形式应当包括属名、种加词和命名人三部分。如银杏的学名为：

Ginkgo biloba L.（属名，"银杏属"）（种加词，"二裂的"）（命名人Linnaeus 的缩写形式）

植物的属名和种加词，都有其含义和来源，词法上也有些具体规定。

（二）植物的三名法

种内可进行次级分类，分类等级自上而下依次为：亚种（subspecies）、变种（varietas）、亚变种（subvarietas）、变型（forma）和亚变型（subforma），依次缩写为 ssp.（subsp.）、var.、subvar.、f. 和 subf.。

亚种、变种或变型的植物学名，应当在正种名称的基础上加上亚种、变种或变型加词，即学名由属名、种加词和亚种、变种或变型加词三部分构成，称为三名法。亚种、变种或变型的命名人位于亚种、变种或变型加词的后面。如：

紫花地丁 *Viola philippica* Cav. ssp. *munda* W. Beck.

羽衣甘蓝 *Brassica oleracea* var. *acephala* L. f. *tricolor* Hort.

思考题

1. 种子植物的个体发育是什么？
2. 种子植物各个器官的功能是什么？
3. 叶片的形态包括什么？有什么类型？以典型植物举例说明。
4. 变态营养器官是什么？有什么类型？以典型植物举例说明。
5. 花序的类型有哪些？举例说明。
6. 植物分类的方法有哪些？是怎样分类的？
7. 区别种、亚种、变种、变形的概念。

本章参考文献

[1] 钱又宇，周公丽主编.园林植物学 [M].北京：中国林业出版社，1990.

[2]《植物学》编写组.植物学 [M].北京：中国林业出版社，1995.

[3] 徐汉卿主编.植物学 [M].北京：中国农业出版社，1996.

[4] 邱国金主编.园林植物 [M].北京：中国农业出版社，2001.

[5] 郑湘如，王丽主编.植物学 [M].北京：中国农业大学出版社，2001.

[6] 傅承新，丁炳扬主编.植物学 [M].杭州：浙江大学出版社，2002.

[7] 胡宝忠，胡国宣主编.植物学 [M].北京：中国农业出版社，2002.

[8] 区伟耕主编.园林植物 [M].乌鲁木齐：新疆科技卫生出版社，2002.

[9] 刘仁林主编.园林植物学 [M].北京：中国科学技术出版社，2003.

[10] 吴泽民主编.园林树木栽培学 [M].北京：中国农业出版社，2003.

[11] 张宪省，贺学礼主编.植物学 [M].北京：中国农业出版社，2003.

[12] 贺学礼主编.植物学 [M].北京：高等教育出版社，2004.

[13] 李名扬主编.植物学 [M].北京：中国林业出版社，2004.

[14] 李景狭，康永祥.观赏植物学 [M].北京：中国林业出版社，2005.

[15] 方炎明主编.植物学 [M].北京：中国林业出版社，2006.

[16] 曹慧娟主编.植物学 [M].北京：中国林业出版社，1992.

第二章　园林植物基础二——植物的生长发育及环境的影响

摘要：植物在个体发育中，一般要经历种子休眠和萌发、营养生长及生殖生长三大时期。园林植物的种类很多，不同种类园林植物生命周期长短相差甚大。木本植物的生命周期包括种子、幼年、成熟、衰老四个时期；草本植物的生命周期因生活史不同而不同，一般包括种子、幼苗、成熟、衰老四个时期。作为生命周期组成部分的年周期，也因不同种类园林植物而不同，一般都包括生长期和休眠期。植物的生长发育过程除了受自身遗传因子的影响外，还与环境条件有着密切的关系。温度、光照、水分、土壤、大气等是影响植物分布及生长发育的主要环境因素。

第一节　植物的生长发育规律

一、植物的生命周期

植物在个体发育中，一般要经历种子休眠和萌发、营养生长及生殖生长三大时期（无性繁殖的种类可以不经过种子时期）。园林植物的种类很多，不同种类园林植物生命周期（life cycle）长短相差甚大，下面分别就木本植物和草本植物进行介绍。

（一）木本植物

木本植物在个体发育的生命周期中，实生树种从种子的形成、萌发到生长、开花、结实、衰老，其形态特征与生理特征变化明显。木本植物的整个生命周期划分为以下几个年龄阶段。

1. 种子期（胚胎期）

植物自卵细胞受精形成合子开始，至种子发芽为止。这一时期的关键主要是促进种子的形成、安全贮藏和在适宜的环境条件下播种并使其顺利发芽。

2. 幼年期

从种子萌发到植株第一次开花止。幼年期是植物地上、地下部分进行旺盛的离心生长时期。植株在高度、茎径、冠幅、根系长度等方面生长很快，体内逐渐积累起大量的营养物质，为营养生长转向生殖生长做好了形态上和内部物质上的准备。

3. 成熟期

植株从第一次开花时始到树木衰老时止。又可分为以下两个阶段：

青年期：从植株第一次开花时始到大量开花时止。其特点是树冠和根系加速扩大，是离心生长最快的时期。经过这一阶段的生长，树木基本达到或接近最大营养面积。植株能年年开花和结实，但数量较少，质量不高。

壮年期：从树木开始大量开花结实时始到结实量大幅下降，树冠外围小枝出现干枯时止。其特点是花芽发育完全，开花结果部位扩大，数量增多。叶片、芽和花等的形态都表现出种所固有的特征。骨干枝离心生长停止，树冠达最大限度以后，由于末端小枝的衰亡而又趋于缩小。根系末端的须根也有死亡的现象，树冠的内膛开始发生少量生长旺盛的更新枝条。

4. 衰老期

自骨干枝、骨干根逐步衰亡，生长显著减弱，到植株死亡为止。其特点是骨干枝、骨干根大量死亡，营养枝和结果母枝越来越少，枝条纤细且生长量很小，树体平衡遭到严重破坏，树冠更新复壮能力很弱，抗逆性显著降低，木质腐朽，树皮剥落，树体衰老，逐渐死亡。

对于以扦插、压条等方式无性繁殖的树木的生命周期，除没有种子期外，也可能没有幼年期或幼年阶段相对较短。因此，无性繁殖树木生命周期中的年龄时期，可以划分为幼年期、成熟期和衰老期三个时期。各个年龄时期的特点与实生树相应的时期基本相同。

（二）草本植物

1. 一、二年生草本植物

一、二年生草本植物生命周期很短，仅 1 ~ 2 年的寿命，但其一生也必须经过几个生长发育阶段。

种子期（胚胎期）：从卵细胞受精发育成合子开始，至种子发芽为止。

幼苗期：从种子发芽开始至第一个花芽出现为止。一般 2 ~ 4 个月。二年生草本花卉多数在头一年秋季播种，幼苗萌发后需要通过冬季低温，翌年春季才能进入开花期。

成熟期：植株大量开花，花色、花型最有代表性，是最佳观赏期。自然花期长短因种而异。

衰老期：从开花大量减少、种子逐渐成熟开始，至植株枯死止。

2. 多年生草本植物

多年生草本植物的生命周期与木本植物相似。但因其寿命仅 10 余年左右或更短，故各个生长发育阶段与木本植物相比时间较短。

各类植物的生长发育阶段之间没有明显的界限，是渐进的过程。生命周期及其各年龄阶段的长短因树种、生长条件及栽培技术而异。如植物胚胎期的长短会因种子特性不同而异，有些植物种子成熟后，只要有适宜的条件就发芽，另一些种类即使给予适宜的条件其种子也不能立即发芽，而必须经过一段时间的休眠后才能发芽。若从整体生命周期来看，油松可长达数千年，而杨树却只有数十年。园林绿化中需要将长短生命周期之树种以合理比例相配置，才可能保持景观的长时间稳定。当然，对园林植物而言，通过合理的栽培养护技术，亦能在一定的程度上加速或延缓某一阶段的到来。

二、植物的年周期

植物的年生长周期是指植物在一年之中随着环境，特别是气候（如水、热状况等）的季节性变化，在形态和生理上与之相适应的生长和发育的规律性变化。年周期（annual cycle）是生命周期的组成部分。年生长发育规律对于园林植物的栽培生产、设计应用及养护管理均具有十分重要的意义。

（一）木本植物的年周期

1. 落叶树的年周期

由于温带地区一年中有明显的四季，所以温带落叶树木的季相变化明显，年周期可明显地区分为生长期和休眠期。即从春季开始萌芽生长，至秋季落叶前为生长期。树木在落叶后，至翌年萌芽前，为适应冬季低温等不利的环境条件而处于休眠状态，为休眠期。

（1）生长期

从树木萌芽生长到秋后落叶时止，为树木的生长期，包括整个生长季，是树木年周期中时间最长的一个时期，也是发挥其绿化作用最主要的时期。在此期间，树木随季节变化，会发生一系列极为明显的生命活动现象，如萌芽，抽枝展叶或开花、结实等，并形成许多新的器官，如叶芽、花芽等。虽然根的生长要早于萌芽，但因便于观察，萌芽常作为树木生长开始的标志。

①根系生长期：一般情况下，根系无自然休眠现象，只要条件适宜，随时可以由停止生长状态转入生长状态。在年周期中，根系生长高峰与地上器官生长高峰相互交错发生。春季气温回升，根系开始生长，出现第一个生长高峰。然后是地上部分开始迅速生长，根系生长趋于缓慢。当地上部分生长趋于停止时，根系生长出现一个大高峰。落叶前根系生长还可能有小高峰。影响根系生长的因素一是树体的营养状况；二是根际的环境条件。

②萌芽展叶期：萌芽是落叶植物由休眠转入生长的标志，萌芽的标志是芽彭大，芽鳞开裂。展叶期是指第一批从芽苞中发出卷曲的或按叶脉折叠的小叶。萌芽展叶期的早晚根据植物的种类、年龄、树体营养状况、位置及环境条件等不同。温带的落叶树一般昼夜平均温度达到5℃以上时开始萌发。同一树种，幼树比老树萌芽早；营养好的植株比营养差的植株萌芽早。

③新梢生长期：叶芽萌动后，新梢开始生长。新梢不仅依靠顶端分生组织进行加长生长，也依靠形成层细胞分裂进行加粗生长。

④花芽分化：成熟期的树木，新梢生长到一定程度后，植物体内积累了大量的营养物质，在特定的环境条件下，生长点开始由营养生长向生殖生长方向转变，即开始花芽分化。树木的花芽分化与气候条件密不可分，不同的植物花芽分化的时间与一年中分化的次数不同。绝大部分早春和春天开花的树木如榆叶梅、连翘等在夏秋开始分化花芽，而一些原产温暖地区的树种如龙眼、柑橘等则在冬春分化花芽；夏秋季开花的木槿、珍珠梅、槐等是在当年的新梢上形成花芽并开花，多为一年一次；而茉莉、月季、倒挂金钟等四季开花的种类则一年中多次抽梢，每次抽梢都能形成花芽并开花。另有一些植物如竹类形成花芽的时间不定，在营养生长达数年后才能开花。

⑤开花期：指花蕾的花瓣松裂至花瓣脱落时止。分为初花期（5%花开放）、盛花期（50%花开放）、末花期（仅存5%花开放）。大多数植物每年开

一次花，也有一年内开多次花的种类。

⑥果实生长发育期：从花谢后到果实生理成熟时止。有的植物果实成熟后即脱落，而有的植物果实宿存，经久不凋。

（2）休眠期

秋季叶片自然脱落是落叶树木进入休眠的重要标志。在正常落叶前，新梢必须经过组织成熟过程，才能顺利越冬。落叶休眠是温带树种在进化过程中对冬季低温环境所形成的一种适应性，它能使树木安全度过低温、干旱等不良条件，以保证下一年能进行正常的生命活动，并使生命得到延续。没有这种特性，正在生长着的幼嫩组织就会受到早霜的危害，并难以越冬而死亡。在树木休眠期内，虽然没有明显的生长现象，但树体内仍然进行着各种生命活动，如呼吸、蒸腾、芽的分化、根的吸收、养分合成和转化等。所以休眠只是个相对概念。

2. 常绿树的年周期

常绿树的年生长周期不如落叶树那样在外观上有明显的生长和休眠现象，因为常绿树终年有绿叶存在。但常绿树种并非不落叶，而是叶寿命较长，多在一年以上至多年。每年仅脱落一部分老叶，同时又能增生新叶，因此，从整体上看全树终年有绿叶。

不同种类的常绿树种其开花期也可能不同，亦有一年一次开花或多次开花的种类。如山茶于早春开花，广玉兰则夏季开花，而龙船花（*Ixora chinensis*）在气候适宜地区几乎全年开花不断。

（二）草本植物的年周期

植物在年周期中表现最明显的即生长期和休眠期。但是，由于草本植物的种类繁多，年周期的变化也很不一样。一年生植物春天种子萌芽后，经过短期的营养生长阶段后，当年开花结实，而后死亡，仅有生长期的各时期变化而无休眠期，因此，年周期短暂而简单。二年生植物秋播后，以幼苗状态越冬或半休眠，在第二年的春季快速进行营养生长，继而开花、结实，而后死亡。多数宿根花卉和球根花卉则在开花结实后，地上部分枯死，地下贮藏器官形成后进入休眠状态越冬（如萱草、芍药、鸢尾，以及春植球根类的唐菖蒲、大丽花等）或越夏（如秋植球根类的水仙、郁金香、风信子等，它们在越夏时进行花芽分化），还有许多常绿性多年生草本植物，在适宜的环境条件下，周年生长保持常绿状态而无明显的休眠期，如万年青、麦冬及蜘蛛兰等。

每种植物在其年生长期中，都按其固定的物候期顺序通过一系列的生命活动。不同树种通过某些物候的顺序不同。如温带落叶树有的先萌花芽，而后展叶，如北方早春开花的梅花、连翘、榆叶梅等；有的先萌叶芽，抽枝展叶，而后形成花芽并开花，如夏季开花的木槿、紫薇等。植物各物候期的开始、结束和持续时间的长短，也因树种或品种、环境条件和栽培技术而异。风景园林设计师需对植物的物候准确了解，才能合理配置植物，营造出景色各异的植物景观。

第二节 植物生长发育与环境

植物的生长发育过程，除了受自身遗传因子的影响外，还与环境条件有着密切的关系。无论是植物的分布，还是生长发育，甚至外貌景观都受到环境因素的制约。植物与环境的关系表现在个体水平、种群水平、群落水平以及整个生态系统等不同的层面上。每种植物的个体在其生长发育过程的每个环节都对环境有特定的需要，它们在长期的系统发育中，对环境条件的变化也产生各种不同的反应和多种多样的适应性，即形成了植物的生态习性。因此，合理地栽培和应用植物，首先必须充分了解生态环境的特点，如各个生态因子的状况及其变化规律，包括环境的温度、光照、水分、土壤、大气等，掌握环境各因子对植物生长发育不同阶段的影响。本节简述主要环境各因子对植物生长发育的作用。

一、温度

温度是影响植物生长的最重要的生态因子之一。温度在地球上具有规律性和周期性的变化，如随着海拔和纬度升高而降低；随着一年四季的变化及昼夜的变化等。这种变化首先影响植物在地球上的分布，使得不同地理区域分布不同的种类，从而形成特定的植物生态景观，如热带的雨林景观，亚热带的常绿阔叶林景观，温带的夏绿阔叶林、针叶林景观，寒带的苔原等。这些不同的地理区域也分布着不同的园林植物，如热带、亚热带的椰子、变叶木（*Codiaeum variegatum* var.*pictum*）、香樟（*Cinnamomum camphora*）、山茶（*Camellia japonica*）等树木及蝴蝶兰（*Phalaenopsis amabilis*）、石斛兰（*Dendrobium nobile*）等气生兰和仙人掌类花卉，温带的槐树（*Sophora japonica*）、杨树（*Populus* spp.）、柿树（*Diospyros kaki*）、油松（*Pinus tabulaeformis*）、牡丹（*Paeonia suffruticosa*）、玫瑰（*Rosa rugosa*）等树木及百合（*Lilium brownii*）、芍药（*Paeonia lactiflora*）、萱草（*Hemerocallis fulva*）等花卉，高海拔地区的雪莲（*Saussurea involucrata*）、报春花属（*Primula* spp.）及绿绒蒿属（*Meconopsis* spp.）等。

温度直接影响植物的生长发育。适应于不同的温度条件导致植物的耐寒力不同，如原产于温带的多数宿根花卉如鸢尾（*Iris tectorum*）、一枝黄花（*Solidago canadensis*）等耐寒性强，可忍受较低的冰冻温度，在北方可露地越冬；原产于热带和亚热带的蝴蝶兰、变叶木等均不耐寒，不能忍受冰冻温度；原产于暖温带的大多数半耐寒性植物能忍受一定程度的低温，但不能忍受长期严酷的冬季，如金盏菊（*Calendula officinalis*）、紫罗兰（*Matthiola incaca*）等。

除了植物种类不同对温度要求不同外，同一种类在生长发育的不同阶段对温度要求亦有差异，如多数分布于温带地区的植物在生长发育过程中要求有一段时间的低温休眠，有的在从营养生长向生殖生长转化过程中要求低温春化作用，否则不能正常开花。

二、光照

光是植物进行光合作用的能量来源，因而是植物生长发育的必需条件。自然界的光照状况也具有规律性和节律性的变化，如光照强度随纬度增加而减弱，随海拔升高而增强，在特定区域还受到坡向、朝向等影响。光质即光谱的组成，也随着海拔的升高或群落中位置的不同而发生变化，如不同的群落中，由于群落的结构和层次不同，以及上层植物因叶的厚薄、构造、颜色的深浅以及叶表面性质的不同而导致的对光的吸收、反射和透射的差异造成光照强度和光质的差异。日照长度更是随四季而发生周期性变化。光因子在光强、光质及日照时间长短方面的这些变化，极大地影响着植物的分布和个体的生长发育。

适应于光照强度的不同，植物有阳性、阴性及中性之别。阳性植物必须生长在完全的光照条件下，如大部分乔木，玫瑰、黄刺玫等灌木及多数的一、二年生花卉；阴性植物要求在适度庇荫的条件下方能生长良好，如原产于热带雨林下的蕨类植物、兰科植物及天南星科植物等；中性植物对光照的适应幅度较宽，如萱草、耧斗菜（*Aquilegia vulgaris*）等宿根花卉。对于特定植物而言，光照强度过弱或过强（如超过植物光合作用的光补偿点和饱和点）都会导致光合作用不能正常进行而影响植物正常生长发育。

适应于光周期的变化，植物有长日照植物、短日照植物及中性植物等类型。长日照植物要求在较长的光照条件下才能成花，而在较短的日照条件下不开花或延迟开花，如三色堇（*Viola tricolor* var. *hortensis*）、瓜叶菊（*Senecio cruentus*）等。短日照植物的成花要求较短的光照条件，在长日照下不能开花或延迟开花，如菊花（*Dendranthema morifolium*）、一品红（*Euphorbia pulcherrima*）等。中性植物对光照长度的适应范围较宽，较短或较长的光照下均能开花，如扶桑（*Hibiscus rosa-sinensis*）、香石竹（*Dianthus caryophyllus*）等。

不同的光谱成分不仅对植物生长发育的作用不同，而且会直接影响植物的形态特征，如紫外线可以抑制植株的增高生长，并促进花青素的形成，因而高山花卉一般低矮且色彩艳丽，热带花卉也大多花色浓艳。

三、水分

水分是植物体的重要组成部分，也是植物光合作用的原料之一。水有汽、雾、露水、雪、冰雹、雨等各种形态，它们在特定的地域也发生着周年性或昼夜性等规律性的变化，从而影响着植物的分布、生长及其生态景观。首先，降水的分布直接影响植物的分布。不同植被类型就是由热量和水分因子共同作用的结果，如在热带，终年雨量充沛而均匀的地区分布着热带雨林，在周期性干湿交替的地区则分布着季雨林，夏雨的干旱地区则形成稀树草原这一独特的热带旱生性草本群落；在温带，温暖湿润的海洋性气候下分布着夏绿阔叶林，而干旱的条件下则分布着夏绿旱生性草本群落的草原。这些不同的生态景观皆因不同水分条件下分布的种类不同而形成。其次，水分直接影响植物的生长发育过程。虽然水分是植物生长发育所不可缺少的因子，但植物对水分的需求差异很大，不仅表现在不同种类上，而且表现在同一种类不同的生长发育阶段。影响植物生长的水分环境是由土壤水分状况和空气湿度共同作用的结果，如原产于热带雨林中的层间植物就主要依赖于空气中大量的水汽而生存；分布于沿海或湿润林下的植物种类到内陆干旱地区难以正常生长发育，空气湿度是限制因子之一。在园林环境中可以通过人工灌溉来调整土壤的水分状况，满足植物的要求，然而空气湿度主要受自然气候的影响，不容易调控，对植物的选择有时限制更大。

适应于不同的水分状况，植物形成旱生、中生、湿生和水生等类型。旱生植物能忍受较长时间的空气或土壤干燥。为了在干旱的环境中生存，这类植物在外部形态和内部结构上都产生许多适应性变化，如仙人掌类植物。湿生植物在生长期间要求大量的土壤水分和较高的空气湿度，不能忍受干旱；典型的水生植物则需在水中才能正常生长发育。中生植物要求适度湿润的环境，分布最为广泛，但极端的干旱及水涝都会对其造成伤害。不同植物类型中，凡根系分布深、分枝多的种类，从干燥土壤和深层土壤中吸水的能力强，具有较强的抗旱性，如多数深根性树种及宿根花卉种类。一、二年生花卉与球根花卉根系分布较浅，耐干旱和水涝的能力都较差。

四、土壤

土壤不仅起着固定植物的作用，而且是植物根系进行生命活动的重要场所。土壤对植物生长发育的影响，主要是由土壤的物理化学性质和营养状况所决定的。因不同的质地有沙土、壤土、黏土等不同的土壤类型，不同的土壤类型又有着不同的水气状况，对植物的生长发育有重要的影响。土壤的酸碱度是土壤重要的化学性质，也是对植物生长发育影响极大的因素。不同的植物种类对土壤酸碱度有不同的适应性和要求。大部分的园林植物在微酸性至中性的条件下可以正常生长，但有的植物要求较强的酸性土，如兰科、凤梨科及八仙花（*Hydrangea macrophylla*）等；有些植物则要求中性偏碱性的土壤，如石竹属的一些种类。土壤的营养状况包括土壤有机质和矿质营养元素，直接影响植物的生长发育。

城市土壤因践踏和碾压等机械作用以及建筑垃圾的混杂导致土壤紧实、黏重，透气性差，pH 值较高，营养状况差，极大地影响植物的正常生长发育，因此，城市园林绿化宜选择适应性强的种类。当土壤条件过度恶劣时即需进行改良甚至换土。

五、大气

空气的主要组分氧气和二氧化碳都是植物生存必不可缺的生态因子和物质基础。二氧化碳是植物光合作用的原料，氧气是植物呼吸作用的原料。然而，大气因子中限制园林植物生长发育的因素主要是大气污染和风。大气污染的种类很多，对植物危害较大的主要有二氧化硫、硫化氢、氟化氢、氯气、臭氧、二氧化氮、煤粉尘等。也有一些植物种类对特定的污染有较强的抗性，比如抗二氧化硫的花卉有金鱼草（*Antirrhinum majus*）、蜀葵（*Althaea rosea*）、美人蕉（*Canna generalis*）、金盏菊、紫茉莉（*Mirabilis jalapa*）、鸡冠花（*Celosia argentea* var.*cristata*）、玉簪（*Hosta plantaginea*）、大丽花（*Dahlia pinnata*）、凤仙花（*Impatiens balsamina*）、石竹（*Dianthus chinensis*）、唐菖蒲（*Gladiolus hybridus*）、菊花、茶花、扶桑（*Hibiscus rosa-sinensis*）、月季（*Rosa chinensis*）、石榴（*Punica granatum*）、龟背竹（*Monstera deliciosa*）、鱼尾葵（*Caryota ochlandra*）等；抗氟化氢的有大丽花、一串红（*Salvia splendens*）、倒挂金钟（*Fuchsia hybrida*）、山茶、天竺葵（*Pelargonium hortorum*）、紫茉莉、万寿菊（*Tagetes erecta*）、半支莲（*Portulaca grandiflora*）、葱兰（*Zephyranthes candida*）、美人蕉（*Canna indica*）、矮牵牛（*petunia hybrida*）、菊花等。

在一些地区，风是经常性的和强有力的因子。轻微的风，不论对气体交换、植物生理活动，还是开花授粉都有益处，但强风往往造成伤害，不仅对新植植物造成枝干摇曳而伤害根系，还会引起落花落果和加速水分蒸腾。寒冷地区冬季强风造成植物蒸腾加剧是边缘植物难以越冬的限制性因子，如北方地区常绿阔叶植物越冬过程中主要的伤害就与大风造成的强烈蒸腾而导致的次生干旱胁迫有关。在风向较稳定和风力强劲的地方，乔木迎风面的树叶和枝条逐渐萎蔫死亡，形成旗状树冠。在热带和亚热带，台风对植物生长影响更大。在城乡绿化植物选择中，在台风盛行的地方不宜大量栽植根系浅、树冠大的植物种类。

综上所述，可以看出各个生态因子对植物分布、生长发育以及景观外貌的生态作用都不容忽视。值得注意的是，虽然在特定条件下对特定物种而言，影响植物生存的生态因子有主次之分，但必须考虑生态因子的综合作用。

思考题

1. 植物的生命周期、年周期分别是什么？
2. 木本植物生命周期各个时期的特点是什么？
3. 什么是环境因子、生态因子？主要的生态因子有哪些？

4. 影响植物生长发育的生态因子之间的相互关系是什么？

5. 温度、光照、水分是怎样影响植物生长发育的？

本章参考文献

[1] 钱又宇，周公丽主编 . 园林植物学 [M]. 北京：中国林业出版社，1990.

[2] 《植物学》编写组 . 植物学 [M]. 北京：中国林业出版社，1995.

[3] 徐汉卿主编 . 植物学 [M]. 北京：中国农业出版社，1996.

[4] 邱国金主编 . 园林植物 [M]. 北京：中国农业出版社，2001.

[5] 郑湘如，王丽主编 . 植物学 [M]. 北京：中国农业大学出版社，2001.

[6] 傅承新，丁炳扬主编 . 植物学 [M]. 杭州：浙江大学出版社，2002.

[7] 胡宝忠，胡国宣主编 . 植物学 [M]. 北京：中国农业出版社，2002.

[8] 区伟耕主编 . 园林植物 [M]. 乌鲁木齐：新疆科技卫生出版社，2002.

[9] 刘仁林主编 . 园林植物学 [M]. 北京：中国科学技术出版社，2003.

[10] 吴泽民主编 . 园林树木栽培学 [M]. 北京：中国农业出版社，2003.

[11] 张宪省，贺学礼主编 . 植物学 [M]. 北京：中国农业出版社，2003.

[12] 贺学礼主编 . 植物学 [M]. 北京：高等教育出版社，2004.

[13] 李名扬主编 . 植物学 [M]. 北京：中国林业出版社，2004.

[14] 董丽 . 园林花卉应用与设计 [M]. 北京：中国林业出版社，2010.

第三章 园林植物的类型

摘要：园林植物种类繁多，不同角度的分类便于人们对植物形态特征、生活习性及园林用途等各个方面的掌握并加以应用。依据植物生物学特性及生长习性，园林植物分为园林树木与园林花卉；园林树木包括乔木、灌木、藤本、竹类及棕榈类，园林花卉包括一、二年生花卉、宿根花卉及球根花卉。依据植物对环境因子的适应性，园林植物又分为不同的类型，如依据对温度的适应性分为不耐寒性、半耐寒性及耐寒性植物，依据对水分的适应性分为旱生、中生、湿生、水生植物等。按照植物观赏特征，园林植物可分为观花类、观叶类、观果类、观枝干类、观姿类植物。按照园林用途，园林植物可分为独赏树、行道树、庭荫树、花灌木、攀援植物、绿篱植物、地被植物等。

园林植物种类繁多，不仅需要在初步掌握植物学方面的形态特点和自然分类的基础上了解每一种的基本特征，还需从该类植物实际应用的目的出发，从不同角度对其分门别类，便于掌握并应用。本章讨论风景园林学科对园林植物的常用分类方法。

第一节　按植物生物学特性及生长习性分类

植物生物学特性是指植物的生长发育规律，即由种子萌发经营养生长到开花结实，最后衰老死亡的整个生命过程的发生、发展规律，通常也称之为植物的生长习性。依据植物生物学特性及生长习性将园林植物分为园林树木与园林花卉。

一、园林树木

园林树木（landscape trees）是适于在城乡园林绿地及自然风景区栽植应用，并具有观赏价值的木本植物，据其生活型的不同又分为乔木、灌木、藤本、竹类及棕榈类。很多园林树木是花、果、茎或树形美丽的观赏树木。园林树木也包括虽不以美观见长，但在城市与工矿区绿化及风景区建设中能起到卫生防护和改善环境作用的树种。因此，园林树木所包括的范围要比观赏树木更为宽广（张天麟，2005）。

（一）乔木类

乔木（trees）的树体高大，通常高数米至数十米，少数种类达百米以上；有明显的主干，分枝部位较高。乔木可依据高度的差异分为伟乔（31m以上），如巨杉（*Sequoiadendron giganteum*）、北美红杉（*Sequoia sempervirens*）、鹅掌楸（*Liriodendron chinense*）、木棉（*Bombax malabaricum*）、直干蓝桉（*Eucalyptus maidenii*）等；大乔（21～30m），如兴安落叶松（*Larix principis-rupprechtii*）、臭冷杉（*Abies nephrolepis*）、榆树（*Ulmus pumila*）、香樟（*Cinnamomum camphora*）、国槐（*Sophora japonica*）等；中乔（11～20m），如旱柳（*Salix matsudana*）、桑树（*Morus alba*）、柿树（*Diospyros kaki*）、合欢（*Albizzia julibrissin*）、板栗（*Castanea mollissima*）等；小乔（6～10m），如二乔玉兰（*Magnolia × soulangeana*）、桃（*Prunus persica*）、暴马丁香（*Syringa reticulate* var.*mandshurica*）及海棠花（*Malus spectabilis*）等。

（二）灌木类

灌木（shrubs）的树体矮小，通常高度小于6m而无明显主干，多数呈丛生状，如黄刺玫（*Rosa xanthina*）、连翘（*Forsythia suspensa*）、毛樱桃（*Prunus* tomentosa)、棣棠（*Kerria japonica*）、珍珠梅（*Sorbaria kirilowii*）、迎春（*Jasminum nudiflorum*）、金银忍冬（*Lonicera maackii*）等。

（三）藤本类

藤本类（lianas）是能缠绕或者攀附他物向上生长的木本植物，依据其攀援习性的不同可分为以下几类。

1. 缠绕类

茎干细长，能够沿一定粗度的支持物左旋或右旋缠绕而生长，如紫藤（*Wisteria sinensis*）、铁线莲（*Clematis florida*）、猕猴桃（*Actinidia chinensis*）等。

2. 卷须类

茎、叶或者其他器官变态为卷须，卷络其他支持物而生长，如葡萄（*Vitis vinifera*）、蛇葡萄（*Amepelopsis sinica*）等。

3. 吸附类

依靠气生根或吸盘分泌的黏液粘附于其他支持物而生长，如地锦类（*Parthenocissus* spp.）、凌霄（*Campsis grandiflora*）等。

4. 钩攀类

依靠植株体本身的钩刺攀援或枝条先端缠绕于其他支持物生长，如野蔷薇（*Rosa multiflora*）、悬钩子（*Rubus corchorifolius*）、叶子花（*Bougainvillea spectabilis*）等。

（四）竹类

竹类植物（bamboos）有广义和狭义之分。广义竹类包括了木本和草本竹类，狭义竹类不包括草本竹类，通常所说的竹类植物多指狭义的木本竹类。据《中国植物志》记载，狭义竹亚科（不包含草本竹类）约有 70 属 1000 余种，中国有 40 属 500 余种。竹是一类再生性很强的植物，其地下茎称为竹鞭，地上部分为竹秆，有显著的节，节与节之间的茎中空。园林常用的竹类有孝顺竹（*Bambusa glaucescens*）、粉单竹（*B. chungii*）、青皮竹（*B. textilis*）、毛竹（*Phyllostachys heterocycla*）、刚竹（*P. bambusoides*）等，另有许多园艺品种，如'金镶玉'竹（*Phyllostachys aureosulcata* 'Spectabilis'）、王竹（*P. bambusoides* 'Tanakae'）等。

（五）棕榈类

棕榈类（palms）为棕榈科常绿乔木或灌木，因其形态独特，独具热带风光，故常单列。该类植物树干圆柱形，茎单生或丛生，叶簇生于干顶，羽状或掌状裂深达中下部，常残存有老叶柄及其下部的叶鞘。花小而黄色，雌雄异株，花期 4～5 月。园林中常用的棕榈科植物有大王椰子（*Roystonea* regia）、椰子（*Cocos nucifera*）、老人葵（*Washingtonia filifera*）等乔木及棕竹（*Rhapis excelsa*）、散尾葵（*Chrysalidocarpus lutescens*）等灌木。

二、园林花卉

园林花卉（landscape flowers）是适用于园林和环境绿化、美化，且具有一定观赏性的草本植物。此为狭义的园林花卉概念，也是本书所采用的范畴。生产中也常用广义的园林花卉的概念，即把木本观赏植物也包含在内，与观赏植物的范畴相类似。按照生活周期和地下部分形态特征可将园林花卉分为一、二年生花卉、宿根花卉与球根花卉，其中宿根花卉与球根花卉合称为多年生花卉。

（一）一、二年生花卉

一、二年生花卉（annuals，biennials）是指在一个或两个生长季内完成生活史的花卉。一年生花卉是在一个生长季内完成其全部生活史的花卉，一般春季播种，夏秋开花结实，冬季来临时死亡。如百日草（*Zinna elegans*）、凤仙花（*Impatiens balsamina*）、地肤（*Kochia scoparia*）、波斯菊（*Cosmos bipinnatus*）、半支莲（*Portulaca grandiflora*）等。二年生花卉是在两个生长季内完成其全部生活史的花卉，通常秋季播种，翌年春季开花、结实，在炎夏到来时死亡。如紫罗兰（*Matthiola incana*）、花菱草（*Eschscholtzia californica*）等。除典型的一、二年生花卉外，园林中常用的还有许多多年生当一、二年生栽培的种类。

（二）宿根花卉

宿根花卉（perennials）是多年生花卉（个体寿命两年或两年以上的植物）中，地下根系正常、不发生变态、可多次开花结实的花卉。如芍药（*Paeonia lactiflora*）、马蔺（*Iris lactea*）、一枝黄花（*Solidago canadensis*）、荷包牡丹（*Dicentra spectabilis*）等。

（三）球根花卉

球根花卉（bulbs）是多年生花卉中，地下器官变态肥大，依靠其贮存的营养度过休眠期的可多次开花的花卉。如郁金香（*Tulipa gesneriana*）、百合类（*Lilium* spp.）、风信子（*Hyacinthus orientalis*）、水仙类（*Narcissus* spp.）、唐菖蒲（*Gladiolus hybridus*）、美人蕉（*Canna indica*）等。

第二节　按对环境因子的适应性分类

经过长期对生存环境条件的适应性进化和自然选择的相互作用，不同植物有不同的适生环境。在植物生长的综合环境中，包含着许多性质不同的因子，如气候、土壤、地形、生物等，对植物的生长、发育起到直接或间接的作用。其中，温度、光照、水分、土壤等主要生态因子是限制园林植物分布和应用在不同区域和环境的决定因素。

一、依园林植物对温度的适应性分类

温度是影响植物分布和生长的最重要生态因子之一。来自太阳辐射的热量在地球上的分布并不是均匀的，而是呈现规律性和周期性的变化，随着纬度和海拔的升高，热量分布逐渐减少。这样的温度特征对于植物的生长和分布具有重要影响。园林植物因长期适应原产地的温度条件而形成不同程度的耐寒能力。依据对于温度的不同要求，将园林植物分为不耐寒性植物、半耐寒性植物及耐寒性植物。

（一）不耐寒性植物

热带地区1月的平均气温为 15～26℃，年温差小，全年均为生长季，个别地区有干湿季之分。仅在这一温度带自然分布的植物均属不耐寒性植物，如椰子（*Cocos nucifera*）、木棉（*Gossampinus malabarica*）、荔枝（*Litchi chinensis*）、龙眼（*Dimocarpus lonsan*）、羊蹄甲（*Bauhinia variegata*）、台湾相思（*Acacia confusa*）、虎尾兰（*Sansevieria trifasciata*）、鹿角蕨（*Platycerium bifurcatum*）等。这类植物中的木本种类只能应用于温度适宜地区，北方需温室栽培才可安全越冬；草本植物应用于北方则作为一年生栽培或冬季将球根挖起贮藏保护，翌年春季再行栽植，如美人蕉（*Canna indica*）。

（二）半耐寒性植物

亚热带地区1月的平均气温从 0～15℃不等，生长季 7.5～12 个月。仅在这一温度带自然分布的植物被称作半耐寒性植物，例如水松（*Glyptostrobus pensilis*）、水杉（*Metasequoia glyptostroboides*）、香樟（*Cinnamomum camphora*）、楠木（*Phoebe zhennan*）、梅（*Prunus mume*）、山茶（*Camellia japonica*）、广玉兰（*Magnolia grandiflora*）、紫罗兰（*Matthiola incana*）、金盏菊（*Calendula officinalis*）等。这类植物中的部分种类可应用于暖温带地区园林绿化，但需良好的小气候环境或冬季进行保护才能安全越冬，如广玉兰、水杉、梅及紫罗兰等。

（三）耐寒性植物

温带地区1月的平均气温为 -30～0℃不等，7月的平均气温在 20～26℃，生长季 3.5～7.5 个月。与降水条件共同构成了从湿润到干旱的各种气候型。在这一地区有大量自然分布的植物，如银杏、松科、柏科、杨属、柳属、槭树科、豆科、忍冬科的绝大多数树木种类，百合类（*Lilium* spp.）、石竹（*Dianthus chinensis*）、芍药（*Paeonia lactiflora*）等花卉种类。这一区域原产的种类耐寒性强，是我国三北地区园林绿化的主要材料。

此外，在寒带、亚寒带及高山地区分布的植物中，也有许多观赏价值较高的耐寒性植物已应用于园林绿化，如白桦（*Betula platyphylla*）、杜鹃花科的一些种类、金露梅（*Potentilla fruticosa*）、龙胆（*Gentiana tianshanica*）、雪莲（*Saussurea involucrata*）等，但这类植物大多不能忍受夏季炎热的气候。

二、依园林植物对水分的适应性分类

水分在植物的生长发育过程中起着重要作用，如植物体对于矿物质和营养物质的吸收及其在体内的运输，光合、蒸腾和呼吸等一系列生理生化作用都以水为介质或原料。此外，水分在植物的形态建成、繁殖、种子传播等过程中还有极其重要的作用。依据对于水分的不同依赖程度，将园林植物分为旱生植物、中生植物、湿生植物和水生植物。

（一）旱生植物

旱生植物是在干旱的环境中能长期忍受干旱而正常生长发育的植物类型。其大多自然分布于干旱及半干旱区域，如柽柳（*Tamarix chinensis*）、沙棘（*Hippophae rhamnoides*）等硬叶类旱生植物，仙人掌（Cactaceae）和景天（Crassulaceae）等科的多浆旱生植物及生长于高寒多风地区的金露梅（*Potentilla fruticosa*）、偃松（*Pinus pumila*）、高山石竹（*Dianthus alpinus*）等冷生旱生植物。

（二）中生植物

中生植物对水分的要求和依赖程度适中，即不能长期忍受过干和过湿的条件。大多数植物均属于中生植物，其中不同的种类对干旱或潮湿环境的适应能力也有不同。通常来说，耐旱力强的种类具有旱生性状的倾向，而耐湿力强的种类则具有湿生植物性状的倾向。雪松、黑松、侧柏（*Platycladus orientalis*）、刺槐（*Robinia pseudoacacia*）、臭椿（*Ailanthus altissima*）、黄栌（*Cotinus coggygria*）、构树（*Broussonetia papyrifera*）等植物的抗旱性较强，紫穗槐（*Amorpha fruticosa*）、垂柳、乌桕（*Sapium sebiferum*）、桑树（*Morus alba*）、白蜡（*Fraxinus chinensis*）、丝绵木（*Euonymus bungeanus*）、重阳木（*Bischofia polycarpa*）、香樟（*Cinnamomum camphora*）等植物的抗涝性较优，垂柳、旱柳、紫藤（*Wisteria sinensis*）等植物既耐湿又耐旱，但它们仍然以生长在水分适中的条件下表现最佳。

（三）湿生植物

湿生植物需要生长在潮湿的环境中，若在干燥或中生的环境下则常致死亡或生长不良，其自然分布于水湿环境中，或者能够调节自身的生长发育状况而适应长期被水淹没，例如水松（*Glyptostrobus pensilis*）、池杉（*Taxodium ascendens*）、落羽杉（*Taxodium distichum*）、黄菖蒲（*Iris pseudocorus*）、千屈菜（*Lythrum salicaria*）等。其适应土壤温度低、透气性差、质地较软等水域土壤条件。这类植物根系浅，体内具发达的通气组织，乔木则常具有板根或膝根等特点。

（四）水生植物

植物学意义上的水生植物（aquatic plants）是指常年生活在水中，或在其生命周期内某段时间必须生活在水中的植物。这类植物体内细胞间隙较大，通气组织比较发达，种子能在水中或沼泽地萌发，但它们在枯水期比任何一种陆生植物更易死亡。水生植物种类繁多，依据其形态通常分为四种类型。

1. 挺水植物

根或根状茎生于水底泥中，植株茎叶高挺出水面，栽培水深自水缘沼生至1.5m。如荷花（*Nelumbo nucifera*）、菖蒲（*Acorus calamus*）、香蒲（*Typha angustata*）、水葱（*Scirpus tabernaemontani*）、燕子花、再力花（*Thalia dealbata*）、雨久花（*Monochoria korsakowii*）等。

2. 浮水植物

根或根状茎生于泥中，叶片通常漂浮于水面，栽培水深0.8～3.0m。如菱（*Trapa bispinosa*）、睡莲（*Nymphaea tetragona*）、王莲（*Victoria amazonica*）、芡实（*Euryale ferox*）等。

3. 漂浮植物

根悬浮在水中，植物体漂浮于水面，可随水四处漂泊，如凤眼莲（*Eichhornia crassipes*）、荇菜（*Nymphoides peltatum*）、浮萍（*Lemna minor*）、满江红（*Azolla imbricata*）等。

4. 沉水植物

根或根状茎扎生或不扎生水底泥中，植株体完全沉没于水中，不露出水面，如金鱼藻（*Ceratophyllum demersum*）、黑藻（*Hydrilla verticillata*）、苦草（*Vallisneria spiralis*）、水苋菜（*Ammania gracilis*）、红椒草（*Cryptocoryne wendtii*）等。

在园林水景中应用的植物除上述四种外，还常将岸边潮湿地段的植物纳入水生植物的范畴，包括沿岸耐湿的乔灌木以及能适应湿土至浅水环境的水际或沼生植物，前者如池杉、水杉、水松、木芙蓉（*Hibiscus mutabilis*）、夹竹桃（*Nerium indicum*）、蒲葵（*Livistona chinensis*）等，后者如苔草属（*Carex* spp.）、菖蒲、石菖蒲（*Acorus gramineus*）、燕子花、泽泻（*Alisma orientale*）等。

三、依园林植物对光照的适应性分类

光是植物进行光合作用的能量来源。在植物生活史的每个阶段，如种子萌发、幼苗生长、开花结实及衰老等过程中，均受到光照因子的调控。光从光照强度、光周期及光质三个方面影响着植物的形态特征和生长习性，植物适应于特定的光照条件，也形成了不同的生态类型。

（一）园林植物对光照强度的适应类型

植物生长发育需要一定的光照强度，但不同种植物、同种植物的不同生长发育阶段对光强的需求量不同。根据植物对光照强度的需求，可分为三种生态类型。

1. 阳性植物

这类植物在全日照下生长良好而不能耐受长时间的荫蔽。例如落叶松属、松属的大多数种类、杨属、柳属、桦木属、栎属、臭椿、乌桕、泡桐等多种木本植物和郁金香、香豌豆（*Lathyrus odoratus*）等以及草原、沙漠及旷野中分布的多种草本植物。

2. 阴性植物

这类植物在较弱的光照条件下生长较好。阴生植物以草本植物居多，如生长在潮湿、荫暗密林中的秋海棠属（*Begonia*）的植物，园林中应用的落新妇（*Astilbe chinensis*）、玉簪（*Hosta plantaginea*）、铃兰（*Convallaria majalis*）、一叶兰（*Aspidistra elatior*）、蕨类、竹芋类等。木本植物中典型的阴性植物很少，有些种类则有一定的耐阴性，或要求适度蔽荫方可生长良好，尤其以灌木为多，如杜鹃、山茶及珍珠梅等。

3. 中性植物

这类植物对光照强度的要求介乎上述两种植物之间，在充足的阳光下生长最好，但亦有不同程度的耐阴能力，又称为耐阴植物。中性植物可依据其对阳光的要求不同，分为偏阳性植物和偏阴性植物。偏阳性的种类有榆属、朴属、榉属、樱花（*Prunus serrulata*）、枫杨（*Pterocarya stenoptera*）等，偏阴性的种类有粗榧属、红豆杉属、椴属、忍冬属、八仙花属、常春藤（*Hedara nepalensis* var.*sinensis*）、枸骨（*Ilex cornuta*）、海桐（*Pittosporum tobira*）、罗汉松（*Podocarpus macrophyllus*）、紫楠（*Phoebe sheareri*）、棣棠等。

（二）园林植物对光周期的适应类型

光周期反应是指每日的光照时数与黑暗时数的交替影响植物开花的现象。由于植物生长季内在高纬度地区的日照时数较多，低纬度地区较少，分布于特定地区的植物在长期的生长发育中形成了与之相适应的生物学习性，需在特定的日照长度下才能成花，主要包括长日照植物、短日照植物和中间性植物三类。

1. 长日照植物

植物在开花前需要一定时段的长日照光照，每日光照时数大于 14h，否则植株将继续营养生长而不能正常地开花结实。如天人菊（*Gaillardia pulchella*）、藿香蓟（*Ageratum conyzoides*）、红花烟草（*Nicotiona sanderae*）、金光菊（*Rudbeckia laciniata*）、唐菖蒲等。

2. 短日照植物

植物在开花前需要一定时段的短日照光照，每日的光照时数小于 12h，否则植株不开花或延迟开花。在植物正常生长发育的范围内，日照时数愈短其开花愈早，如波斯菊（*Cosmos bipinnatus*）、一品红（*Euphorbia pulcherrima*）、秋菊（*Dendranthema × morifolium*）、裂叶茑萝（*Quamoclit lobata*）、大丽花（*Dahlia pinnata*）等。

3. 中间性植物

植物对于光周期没有严格的要求，只要发育成熟，无论在长日照条件下或短日照条件下均能开花，如月季、香石竹等。

四、依园林植物对土壤的适应性分类

土壤为植物生长提供必要的营养物质和矿质元素，其理化性质直接关系到植物的分布和生长发育。其中影响较大的是土壤酸碱度，它受到很多因素的影响，例如气候、母岩、地形地势、地下水和地表植物等。我国南方多酸性土，北方多碱性土。

（一）依土壤酸度的分类

依照中国科学院南京土壤研究所 1978 年的标准，我国土壤酸度可分为五级，即强酸性为 pH 值 < 5.5，酸性为 pH 值 5.5 ~ 6.5，中性为 pH 值 6.5 ~ 7.5，碱性为 pH 值 7.5 ~ 8.5，强碱性为 pH 值 > 8.5。依植物对土壤酸度的要求，可分为三类。

1. 酸性土植物

在 pH 值 6.5 以下、呈或轻或重的酸性土中生长最好且最多的植物，如马尾松（*Pinus massoniana*）、红松（*Pinus koraiensis*）、油桐（*Vernicia fordii*）、杜鹃（*Rhododendron simsii*）、山茶、金花茶、八仙花、凤梨类、兰类、大部分蕨类等。

2. 碱性土植物

在 pH 值 7.5 以上、呈或轻或重的碱性土中生长最好且最多的植物，如柽柳、紫穗槐、沙棘、沙枣、枸杞（*Lycium chinense*）、杠柳（*Periploca sepium*）、马蔺、补血草（*Limonium* spp.）等。

3. 中性土植物

在 pH 值 6.5 ～ 7.5 的土中生长最好且最多的植物种类。大多数的乔、灌木和草本属于中性土植物。

（二）依土壤中含盐量的分类

我国海岸线长，沿海地区有相当大面积的盐碱土地区，西北内陆干旱地区的内陆湖附近及地下水位过高处也有相当面积的盐碱化土壤。这些盐土、碱土以及各种盐化、碱化的土壤均统称为盐碱土，其 pH 值一般均在 8.5 以上。依植物在盐碱土上生长发育的状况，可分四类。

1. 喜盐植物

喜盐植物以不同的生理特性来适应盐土所形成的生境。一般而言，土壤含盐量超过 0.6% 时，大部分植物即生长不良，但喜盐植物可在 1% 甚至超过 6% 氯化钠浓度的土中正常生长。旱生喜盐植物主要分布在内陆的干旱盐土地区，如乌苏里碱蓬、海蓬子等。湿生喜盐植物主要分布在沿海滨海地区，如盐蓬、老鼠筋等。

2. 抗盐植物

有分布在旱地或湿地的种类。因其根的细胞膜对盐类的透性很小，所以对土壤中盐类的吸收很少，如田菁、盐地风毛菊等。

3. 耐盐植物

亦有分布于旱地和湿地的种类，其能从土壤中吸收盐分，但并不在体内积累，而是通过泌盐作用将多余的盐分经茎、叶上的盐腺排出体外，如柔毛白蜡、柽柳、沙棘、红树、大米草、二色补血草、霞草、地肤、香雪球等。

4. 碱土植物

能适应 pH 值 8.5 以上和物理性质极差的土壤条件，如一些藜科、苋科的植物。

五、依园林植物对大气污染物的抗性及抗风力的分类

（一）依园林植物对大气污染物的抗性分类

近年来，由于工业的迅速发展，城市污染也随之加剧，空气中的各种有毒、有害气体及粉尘对植物造成直接或间接的伤害，严重的甚至导致死亡或灭绝。已知的有毒物质已有 400 余种，约 20 ～ 30 种能造成较大的危害。目前已发现对植物生长发育危害严重的主要污染物有二氧化硫、氟化氢、过氧乙酰硝酸酯（PAN）类、臭氧、氯气、氯化氢、硫化氢、乙炔、丙烯等。

1. 二氧化硫

二氧化硫是当前最主要的大气污染物，也是全球范围内造成植物伤害的主要有害气体。火力发电厂、黑色和有色金属冶炼、炼焦、合成纤维、合成氨工业是

二氧化硫的主要排放源。二氧化硫进入植物叶片后遇水形成亚硫酸和亚硫酸离子，再逐渐氧化为硫酸离子，致使叶片组织坏死、叶片变色或出现杂色斑点等。

(1) 抗二氧化硫的植物

抗性强的有：罗汉松、桧柏（*Sabina chinensis*）、银白杨（*Populus alba*）、旱柳、国槐、刺槐、臭椿、榆树、茶条槭（*Acer ginnala*）、枫杨、梓树、栾树（*Koelreuteria paniculata*）、君迁子（*Diospyros lotus*）、胡桃（*Juglans rigia*）、泡桐、太平花（*Philadelphus pekinensis*）、紫穗槐、木槿、珍珠梅、黄栌（*Cotinus coggygria*）、小叶黄杨（*Buxus sinica*）、连翘（*Forsythia suspensa*）、山楂（*Crataegus pinnatifida*）、火炬树（*Rhus typhina*）、合欢、夹竹桃（*Nerium indicum*）、女贞、广玉兰、香樟、山茶、十大功劳（*Mahonia bealei*）、棕榈（*Trachycarpus fortunei*）、柑橘（*Citrus sinensis*）、紫荆（*Cercis chinensis*）、竹类、紫珠（*Callicarpa dichotoma*）、五叶地锦（*Parthenocissus quinquefolia*）、石竹、翠菊、大丽花、鸡冠花、美人蕉、菊花等。

抗性弱的有：水杉、马尾松、雪松、五角枫（*Acer truncatum*）、紫薇（*Lagerstroemia indica*）、复叶槭（*Acer negundo*）、山杏（*Prunus armeniaca*）、油松、黄刺玫、羊蹄甲、向日葵、紫花苜蓿、美女樱、蜀葵、麦秆菊、倒挂金钟、瓜叶菊等。向日葵、紫花苜蓿等抗性弱的植物又可用作二氧化硫的检测植物，利用其对有害气体的敏感性检测该有害气体在大气种的含量。

(2) 吸收二氧化硫能力较强的植物

粗榧（*Cephalotaxus sinensis*）、龙柏（*Sabina chinensis* 'Kaizuca'）、侧柏（*Platycladus orientalis*）、雪松、杜仲（*Eucommia ulmoides*）、臭椿、旱柳、毛泡桐（*Paulownia tomentosa*）、金银忍冬（*Lonicera maackii*）、大叶黄杨（*Euonymus japonicus*）、铺地柏（*Sabina procumbens*）、棣棠、海仙花（*Weigela coraeensis*）、凤尾兰（*Yucca gloriosa*）等。

2. 氟化氢

氟化物中对植物危害最大、毒性最强、排放量最大的是氟化氢。氟化氢主要来自炼铝、磷肥、搪瓷等工业生产。空气中氟化氢的浓度即使很低，植物暴露时间长也会造成损害，在叶尖和叶缘出现受害症状。

(1) 抗氟化氢的植物

抗性强的有：国槐、臭椿、泡桐、绦柳、悬铃木、白皮松、侧柏、山楂、连翘、紫穗槐、大叶黄杨、地锦类、大丽花、秋海棠、一品红、天竺葵、紫茉莉等。

抗性弱的有：榆叶梅、山桃、李、葡萄、白蜡、油松、杜鹃、玉簪、毛地黄、郁金香等。

(2) 吸收氟化氢能力较强的植物

泡桐、梧桐（*Firmiana simplex*）、银桦、大叶黄杨、垂柳、女贞、乌桕、蓝桉等。

3. 氯气和氯化氢

氯气和氯化氢是随着塑料产品增多，在聚氯乙烯塑料厂生产过程中产生的空气污染物。受害植物在叶脉间产生不规则的白色或浅褐色的坏死斑点、斑块，严重时导致叶卷缩、坏死、脱落等。

（1）抗氯气和氯化氢的植物

抗性强的有：杠柳、合欢、黄檗（*Phellodendron amurense*）、胡颓子（*Elaeagnus pungens*）、构树、桑树、榆树、接骨木（*Sambucus williamsii*）、木槿、紫荆、国槐、紫穗槐、紫藤、五叶地锦、千日红、大丽花、紫茉莉、天人菊、翠菊、牵牛花等。

抗性弱的有：银杏、水杉、榆叶梅、黄刺玫、香椿（*Toona sinensis*）、黄栌、金银木、刺槐、旱柳、栾树、苹果（*Malus asiatica*）、海棠、山桃、毛樱桃、连翘、珍珠梅、百日草、波斯菊、福禄考、芍药、四季秋海棠等。

（2）吸收氯气和氯化氢能力较强的植物

白皮松（*Pinus bungeana*）、华山松（*Pinus armandii*）、侧柏、早园竹（*Phyllostachys propinqua*）、矮紫杉（*Taxus cuspidata* var. *umbraculifera*）、旱柳、臭椿、悬铃木、银桦（*Grevillea robusta*）、水蜡、蜡梅（*Chimonanthus praecox*）、紫穗槐、金银花（*Lonicera japonica*）、扶芳藤（*Euonymus fortunei*）等。

（二）依抗风力的分类

空气流动形成风。风有助于风媒花的传粉，但亦可造成植物的生理和机械损伤。春夏生长季的旱风会加大植物的蒸腾作用，风速大的飓风、台风能吹折植物枝干或使植物倒伏，海潮风大量的盐分可使植物枯萎甚至死亡。一般而言，树冠紧密、材质坚韧、根系强大深广的植物，抗风力强；而树冠庞大、材质柔软或硬脆、根系浅的植物，抗风力弱。不同的植物抗风能力差异很大，据此可分为以下几类。

1. 抗风力强的植物

如马尾松、黑松、圆柏、胡桃、榆树、乌桕、枣树（*Zizyphus jujuba*）、臭椿、朴树、国槐、樟树、河柳、榆树（*Ulmus pumila*）、木麻黄（*Casuarina equisetifolia*）、台湾相思、南洋杉、竹类及橘类等。

2. 抗风力中等的植物

如侧柏、龙柏、杉木、柳杉、楝树、枫杨、银杏、广玉兰、重阳木、榔榆、枫香、桑树、柿树、合欢、紫薇、木本绣球等。

3. 抗风力弱的植物

如大叶桉、榕树、雪松、木棉、悬铃木、梧桐、加杨、泡桐、垂柳、刺槐、杨梅、枇杷等。

第三节　按观赏特征分类

园林植物个体的色、香、姿、韵及季相变化之美是形成优美的园林景观的重要要素。这些美的特征均来自于花、果、叶、枝等观赏器官，每类观赏器官又具有丰富的观赏特征。

一、观花类

花是植物最重要的繁殖器官。观花类的园林植物通常具有显著的花色、花形、花香等特征。花大色艳的如牡丹（*Paeonia suffruticosa*）、菊花、百合等；花形独特的如珙桐、合欢、鹤望兰（*Strelitzia augusta*）、兜兰（*Paphiopedilum* sp.）等；花香迷人的如桂花（*Osmanthus fragrans*）、蜡梅（*Chimonanthus praecox*）、玫瑰（*Rosa rugosa*）等。

（一）园林植物的花色

花色是花的最主要的观赏特征。通常讲的花色包括了花瓣、雌雄蕊、花萼的颜色，但平时人们最关注的还是花冠（花瓣与花萼的总称）的颜色。按花色的特点，园林植物可分为以下几类。

1. 红色系

常见的具红色系花的植物有蔷薇科的多数种类，如桃、杏、梅、海棠等，石榴（*Punica granatum*）、扶桑（*Hibiscus rosa-sinensis*）、合欢、木棉、龙牙花（*Erythrina corallodendren*）、刺桐（*E. variegata*）、山茶、杜鹃、紫薇（*Lagerstroemia indica*）、牡丹、一串红、朱顶红（*Hippeastrum vitlatum*）、美人蕉、四季秋海棠（*Begonia semperflorens*）等。

2. 黄色系

常见具黄色系花的植物如桂花（*Osmanthus fragrans*）、瑞香（*Edgeworthia chrysantha*）、黄木香（*Rosa banksiae*）、迎春（*Jasminum nudiflorum*）、连翘、黄刺玫、棣棠、蜡梅、金露梅、金花茶、小檗（*Berberis thunbergii*）、金盏菊（*Calendula officinalis*）、珠兰（*Chloranthus spicatus*）、金莲花、萱草（*Hemerocallis fulva*）、月见草（*Oenothera biennis*）、向日葵（*Helianthus annuus*）、万寿菊（*Tagetes erecta*）、蒲公英（*Taraxacum mongolicum*）等。

3. 蓝紫色系

常见具蓝紫色系花的植物如紫藤、紫丁香、木兰、木蓝（*Indigofera tinctoria*）、荆条（*Vitex negundo* var. *heterophylla*）、木槿、泡桐、鸢尾、矢车菊（*Centaurea cyanus*）、二月兰（*Orychophragmus violace*）、紫花地丁（*Viola yedoensis*）、风信子（*Hyacinthus orientalis*）、大花飞燕草（*Delphinium grandiflorum*）、藿香蓟、龙胆、马蔺、蓝花、鼠尾草等。

4. 白色系

常见具白色系花的植物如溲疏（*Deutzia scabra*）、山梅花（*Philadelphus incanus*）、茉莉（*Jasminum sambac*）、女贞、栀子（*Gardenia jasminoides*）、鸡树条荚蒾（*Viburnum sargenti*）、广玉兰（*Magnolia grandiflora*）、玉兰、珍珠梅、绣线菊（*Spiraea thunbergii*）、络石（*Trachelospermum jasminoides*）、甜橙（*Citrus sinensis*）、银薇（*Lagerstroemia indica* 'Alba'）、暴马丁香（*Syringa reticulate* var. *mandshurica*）、白梨（*Pyrus bretschneideri*）、肥皂草（*Saponaria officinalis*）、玉簪（*Hosta plantaginea*）、香雪球（*Lobularia maritima*）、大滨菊（*Chrysanthemum maximum*）、雪滴花（*Leucojum vernum*）、铃兰（*Convallaria majalis*）、玉竹（*Polygonatum odoratum*）、瓣蕊唐松草（*Thalictrum petaloideum*）、晚香玉等。

（二）花形

单朵的花具有各式各样的花形，以花冠为例，常见的具十字形花冠的有二月兰、桂竹香（*Cheiranthus cheiri*）；蔷薇型花冠的植物有月季、桃；蝶形花冠的有国槐、紫藤；漏斗形花冠的有牵牛、茑萝（*Quamoclit* sp.）；唇形花冠的有一串红、随意草（*Physostegia virginiana*）；喇叭状花冠的有曼陀罗（*Datura stramonium*）；钟形花冠的有桔梗（*Platycodon grandiflorus*）、风铃草（*Campanula* spp.）；舌状花冠的有向日葵、蒲公英等。

当单朵的花排聚在一起时，又形成大小不同、式样各异的花序。如具总状花序的金鱼草（*Antirrhinum majus*）、风信子；穗状花序的千屈菜、蛇鞭菊（*Liatris spicata*）；柔荑花序的核桃（*Juglans regia*）、毛白杨；伞形花序的美女樱（*Verbena* × *hybrida*）、报春花；伞房花序的绣线菊、石竹；头状花序的百日草、万寿菊；圆锥花序的宿根福禄考、泡桐；聚伞花序的唐菖蒲、勿忘我（*Myosotis silvatica*）等。

另外，还有一些园林植物的苞片形似花瓣，极具观赏价值，如珙桐、叶子花、四照花（*Dendrobenthamia japonica*）等。

（三）花香

以花的芳香而论，目前暂无一致的标准进行分类。依据不同植物花香的差别，大体上可分为清香（如茉莉、水仙）、甜香（如桂花）、浓香（如白玉兰）、淡香（如玉兰）、幽香（如树兰）。植物的花香可以刺激人的嗅觉，能起到使人愉悦的作用。我国人民自古以来就懂得欣赏花香，花香也成为花文化最重要的内容之一，梅花、兰花等许多传统名花均以香取胜。在园林中，常有所谓"芳香园"设置，即利用各种香花植物配植而成。适宜的花香植物也是医疗和康复花园中常用的材料。

二、观叶类

叶是植物的营养器官。相对于花和果实，叶是植物体观赏时间最长的部分。观叶类的园林植物通常具有独特的叶色、叶形等。其中，叶色多变的如变叶木（*Codiaeum variegatum* var. *pictum*）、花叶芋（*Caladium bicolor*）、彩叶草等；叶形奇特的如鹅掌楸、银杏、羊蹄甲等。

（一）叶色

叶的颜色有极大的观赏价值，随着季节更替、植物的生长发育，叶色变化十分丰富。根据叶色的特点，园林植物可分为以下几种。

1. 绿色叶

绿色虽属于叶子的基本颜色，其深浅、浓淡受种类、环境及本身营养状况的影响而会发生变化，有嫩绿、浅绿、鲜绿、浓绿、黄绿、褐绿、赤绿、蓝绿、墨绿、亮绿、暗绿等的差别。如叶色呈浓绿色的油松、圆柏、山茶、女贞、桂花、国槐、榕树等，叶色呈浅绿色的水杉、落羽杉、落叶松、金钱松、鹅掌楸、玉兰、柳树等。

2. 春色叶

春季新发生的嫩叶有显著不同于绿色的植物统称为春色叶植物，常见春色叶为粉红色的植物有五角枫（*Acer mono*）和垂丝海棠（*Malus halliana*）；紫红色的有黄连木（*Pistacia chinensis*）、梅花（*Prunus mume*）和葡萄（*Vitis vinifera*）；红色的有七叶树（*Aesculus chinensis*）、乌蔹莓（*Ampelopsis japonica*）、金花茶（*Camellia chrysantha*）、卫矛（*Euonymus alatus*）、复叶栾树（*Koelreuteri paniculata*）、女贞（*Ligustrum lucidum*）、桂花（*Osmanthus fragrans*）、椤木石楠（*Photinia davidsoniae*）、山杨（*Populus davidiana*）、山杏（*Prunus armeniaca*）及樱花（*Prunus serrulata*）等。

在南方暖热气候地区，有许多常绿树的新叶虽不限于在春季发生，也有美丽的色彩，而有宛若开花的效果，如铁力木（*Mesua ferrea*）、荔枝等，所以这类植物也可以被称为新叶有色类植物。

3. 秋色叶

凡在秋季叶子有显著变化，如变成红、黄等色而形成艳丽的季相景观的植物统称为秋色叶植物。中国北方每年于深秋观赏黄栌及槭树类的红叶，最著名的当数北京的香山红叶。每到 11 月，北京的香山层林尽染，数以万计的游客来观赏黄栌的秋色。南方则以枫香、乌桕的红叶著称，其他如南天竹、鸡爪槭也是重要赏秋色叶的种类。山毛榉科、桦木科、槭树科、壳斗科的树种秋色叶亦极佳，加拿大更是将美丽的枫叶糖槭叶画上国旗，作为自己国家的象征和标志。常见秋色叶为艳红或深红色的植物有鸡爪槭（*Acer palmatum*）、三角枫（*A. buergerianum*）、重阳木（*Bischofia polycarpa*）、丝绵木（*Euonymus bungeanus*）、火炬树（*Rhus typhina*）、乌桕（*Sapium sebiferum*）；紫红色的有盐肤木（*Rhus chinensis*）；金黄或艳红色的有金钱松（*Pseudolarix amabilis*）、枫香（*Liquidambar formosana*）及银杏等。

4. 常年异色叶

异色叶植物多来源于人们有目的的选择育种，这类植物常年均呈现异于绿色的叶色，如金黄、红、紫等颜色。常年异色叶植物品种数量在逐年增加，在园林景观中也被大量应用，由异色叶植物构成的五彩缤纷的色带、彩篱、花坛等在公园、广场等地随处可见，因其特殊景观效果而广受人们欢迎。常年叶色为红色或紫红色的植物有紫叶鸡爪槭（*Acer palmatum* 'Atropurpure'）、红羽毛枫（*Acer palmatum* 'Dissectum Ornatum'）、细叶鸡爪槭（*Acer palmatum* 'Ornatum'）、紫叶小檗（*Berberis thunbergii* 'Atropurpurea'）、红花檵木（*Loropetalum chinense* var. *rubrum*）、紫叶李（*Prunus cerasifera* 'Pissardii'）、紫叶矮樱；黄色或金黄色的有金叶鸡爪槭（*Acer palmatum* 'Aureum'）、金叶黄杨（*Buxus sempervirens* 'Marginata'）、金叶女贞（*Ligustrum* × *vicaryi*）、金叶桧（*Sabina chinensis* 'Aurea'）、金山绣线菊（*Spiraea* × *bumalda* 'Gold Mound'）、金叶榕、金叶假连翘；叶上带有金黄色斑纹的有洒金东瀛珊瑚（*Aucuba japonica* 'Variegata'）、金边胡颓子（*Elaeagnus pungens* 'Aurea'）、金心大叶黄杨（*Euonymus japonica* 'Aureus'）、金边大叶黄杨（*Euonymus japonica* 'Ovatus Aureus'）、斑叶女贞（*Ligustrum ovalifolium* 'Variegatum'）、洒金千头柏（*Platycladus orientalis* 'Semperaurescens'）、花叶长春蔓（*Vinca major* 'Variegata'）；叶色为蓝绿色或泛绿的有矮蓝偃松（*Pinus pumila* 'Dwarf Blue'）、蓝云杉等。草本的常年异色叶植物花叶芋、彩叶草等，也有红色、粉色、黄色及花叶等各种色彩变化。

（二）叶形

叶的基本类型可分为单叶和复叶。单叶的形状变化万千，如针形叶的油松、雪松；条形（线形）叶的云杉、矮紫杉；鳞形叶的侧柏、柽柳；披针形叶的旱柳、山桃；椭圆形叶的柿树、广玉兰；卵形叶的金银木、玉兰；圆形叶的荷花、睡莲；掌状叶的元宝枫、梧桐；菱形叶的乌桕等；奇特叶形的如鹅掌楸、羊蹄甲、银杏等。在一个叶柄上由二至多数小叶以某种着生方式排列在一起就形成了复叶。复叶同样具有多种形态，如羽状复叶的刺槐、合欢；掌状复叶的七叶树、铁线莲；单身复叶的柑橘等。这些变化万千的叶形是近赏植物时重要的观赏特征，在景观设计中不容忽视。

三、观果类

观果类的园林植物通常果实显著、色彩醒目、且宿存时间长，常见的如金银木（*Lonicera maackii*）、南天竹（*Nandina domestica*）、火棘（*Pyracantha fortuneana*）、海棠类（*Malus* spp.）、柿、山楂等以及一些果实奇特者如佛手（*Citrus medica* var. *sarcodactylis*）、秤锤树（*Sinojackia xylocarpa*）菠萝蜜、番木瓜、吊瓜树等。

（一）果色

1. 红色果实植物

常见的有荚蒾类（*Viburnum* spp.）、忍冬类（*Lonicera* spp.）、花楸类（*Sorbus* spp.）、大部分冬青属、栒子属、小檗属、山楂、丝绵木、柿树、石榴、海棠果、南天竹、红豆树（*Ormosia hosiei*）、枸杞、玫瑰、接骨木（*Sambucus williamsii*）等。

2. 黄色果实植物

常见的有贴梗海棠（*Chaenomeles speciosa*）、木瓜（*C. sinensis*）、海棠花（*Malus spectabilis*）、柑橘类（*Citrus* spp.）、番木瓜、梅、杏、沙棘、金橘、南蛇藤等。

3. 蓝紫色果实植物

常见的有紫珠属、葡萄、十大功劳、五叶地锦、海州常山等。

4. 黑色果实植物

常见的有金银花、女贞属、爬山虎、鼠李（*Rhamnus davurica*）、西洋接骨木（*Sambucus nigra*）、君迁子（*Diospyros lotus*）、五加、常春藤、大果冬青等。

5. 白色果实植物

常见的有红瑞木（*Cornus alba*）、偃伏梾木（*C. stolonifera*）、乌桕、银杏、雪果（*Symphoricarpus albus*）等。

除上述基本果色外，有的果实尚具有花纹。此外，由于光泽、透明度等许多细微的变化，形成了色彩斑斓、极富趣味的植物景观。

（二）果形

除色彩以外，果实还以其奇异的形状来吸引人们的视线。如铜钱树的果实形似铜钱，佛手的果实有如手掌一般，秤锤树的果实近似秤锤，猫尾木的果实形状如"猫尾"，炮弹树的果实酷似"炮弹"等。近年来，一些以食用为主的瓜果蔬菜，也逐渐培育出以观赏为主的品种，如观赏辣椒、观赏南瓜、观赏葫芦等，均是极佳的观果园林植物。

四、观枝、观干类

枝、干均属于植物茎的一部分。观枝、干类的园林植物其茎通常具有奇特的色泽、附属物等。常见的如红瑞木（*Cornus alba*）、棣棠以鲜艳的茎色取胜、白皮松奇在树干的斑驳状剥裂、仙人掌类则因茎变态肥大而引人注目。

深秋叶落后的干皮颜色在冬季园林景观中具有重要的观赏意义，拥有美丽色彩的植物可以作为冬景园的主要布置材料。根据枝、干的颜色，园林植物可分为以下几种。

1. 白色树干植物

常见的有老年白皮松、白桦、白桉（*Eucalyptus alba*）、银白杨、胡桃、法国梧桐、朴树等。

2. 红色树干植物

常见的有马尾松、红松、赤松、红瑞木、偃伏梾木、山桃、野蔷薇、杏、山杏、赤桦、糙皮桦等。

3. 绿色树干植物

常见的有竹类、梧桐、棣棠、迎春、木香等。

4. 黄色树干植物

常见的有金枝垂柳、金枝国槐、黄瑞木、金竹等。

5. 斑驳色彩的树干

常见的有白皮松、光皮梾木、二球悬铃木、木瓜、斑竹、湘妃竹、油柿、榔榆等。

另外，还有紫竹等干皮为紫色的植物。除干的色彩不同，有些植物干上具有特殊的器官或附属的皮孔、裂纹、枝刺、绒毛等，也具有观赏价值。

五、观姿类

园林植物因其形体不同而姿态各异。常见的乔灌木有柱形、塔形、圆锥形、伞形、圆球形、半圆形、卵形、倒卵形、匍匐形等，特殊的有垂直形、曲枝形、拱枝形、棕榈形、芭蕉形等。不同姿态的树给人以不同的感觉。观姿类的园林植物通常整体具有独特的风姿或婀娜多姿的形态，如高耸入云或波涛起伏，平和悠然或苍虬飞舞。常见的有雪松、老年油松、龙柏、垂柳、酒瓶椰子（*Hyophorbe lagenicaulis*）等。树木之所以形成不同姿态，与植物本身的分枝习性及年龄有关。

每一种园林植物都有其独特的色彩、形态、韵味和芳香，这些自然之美，随着时光和岁月的推移时刻在发生变化。春天万蕊千花、欣欣向荣；夏天绿荫弄影、亭亭如盖；秋天嘉实硕果、累累若星；冬天素裹银装、凛凛雄姿。这种四时季相交替变化之美景正是由园林植物最主要的观赏特征所构成。

第四节　按园林用途分类

　　人们在对园林植物进行实际应用时，往往根据其观赏特点及习性将之用于不同的环境，并以适当的方式配置，以满足不同的功能。据此可将园林植物分为如下几类。

一、孤赏树（孤植树、标本树）

　　孤赏树（specimen trees）主要表现树木的形体美，可以独立成景以供观赏，也被称为孤植树或标本树。孤赏树一般或树形优美独特、或花朵醒目芳香、或果实鲜艳奇特、或有异国情调、或富有特殊意义，若一种树具上述多项特征则更佳。孤植树的位置一般选择在开阔空旷的地点，如开阔草坪上的显著位置、花坛中心、庭园向阳处等，形成空间的焦点。

　　常用的孤植树种类有雪松、金钱松、南洋杉、银杏、悬铃木、七叶树、鹅掌楸、椴树、珙桐、樟树、木棉、玉兰等。

二、行道树

　　行道树（street trees）是指在道路两旁栽植，给车辆和行人遮荫并构成街景的树种。行道树应首先具备深根性、主干直、分枝点高、耐土壤瘠薄、耐汽车尾气污染、耐修剪、抗病虫害及花果叶对人无害的特点；其次是景观特性，如春季发叶早、秋季落叶迟，绿期长，干挺枝秀，花果美丽，植物体量与街道两侧建筑的景观比例协调。

　　常用的行道树种类有悬铃木、椴树、七叶树、枫香、银杏、鹅掌楸、香樟、广玉兰、大叶女贞、毛白杨、旱柳、栾树、银桦、杜仲、国槐、臭椿、复叶槭（*Acer negundo*）、元宝枫、油棕、大王椰子等。

三、庭荫树

　　庭荫树（shade trees）又称绿荫树，主要有形成绿荫供游人纳凉、避免日光曝晒及美化环境等作用，常植于庭园、园路、林荫广场或集散广场周边。温带地区的庭荫树一般多为冠大荫浓的落叶乔木，夏季可以遮阳纳凉，在冬季人们需要阳光时又可以透光取暖。庭荫树亦叶花果俱佳，但由于其多种植在院落及广场周边，是人们多停留的地方，所以应避免采用有毒有害、花果污染环境及行人衣物、有飞毛或飞絮等的植物种类。常用的庭荫树种类有梧桐、银杏、七叶树、国槐、栾树、朴树、大叶榉（*Zelkova schnideriana*）、香樟、榕树、玉兰、白蜡、元宝枫等。

四、花灌木

花灌木 (landscape shrubs) 通常指花朵美丽芬芳或果实色彩艳丽和茎干姿态优美的灌木。这类植物是构成园林中、下层景观及与园路、小品、水体、山石等配景构成各类色彩景观的主体材料。常用的花灌木种类有榆叶梅、锦带花、连翘、丁香类、月季、山茶、杜鹃、牡丹、金丝桃、紫珠、火棘、枸骨 (*Ilex cornuta*)、紫荆、扶桑、六月雪 (*Serissa foetida*)、红花檵木等。木槿、紫薇等虽呈现乔木状，但在北方园林中多体量不大，常以灌木形式栽培应用，故也常归于花灌木类。

五、攀援植物

攀援植物 (climbing plants) 是指通过细长的茎蔓、卷须、吸盘、钩刺等器官依附于他物而生长的植物，是各种棚架、凉廊、栅栏、围篱、墙面、拱门、阳台、灯柱、山石、枯树等垂直绿化的优良材料。

常用的攀援植物有紫藤、凌霄、络石 (*Trachelospermum jasminoides* var. *variegate*)、爬山虎（地锦）、常春藤、薜荔 (*Ficus pumila*)、葡萄、金银花 (*Lonicera japonica*)、铁线莲、素馨 (*Jasminum sinense*)、木香、山荞麦 (*Polygonum aubertii*)、炮仗花 (*Pyrostegia ignea*)、牵牛、茑萝等。

六、绿篱植物

绿篱 (hedge) 是由灌木或小乔木以近距离的株行距密植，栽成片状、带状，通常修剪规则的一种园林栽植形式。绿篱主要起美化环境、分隔空间、屏障视线及引导视线于景物焦点等作用，或作为雕塑、喷泉等园林设施的背景。可用作绿篱的植物 (hedge plants)，一般要求叶小而分枝多，易生萌蘖，适应性强，耐修剪并耐荫的种类。根据功能和观赏要求绿篱有常绿篱、落叶篱、花篱、彩叶篱、观果篱、刺篱、蔓篱和编篱等。常用的绿篱植物种类有圆柏、侧柏、杜松、锦熟黄杨、小叶黄杨、大叶黄杨、金叶女贞、珊瑚树 (*Viburnum odoratissimum*)、紫叶小檗、贴梗海棠、黄刺玫、枸橘 (*Poncirus trifoliata*)、水蜡、垂叶榕、金叶榕、叶子花、扶桑等。

七、地被植物

地被植物 (groundcover plants) 即能覆盖裸露地面或斜坡，低矮或匍匐的草本植物、灌木或藤本。地被植物是园林绿化的重要组成部分，可以应用在园林绿地中的空旷地、林下、树穴表面、路边、水边、堤坡等各种环境中。它们具有植株低矮、枝叶繁密、枝蔓匍匐、根茎发达、繁殖容易等特点。地被植物的合理应用可起到护坡固土、涵养水源、抑制杂草滋生、减少地面辐射热及美化等作用，与草坪相比，不仅观赏效果多样，更能节约养护成本。木本地被植物一般包括小灌木和藤本。草本地被植物广义上包括草坪植物及其他地被植物，后者指在庭园和公园内栽植的有观赏价值或经济用途的低矮草本植物。常见的木本地被植物有铺地柏、匍地龙柏（*Sabina chinensis* 'Kaizuca'）、平枝栒子（*Cotoneaster horizontalis*）、箬竹（*Indocalamus latifolius*）、金银花、爬山虎、常春藤等。常见的草本地被植物有连钱草（*Glechoma longituba*）、玉竹（*Polygonatum odoratum*）、蛇莓、玉簪、萱草（*Hemerocallis fulva*）、八宝景天（*Sedum spectabile*）、白三叶（*Trifolium repens*）、鸢尾、红花酢浆草（*Oxalis corniculata*）、土麦冬（*Liriope spicata*）、铃兰（*Convallaria majalis*）、水仙（*Narcissus tazetta* var. *chinensis*）、香雪球、半枝莲、紫花地丁、石蒜（*Lycoris radiata*）等。

八、花坛植物

花坛是在几何形的栽植床内种植低矮的观赏植物形成或纹样精致，或色彩华丽的图案的花卉景观。花坛植物（bedding plants）指园林中适合用于布置花坛的花卉，多数为一、二年生花卉及球根花卉，如一串红（*Salvia splendens*）、三色堇（*Viola tricolor*）、郁金香、风信子等。低矮、观赏性强、耐修剪的灌木也可以用于布置花坛。

九、花境植物

花境是在多为带状的栽植床内将高低不同的花卉呈自然斑块式栽植而形成的花卉景观。花境植物（border plants）指园林中适合用于布置花境的植物，多数为宿根与球根花卉，如飞燕草（*Consolida ajacis*）、萱草、鸢尾类、美人蕉等。也可以用中小型灌木或灌木与宿根花卉混合布置花境。

十、水生和湿生植物

水生和湿生植物（water and bog plants）是用于美化园林水体及布置于水边、岸边及潮湿地带的植物，多为草本花卉，如荷花（*Nelumbo nucifera*）、睡莲（*Nymphaea tetragona*）、千屈菜及各种水生和沼生的鸢尾等，也有少量是木本植物，如池杉、水杉等。

十一、岩生植物

用于布置岩石园的植物称为岩生植物（alpines and rock plants），通常比较低矮、生长缓慢、对环境的适应性强，包括各种高山花卉及人工培育的低矮的植物品种，如白头翁（*Pulsatilla chinensis*）、报春花类（*Prumila*）及矮生的针叶树等。

十二、专类植物

专类植物（specialized plants）指具有相似的观赏特性、植物学上同科或同属，园艺学上同一栽培品种群，或者具有相似的生态习性，需要相似的栽培生境，且具有较高观赏价值，常常组合在一起集中展示的植物，如仙人掌和多浆类花卉（Cacti & succulents）、蕨类植物（Ferns）、食虫植物（Carnivorous plants）、凤梨类花卉（Bromeliads）、兰科花卉（Orchids）、棕榈类植物（Palms）等。

十三、室内植物

室内植物（indoor plants）指用于装饰和美化室内环境的植物，如杜鹃花类（*Rhododendron* spp.）、仙客来（*Cyclamen persicum*）、一品红（*Euphorbia pulcherrima*）等。根据其观赏器官可以分为观花类、观叶类、观果类以及观茎干类等。这类植物既可应用于室内花园，也可盆栽装饰各类室内外空间。后者也常称为盆栽花卉。

十四、切花花卉

切花花卉（cut flowers）指剪切花、枝、叶或果用以插花及花艺设计的植物总称，如现代月季（*Rosa hybrida*）、菊花、唐菖蒲等切花花卉，银芽柳（*Salix leucopithecia*）等切枝花卉，以及蕨类、玉簪等切叶花卉。

思考题

1. 园林植物分类的依据有哪些？
2. 园林植物按植物生物学特性及生长习性的分类有哪些？举例说明。
3. 依据园林植物对温度、水分、光照、土壤及空气的适应性的分类有哪些？举例说明。
4. 按观赏特征，园林植物可分为哪几类？分别举例说明。
5. 按园林用途，园林植物可分为哪几类？各有什么特点？举例说明。

本章参考文献

[1] 杨恭毅著. 杨氏园艺植物大名典 [M]. 台北：中国花卉杂志社，1984.
[2] 北京林业大学园林系花卉教研组. 花卉学 [M]. 北京：中国林业出版社，1990.
[3] 陈有民主编. 园林树木学 [M]. 北京：中国林业出版社，1990.
[4] 胡中华，刘师汉编著. 草坪与地被植物 [M]. 北京：中国林业出版社，1994.
[5] 北京林业大学园林系花卉教研组. 花卉栽培识别图册 [M]. 合肥：安徽科学技术出版社，1995.
[6] 任步钧主编. 北方城市园林绿化 [M]. 哈尔滨：东北林业大学出版社，2000.
[7] 邱国金主编. 园林植物 [M]. 北京：中国农业出版社，2001.
[8] 赵梁军主编. 观赏植物生物学 [M]. 北京：中国农业大学出版社，2002.

[9] 包满珠主编 . 花卉学 [M]. 北京：中国农业出版社，2003.

[10] 刘燕主编 . 园林花卉学 [M]. 北京：中国林业出版社，2003.

[11] 董丽主编 . 园林花卉应用设计 [M]. 第二版 . 北京：中国林业出版社，2010.

[12] 刘仁林主编 . 园林植物学 [M]. 北京：中国科学技术出版社，2003.

[13] 卓丽环，陈龙清主编 . 园林树木学 [M]. 北京：中国林业出版社，2004.

[14] 李景侠，康永祥主编 . 观赏植物学 [M]. 北京：中国林业出版社，2005.

[15] 张天麟编著 . 园林树木 1200 种 [M]. 北京：中国建筑工业出版社，2005.

[16] 王玲主编 . 园林树木学实习指导 [M]. 哈尔滨：东北林业大学出版社，2007.

[17] 王玲，宋红主编 . 园林植物识别与应用教程（北方地区）[M]. 北京：中国林业出版社，2009.

[18] 周道瑛主编 . 园林植物设计 [M]. 北京：中国林业出版社，2008.

第四章 园林树木——乔木类

摘要：乔木的树体高大，通常高数米至数十米，少数种类达百米以上；有明显的主干，分枝部位较高。乔木按高度可分为伟乔、大乔、中乔、小乔；按冬季或旱季是否落叶可分为落叶乔木和常绿乔木；按叶型可分为阔叶乔木、针叶乔木；结合叶片的形状和是否常绿，园林上常分为常绿针叶、落叶针叶、常绿阔叶及落叶阔叶四大类。乔木是风景园林绿化的骨架，在园林中常用作孤赏树、行道树、庭荫树等。本章重点介绍我国风景园林建设中常用的针叶及阔叶乔木。

乔木是指树体高大，由根部生出独立的主干，树干和树冠有明显区分，且高达 6m 以上的木本植物。

乔木按高度可分为伟乔（31m 以上）、大乔（21 ~ 30m）、中乔（11 ~ 20m）、小乔（6 ~ 10m）四级。

按冬季或旱季是否落叶又分为常绿乔木和落叶乔木。常绿乔木指终年具有绿叶的乔木，如香樟、广玉兰、油松、榕树等。落叶乔木指每年秋冬季节或干旱季节叶全部脱落的乔木，如毛白杨、山楂、梧桐、枫香等。

按叶型可分为针叶乔木、阔叶乔木。具有扁平、较宽阔叶片，叶脉成网状的乔木称为阔叶乔木，如马褂木、玉兰、悬铃木等；而叶片呈针、刺、线或鳞片状的乔木称为针叶乔木，如油松、圆柏、金钱松等。结合叶片的形状和是否常绿，乔木还可细分为常绿针叶乔木、落叶针叶乔木、常绿阔叶乔木、落叶阔叶乔木四类。

第一节　针叶类乔木

一、常绿针叶类乔木

1. 苏铁（图 4-1）

学名：*Cycas revoluta* Thunb.

科属：苏铁科、苏铁属

常用别名：铁树、避火蕉

形态及观赏特征：常绿木本植物。树高 2 ~ 5m。树冠棕榈状。树干有明显螺旋状排列的菱形叶柄残痕。羽状复叶，小叶线形，长 15 ~ 20cm，质坚硬，先端锐尖，边缘向下卷曲，深绿色，有光泽。小孢子叶球圆柱形，密被黄褐色绒毛；大孢子叶球扁球形。种子卵圆形，微扁，熟时朱红色。花期 6 ~ 8 月。

原产地及习性：原产亚洲热带。我国中南部、印度、日本及印度尼西亚均有分布。在浙江、江西、湖南、四川等地广为栽培。性喜阳光和温暖湿润气候，不耐寒；喜肥沃、湿润、酸性的沙质土壤；不耐积水。生长缓慢，寿命长，可达 200 年以上。

繁殖方式：播种或分蘖繁殖。

园林应用：苏铁树形古雅，主干粗壮，坚硬如铁，羽叶洁滑光亮，四季常青，为珍贵观赏树种。南方多植于庭前阶旁及草坪内；北方宜作大型盆栽，布置于庭院、厅室及会场等处。

同属常见植物：

篦齿苏铁（*C. pectinata* Buch.-Hamilt）：高 5m。羽状复叶，小叶较厚，披针状线形，基部不对称，叶脉两面均隆起，叶表和叶脉中央有一凹槽，叶柄两侧有疏刺。

华南苏铁（*C. rumphii* Miq.）：高 4 ~ 8m。干基膨大。羽状复叶，先端之小叶渐短，边缘平或微反卷，基部下延，叶轴上面隆起，叶柄两侧有刺。

2. 南洋杉

学名：*Araucaria cunninghamii* Sweet

科属：南洋杉科、南洋杉属

形态及观赏特征：常绿乔木，原产地高达 60 ~ 70m。树冠幼时呈尖塔形，老时成平顶状。大枝轮生而平展，小枝亦平展或稍下垂。叶二型，老枝叶卵形或三角状钻形，侧枝及幼枝上叶多呈锥形。雌雄异株。球果卵形。种子两侧有翅。

原产地及习性：原产大洋洲东南沿海地区。我国广州、海南岛、厦门等地有栽培。喜暖热气候和空气湿润处，不耐寒；喜生于肥沃土壤；较耐风。生长迅速，再生能力强。

繁殖方式：播种或扦插繁殖。

园林应用：南洋杉树形高大，姿态优美，最适宜孤植或群植作园景树，亦可列植作行道树。

同属常见植物：

异叶南洋杉（*A. heterophylla* Franco.）：树冠塔形，高达 70m。大枝轮生而平展，小枝常成羽状排列，密生常呈 V 形。叶钻形，两侧略扁，端锐尖。球果近球形。用途同南洋杉，在北方异叶南洋杉是珍贵的室内盆栽装饰树种（图 4-2）。

3. 冷杉

学名：*Abies fabri* Craib.

科属：松科、冷杉属

形态及观赏特征：常绿乔木，高达 40m。树冠尖塔形。树皮深灰色，呈不规则薄片状裂纹。一年生枝淡褐黄、淡灰黄或淡褐色，凹槽疏生短毛或无毛。叶先端微凹或钝，叶缘反卷，下面有 2 条白色气孔带。球果卵状圆柱形，苞鳞露出且尖头向外反曲，熟时暗蓝黑色，略被白粉。果当年 10 月成熟。

图 4-1　苏铁

图 4-2　异叶南洋杉

原产地及习性：原产于我国四川西部高山地区。极耐阴；喜冷凉湿润气候。浅根性，生长慢。

繁殖方式：播种繁殖。

园林应用：冷杉树干端直，枝叶茂密，可列植路旁，亦可作园景树，群植或丛植。

同属常见植物：

日本冷杉（*A. firma* Sieb. et Zucc.）：高达 50m。树冠幼时为尖塔形，老时则为广卵状圆锥形。小枝具纵沟槽及圆形平叶痕。叶先端二叉状，螺旋状着生并两侧展开。球果圆筒形，苞鳞外露，先端有三角状尖头。华东及华中地区有栽培，为优美的庭园观赏树。

辽东冷杉（*A. holophylla* Maxim.）：高达 30m。树冠幼时宽圆锥形，老时为宽伞形。小枝灰色无毛。叶先端尖，无凹缺，上面深绿色有光泽，背面有 2 条白色气孔带。球果圆柱形，苞鳞不露出熟时淡黄褐色。辽东冷杉为我国东北南部、北方地区良好的园林绿化树种，用途同冷杉。

臭冷杉（*A. nephrolepis* Maxim.）：高达 30m。小枝灰白色，密生短柔毛。叶线形，通常排成两列，直或微弯；大部分先端凹缺，少部分先端尖；表面光绿色。球果卵状圆柱形或近圆柱形，熟时紫褐色。球果 10 月成熟。用途同冷杉。

4. 雪松（图 4-3）

学名：*Cedrus deodara* (Roxb.) G. Don

科属：松科、雪松属

形态及观赏特征：常绿乔木，高达 50m 以上。树冠塔形。主干端直，树皮灰褐色，幼时光滑，老年后则裂为鳞片状剥落。大枝不规则轮生，平展，小枝微下垂，下部枝条近地面。叶针形，蓝绿色，在长枝上螺旋状散生，在短枝上簇生。雌雄异株。球花单生枝顶。球果椭圆状卵形，大而直立。球果翌年 10 月成熟。

原产地及习性：原产于喜马拉雅山地区。现长江流域、华北地区有栽培。喜光，幼年稍耐庇荫；喜温凉气候，抗寒性较强；对土壤要求不严，在深厚、肥沃、疏松的土壤中生长良好；耐干旱，不耐水湿。浅根性，抗风力差。

繁殖方式：播种、扦插或嫁接繁殖。

园林应用：雪松树体高大，树形优美，为世界著名的观赏树，印度民间视为圣树。最适宜孤植于草坪中央、建筑前庭之中心、广场中心或主要建筑物的两旁及园门的入口等处。其主干下部的大枝自近地面处平展，能形成繁茂雄伟的树冠。此外，列植于园路的两旁，形成甬道，亦极为壮观。

图 4-3 雪松

图 4-4 云杉

5.云杉（图 4-4）

学名：*Picea asperata* Mast.

科属：松科、云杉属

形态及观赏特征：常绿乔木，高达 45m。树冠狭圆锥形。树皮灰色，呈鳞片状脱落。大枝平展，小枝上有毛，一年生枝黄褐色。叶四棱状条形，弯曲，呈粉状青绿色，先端尖，叶在枝上呈螺旋状排列。雌雄同株。球果圆柱形，下垂，成熟前绿色，成熟时灰褐色。球果 10 月成熟。

原产地及习性：云杉为中国特有树种，产于陕西、甘肃、四川等地山区。华北山地与东北的小兴安岭等地也有分布。耐阴；耐寒；喜欢凉爽湿润的气候。喜肥沃深厚、排水良好的微酸性沙质土壤。浅根性，生长速度缓慢。

繁殖方式：播种繁殖。

园林应用：云杉的树形端正，枝叶茂密，叶上有明显的粉白气孔线，远眺如白烟缭绕，苍翠可爱。可作庭园绿化观赏树种；可孤植、丛植或群植，也可与桧柏、白皮松等混植；对植、列植等规则式配植可营造庄重肃穆的气氛。圣诞节前后，云杉可作圣诞树装饰。

同属常见植物：

红皮云杉（*P. koraiensis* Nakai）：树高达 30m。小枝细，淡红褐色，有明显的木针状叶枕。针叶长 1.2 ～ 2.2cm，先端尖，横断面菱形。球果较小，成熟前绿色，9 ～ 10 月成熟。

白杆（*P. meyeri* Rehd. et Wils.）：树高达 30m。大枝平展，小枝有疏毛，淡黄褐、红褐或褐色、被白粉；小枝基部宿存芽鳞的先端向外反曲或开展。叶粉绿色，先端钝。球果圆柱形，幼时常紫色。

青杆（*P. wilsonii* Mast.）：树高达 50m。小枝纤细，一年生枝灰白色或淡黄灰色，无毛。针叶较短，叶端急尖或渐尖，叶横断面菱形，四面均为绿色。球果卵状圆柱形，成熟前绿色。

6. 华山松（图 4-5）

学名：*Pinus armandii* Franch.

科属：松科、松属

常用别名：白松、五须松、果松

形态及观赏特征：常绿乔木，高达 35m。树冠广圆锥形。幼树皮灰绿色或灰色，平滑，老树皮方块形开裂。小枝绿色或灰绿色。叶 5 针 1 束，较细软，灰绿色。球果圆锥状柱形长 10～20cm，为松属中最大的；种子无翅。花期 4～5 月；球果翌年 9～10 月成熟。

原产地及习性：为我国特有树种，山西、河南、陕西、甘肃、四川、湖北、贵州、云南、西藏有分布。喜温凉湿润气候，耐寒力强，不耐炎热。喜深厚而排水良好的土壤，不耐盐碱，浅根性，生长快。

繁殖方式：播种繁殖。

园林应用：华山松高大挺拔，针叶苍翠，冠形优美，生长迅速，是优良的庭院绿化树种。在园林中可用作园景树、庭荫树、行道树及林带树，亦可用于丛植、群植，并系高山风景区之优良风景林树种。

图 4-5 华山松

同属常见植物：

日本五针松（*P. parviflora* Sieb. et Zucc.）：原产地高达 30m，树皮灰褐色，老干有不规则鳞片状剥裂，内皮赤褐色。小枝有毛。叶 5 针 1 束，细而短小，蓝绿色。球果卵圆形。原产日本。我国长江流域多有引种栽培。栽培品种多呈灌木状小乔木。亦是常见盆景材料。

乔松（*P. wallichiana* A.B. Jacks.）：原产地高达 70m。树皮灰褐色，裂成小块片脱落。叶 5 针 1 束，细柔下垂，灰绿色。球果圆柱形。原产阿富汗、巴基斯坦、印度等地，我国主要分布在西藏南部和云南南部。园林中可孤植或群植。

7. 白皮松（彩图 4-6）

学名：*Pinus bungeana* Zucc. et Endl.

科属：松科、松属

常用别名：白骨松、三针松、白果松

形态及观赏特征：常绿乔木，高达 30m。树冠阔圆锥形、卵形或圆头形。幼树树皮灰绿色，老树树皮灰褐色或乳白色，裂片脱落后露出大片黄白色斑块和粉色内皮。叶 3 针 1 束，球果圆锥状卵形。花期 4～5 月；球果翌年 10～11 月成熟。

原产地及习性：我国特有树种。产于山西、河南、陕西、甘肃、四川、湖北等地。喜光耐阴；喜干冷气候；耐瘠薄，喜排水良好的土壤；耐干旱。对二氧化硫及烟尘的污染有较强的抗性。深根性。生长缓慢，寿命长。

繁殖方式：播种繁殖。

园林应用：树形多姿，苍翠挺拔，树皮白色或绿白相间，别具特色，是优良的观干树种。常植于公园、庭院、寺庙等处。

8. 赤松

学名：*Pinus densiflora* Sieb. et Zucc.

科属：松科、松属

常用别名：日本赤松、辽东赤松

形态及观赏特征：常绿乔木，高达 30m 以上。干皮红褐色，裂成不规则的鳞片状块片脱落。枝平展，一年生枝淡黄色或橙黄色，微被白粉。针叶 2 针一束，长 5～12cm，两面有气孔线，边缘具细锯齿，树脂道边生。球果成熟时褐色或淡黄色，种鳞薄，鳞盾通常扁平。果翌年 9～10 月成熟。

原产地及习性：产我国北部沿海山地至东北长白山低海拔处；日本、朝鲜、俄罗斯也有分布。喜光；较耐寒；耐瘠薄，不耐盐碱土；深根性，抗风力强。

繁殖方式：播种繁殖。

园林应用：树形婆娑多姿，叶细长而密集，枝条伸展自然，造型洒脱，是

我国北部沿海地区观赏价值较高的园林树种。

常见栽培变种有：'平头'赤松（'Umbraculifera'）：丛生大灌木，高达4m，树干多数自基部向上丛生，树冠呈伞形平头状。原产日本。南京、上海、苏州、杭州等地常见栽培。是优美的观赏树种。'球冠'赤松（'Globosa'）：树干矮小，枝自基部向上丛生，球形树冠，叶密而短。常作盆景观赏。

9. 油松（彩图 4—7）

学名：*Pinus tabulaeformis* Carr.

科属：松科、松属

形态及观赏特征：常绿乔木，高达 25m 以上。树冠壮年期呈塔形或广卵形，老年期呈盘状伞形。树皮灰棕色，呈鳞片状开裂，裂缝红褐色。枝粗壮，无毛，褐黄色。冬芽矩圆形，灰褐色。叶 2 针 1 束，较粗硬，叶鞘宿存。球果鳞背隆起，鳞脐有刺。球果翌年 10 月成熟。

原产地及习性：为我国特产树种。产我国华北、西北地区。性强健。极喜光；喜干冷气候，耐寒；在土壤深厚、排水良好的酸性、中性或钙质土上均能生长良好。深根性，寿命长。

繁殖方式：播种或扦插繁殖。

园林应用：油松树干挺拔苍劲，古朴俊逸，四季常青，枝叶繁茂。在我国北方园林中极为常见，适合孤植、丛植或群植。

同属常见植物：

马尾松（*P. massoniana* Lamb.）：树高可达 45m。树皮红褐色，下部灰褐色，呈不规则鳞片状裂。冬芽卵圆柱形或圆锥状卵形，叶 2 针 1 束。果鳞的鳞脐微凹，无刺。分布于长江以南各省。喜光，不耐阴；喜温暖湿润气候；耐干瘠，喜酸性土。

黑松（*P. thunbergii* Parl.）：树高 30～40m。树皮灰黑色，不规则片状剥落。冬芽灰白色。叶 2 针 1 束，粗硬，长 6～12cm。球果圆锥状卵形。原产日本及朝鲜南部。强阳性；耐干瘠及盐碱土；抗海潮风，是著名的海岸绿化树种。

10. 柳杉

学名：*Cryptomeria fortunei* Hooibrenk（*C. japonica* var. *sinensis* Miq.）

科属：杉科、柳杉属

常用别名：孔雀杉、长叶柳杉

形态及观赏特征：常绿乔木，高达 40m。树冠塔圆锥形。树皮红棕色，长而深纵裂，长条状剥落。大枝水平展开，小枝常下垂。叶锥形，先端尖，向内弯曲。球果圆球形。果鳞约 20 片，每片有种子 2 粒。

原产地及习性：为我国特有树种，产于浙江、福建、江西等地。喜光，略耐阴；喜温暖湿润气候，稍耐寒；喜肥厚而排水良好的酸性土；忌干燥。

浅根性，生长较快。

繁殖方式：播种或扦插繁殖。

园林应用：柳杉树冠高大，树干通直，浙江天目山的原始柳杉林以"大树华盖闻九州"而驰名中外。常植于庭院、公园作行道树、孤植树，亦可作风景林栽植。

同属常见植物：

日本柳杉（*C. japonica* D. Don）：原产地高 45 ~ 60m。树皮暗褐色，纤维状裂成条片状脱落。大枝常轮生状，水平开展微下垂。叶锥形直伸不内弯或微内弯，短尖或尖。球果近球形。果鳞 20 ~ 30 片，每片有种子 2 ~ 5 粒。用途同柳杉。

11. 日本扁柏

学名：*Chamaecyparis obtusa* Endl.

科属：柏科、扁柏属

常用别名：白柏、钝叶扁柏、扁柏

形态及观赏特征：常绿乔木，高 40m。树冠尖塔形。树皮红褐色，裂成薄片。生鳞叶的小枝扁平状，互生，排成一平面。鳞叶对生，先端钝，背有白粉。球果球形，种鳞 4 对。花期 4 月；球果 10 ~ 11 月成熟。

原产地及习性：原产日本。我国青岛、南京、上海、庐山、河南、杭州、广州及台湾等地引种栽培。较耐阴；喜凉爽湿润的气候；喜肥沃、排水良好的土壤。浅根性。

繁殖方式：扦插或播种繁殖。

园林应用：树形挺拔优美，枝叶细密雅致，日本扁柏可作园景树、行道树，亦可丛植或篱植。**云片柏** 'Breuiramea' 小枝片先端圆钝，片片如云。**金边云片柏** 'Breuiramea Aurea' 小枝片先端金黄色。

常见栽培变种有：**'矮生'扁柏**（'Nana'）：灌木，高约 60cm，枝叶密生，暗绿色。**'矮生金枝'扁柏**（'Nana Aurea'）：外形同矮生扁柏，新枝叶金黄色。

同属常见植物：

日本花柏（*C. pisifera* Endl.）：常绿乔木，原产地高达 50m。树冠尖塔形。树皮红褐色，裂成薄片。生鳞叶着生的小枝，具白粉；鳞叶先端锐尖，略开展，两侧的叶较中间的叶稍长。其常见栽培变种有：**'矮生'日本花柏**（'Pygmaea'）：植株矮小。**线柏** 'Filifera' 小枝细长而圆，下垂如线。**绒柏** 'Squarrosa' 叶全为柔软的线形刺叶。

12. 侧柏（图 4-8）

学名：*Platycladus orientalis* Franco

科属：柏科、侧柏属

形态及观赏特征：常绿乔木，高达 20m。幼树树冠尖塔形，老树广圆形。小枝扁平，排成一平面，直展。鳞形叶交互对生，叶背中部均有腺槽。雌雄同株，球花单生短枝顶端。球果卵形，果鳞木质而厚，先端反曲，当年成熟。

原产地及习性：产于我国北部地区，分布极广，全国大部分地区有分布。喜光；能适应干燥环境，也能适应暖湿气候；耐干旱瘠薄，不耐水涝；耐盐碱地，也是喜钙树种。浅根性，生长缓慢，寿命长。

繁殖方式：播种繁殖。

园林应用：侧柏是我国运用得最广的园林树种之一，四季常青，树形古朴典雅，自古以来就受到我国人民的喜爱。侧柏寿命很长，可达两千年以上，民间有"千年松，万年柏"之说。侧柏可以与草坪、山石配置，也可作花木、雕塑的背景；因为耐修剪，也可作植篱；同时也是华北及长江以北地区石灰岩山地的主要造林树种。

常见栽培品种有：**'千头'侧柏**（'Sieboldii'）：<u>丛生灌木，无主干，高 3 ～ 5m。树冠紧密，近球形。小枝片明显直立。叶鲜绿色</u>。中国及日本等地久经栽培，长江流域及华北南部多用作绿篱或园景树。**'洒金千头'柏**（'Aurea Nana'）：植株低矮，株丛紧密，圆形至卵圆形，高 1.5m。新叶淡黄绿色。**'金叶千头'柏**（'Semperaurea'）：灌木。植株低矮，株丛紧密。树冠近球形。叶全年呈金黄色。

13. 圆柏（图 4-9）

学名：*Sabina chinensis* Antoine

图 4-8 侧柏

图 4-9 圆柏

科属：柏科、圆柏属

常用别名：刺柏、桧柏

形态及观赏特征：常绿乔木，高达 20m。树冠尖塔形或圆锥形，老树则成广卵形。树皮深灰色或暗红褐色，成狭条纵裂脱落。叶二型，鳞叶对生，多见于老树或老枝上，刺叶常 3 枚轮生，多见于幼枝上。雌雄异株。球果近圆球形。花期 4 月下旬；果翌年 10 ~ 11 月成熟。

原产地及习性：产中国东北南部及华北等地。全国大部分地区有分布。适应性强。耐阴性强；耐寒，耐热；对土壤要求不严，酸性、中性、钙质土及干燥瘠薄地均能生长；较耐水湿。萌蘖力强，耐修剪，易整形。深根性。

繁殖方式：播种、扦插或嫁接繁殖。

园林应用：圆柏枝叶密集葱郁，老树奇姿古态，常配植于甬道、园路转角、亭室附近，列植或丛植，或群植于草坪边缘作主景树的背景，亦可作绿篱。

常见变种及栽培变种有：**偃柏**（var. *sargentii* Cheng et L.K.Fu）：匍匐灌木。大枝匍地而生，小枝密丛状上升。幼树多为刺叶，老树多为鳞叶。**'龙'柏**（'Kaizuca'）：树冠圆柱形。侧枝短而环抱主干，端梢扭转上升。叶全为鳞叶，密生，嫩时鲜黄绿色，老则变灰绿色。其树形挺秀，枝叶紧密，叶色苍翠，侧枝扭转，宛若游龙盘旋。**'匍地龙'柏**（'Kaizuca Procumbens'）：植株匍地生长，无直立主干。以鳞叶为主。为龙柏侧枝扦插后育成。**'鹿角'桧**（'Pfitzeriana'）：丛生灌木。干枝斜展、上伸。姿态优美，宜于园林中自然式种植。**'万峰'桧**（'Wanfengui'）：灌木。树冠近球形。树冠外围着生刺叶的小枝直立向上，呈山峰状。

14. 美国香柏

学名：*Thuja occidentalis* L.

科属：柏科、崖柏属

常用别名：美国侧柏、美国金钟柏

形态及观赏特征：常绿乔木，高达 20m。树冠塔形。树皮红褐色或橘红色，纵列成条状块片脱落。枝条开展，当年生小枝扁。叶鳞形，先端尖，中央之叶菱形，具有透明隆起圆形腺点，叶揉碎有香味。球果长卵形，幼时直立，果鳞薄绿色，成熟时淡红褐色，向下弯垂。

原产地及习性：原产北美。我国青岛、庐山、南京、上海、浙江南部和杭州、武汉等地有引种栽培。喜光，耐阴，对土壤要求不严。耐修剪。抗烟尘和有毒气体的能力强。生长较慢。

繁殖方式：播种或扦插繁殖。

园林应用：树冠优美整齐，常作园景树点缀装饰树坛，或丛植于草坪，亦可作绿篱。

15. 罗汉松

学名：*Podocarpus macrophyllus* Sweet

科属：罗汉松科、罗汉松属

常用别名：罗汉杉

形态及观赏特征：常绿乔木，高达 20m。树冠广卵形。树皮深灰色，呈鳞片状开裂。枝叶稠密，叶螺旋状排列，线状披针形，顶端渐尖或钝尖，基部楔形，有短柄，中脉在两面均明显突起。种子卵圆形，着生于肥厚肉质的紫红色种托上。花期 5 月；种子 10 ~ 11 月成熟。

原产地及习性：原产我国长江以南地区。江苏、浙江、福建、安徽、江西、湖南、四川、云南、贵州、广西、广东等省区有栽培。耐阴性强，忌强光直射；喜温暖湿润，耐寒性较差；要求肥沃、排水良好的沙质壤土。

繁殖方式：播种或扦插繁殖。

园林应用：罗汉松树姿秀丽葱郁，夏、秋季果实累累，惹人喜爱，种子下面有紫红色种托，好似披着红色袈裟的罗汉，颇具奇趣。适用于小庭院门前对植和墙垣、山石旁配置，也可盆栽或制作树桩盆景供室内陈设。

常见变种及栽培变种有：**小叶罗汉松**（var. *maki* Endl.）：叶较小，长 4 ~ 7cm，宽 3 ~ 7cm。**'短小叶'罗汉松**（'Condensatus'）：叶特短小，长在 3.5cm 以下，密生。

同属常见植物：

竹柏（*P. nagi* Zoll. et Mor. ex Mak.）：常绿乔木，高达 20m。树冠圆锥形。叶对生，革质，似竹叶，叶长 3.5 ~ 9cm，宽 1.5 ~ 2.5cm，无中肋，具多数平行脉。种子球形，种托不膨大，木质。花期 3 ~ 5 月；种子 10 月成熟。产我国东南部及两广、四川等地。耐阴性强；不耐寒，喜温暖湿润气候；要求排水好而湿润、富含腐殖质的深厚呈酸性的沙壤土或轻黏壤土。竹柏树形挺拔，叶色翠绿洁净，是优美的园林绿化树种，宜作园景树或行道树。

16. 粗榧

学名：*Cephalotaxus sinensis*（Rehd. Dt Wils.）Li

科属：三尖杉科、三尖杉属

形态及观赏特征：常绿小乔木或灌木，高 10m。叶在小枝上羽状排列，扁线形，中肋明显，螺旋状着生，基部扭成二裂状，长 2 ~ 4cm，先端突尖，基部圆形，背面有 2 条白粉带。雄花序为头状花序。种子核果状，熟时红褐色，全为肉质假种皮所包。花期 3 ~ 4 月；种子 9 ~ 11 月成熟。

原产地及习性：中国特有树种，产我国长江流域及其以南地区海拔 600 ~ 2200m 山地。喜温凉湿润气候，耐阴性强。有一定耐寒性。

繁殖方式：播种或插条繁殖。

园林应用：可作园林观赏树种用，常作为背景及绿篱等栽植。

17. 红豆杉

学名：*Taxus chinensis* Rehd.

科属：红豆杉科、红豆杉属

常用别名：中国红豆杉

形态及观赏特征：常绿乔木，高 30m，干径达 1m。树皮褐色，条片状脱落。叶螺旋状互生，基部扭转为 2 列，条形，稍弯曲，长 1～2.5cm，宽 2～2.5mm，叶缘微反曲，叶端渐尖，叶背具 2 条气孔带，黄绿色或灰绿色。雌雄异株。假种皮杯状，红色。

原产地及习性：中国特有种，产中国西部及中部地区。多分布于 1500～2000m 的山地。性喜温湿气候。

繁殖方式：播种或扦插繁殖。

园林应用：枝叶繁茂，终年常绿，假种皮红艳可爱，宜用于点缀庭院，是优良的观赏树种。也是重要的药用植物，可提炼具抗癌作用的紫杉醇。

18. 紫杉

学名：*Taxus cuspidata* Sieb. et Zucc.

科属：红豆杉科、红豆杉属

常用别名：东北红豆杉

形态及观赏特征：常绿乔木，高达 20m。树冠阔卵形或倒卵形。树皮红褐色。叶针形，表面深绿色，背面黄绿色，叶背具有 2 条气孔带，主枝上的叶呈螺旋状排列，侧枝上的叶呈不规则 V 形排列。种子坚果状，微扁，假种皮鲜红色，杯形，未把种子完全包被。

原产地及习性：原产中国东北长白山、俄罗斯、朝鲜、日本。耐阴性强；喜冷凉气候，耐寒性强；喜肥沃湿润而排水良好的酸性土壤。耐修剪，易整形，寿命长。

繁殖方式：播种及扦插繁殖。

园林应用：树体端直，枝叶浓密，可孤植或群植于园中。

常见变种有：**矮紫杉**（var. *umbraculifera* Mak.）（图 4-10）：灌木状，高达 2m。矮紫杉分枝多而直立向上。产日本及朝鲜。我国北方园林绿地常有栽培，可孤植、对植、群植或作绿篱，还可修剪成各种形状的植物雕塑，也可作盆景观赏。

图 4-10 矮紫杉

二、落叶针叶类乔木

1. 落叶松

学名：*Larix gmelini* Rupr.

科属：松科、落叶松属

常用别名：兴安落叶松

形态及观赏特征：落叶乔木，高达 35m。树冠卵状圆锥形。树皮灰色、暗灰色或灰褐色，纵裂成片状脱落，落痕为紫红色。大枝水平开展，枝下高较高。有长短枝。叶倒披针状线形，扁平，柔软，在生长枝上螺旋状互生，短枝上簇生。球果椭球形。花期 5 ～ 6 月；果期 9 ～ 10 月。

原产地及习性：分布于东北大、小兴安岭。适应性较强。强阳性树种；极耐寒；喜排水良好、土层肥厚的缓坡地。生长较快。

繁殖方式：播种繁殖。

园林应用：落叶松树冠整齐，枝叶茂盛，轻柔潇洒，可形成美丽风景林。秋季叶色变为黄褐色，是美丽的秋色叶树种。

同属常见植物：

日本落叶松（*L. kaempferi* Carr.）：高达 30m。一年生枝黄褐色，有白粉。球果卵球形，果鳞上部边缘翻卷，苞鳞不外露。

华北落叶松（*L. principis-rupprechtii* Mayr.）：高达 30m。一年生枝黄褐色，无白粉。球果长卵形，苞鳞暗紫色，微露出。

2. 金钱松

学名：*Pseudolarix amabilis* Rehd.

科属：松科、金钱松属

形态及观赏特征：落叶乔木，高达 40m。树干通直，树皮灰色或灰褐色，裂成鳞状块片。枝平展，不规则轮生。有长短枝。叶线形，柔软，淡绿色，在长枝上螺旋状散生，在短枝上 20 ～ 30 片簇生。雌雄同株。球果当年成熟，直立，卵圆形，成熟时淡红褐色，具短梗。

原产地及习性：本属在全世界仅有一种，中国特产，分布于长江中、下游各省。喜光；宜温凉湿润气候；喜肥沃深厚、排水良好的中性或酸性沙质壤土；不耐干旱也不耐积水。深根性，生长较慢。

繁殖方式：播种繁殖。

园林应用：树干通直，树冠卵状塔形，雄壮美观，入秋叶色由绿转为金黄，美丽动人，是江南地区美丽的秋色叶树种。常与银杏、柳杉、杉木及枫香等植物混生形成美丽的自然景色。

3. 水松

学名：*Glyptostrobus pensilis* K. Koch

科属：杉科、水松属

形态及观赏特征：落叶乔木，高 8 ～ 10m。树冠圆锥形。生于潮湿土壤者树干基部膨大具圆棱，并有膝状呼吸根，树干具扭纹。干皮松软，褐色或淡褐色，裂成不规则的长条片。小枝绿色，生芽之枝具鳞形叶，冬季不脱落，无芽之枝具针状叶，冬季与叶俱落。花期 1 ～ 2 月；果期 10 ～ 11 月。

原产地及习性：中国特有树种，主要分布在珠江三角洲和福建中部及闽江下游海拔 1000m 以下地区。江西、四川、广西及云南东南部也有零星分布。极喜光；喜温暖湿热的气候，不耐低温；除盐碱土外，对土壤的适应力较强；喜水湿环境。

繁殖方式：播种或扦插繁殖。

园林应用：树形美丽，最适宜河边湖畔绿化用为优良的秋色叶树种；根系强大，可作防风护堤树。

4. 落羽杉

学名：*Taxodium distichum* Rich.

科属：杉科、落羽杉属

常用别名：落羽松

形态及观赏特征：落叶乔木，原产地高达 50m。树冠幼时圆锥形，老时伞形。树干干基膨大，地面通常有膝状的呼吸根。树皮为长条片状脱落，棕色。

枝水平开展，嫩枝开始绿色，秋季变为棕色，侧生小枝排成二列。叶扁平线形，互生。球果圆形。花期 4 月下旬；果期 10 月。

原产地及习性：原产北美东南部。我国广州、杭州、上海、南京、武汉、庐山及河南鸡公山等地有栽培。喜光；耐水湿，能生于排水不良的沼泽地上。抗风性强。

繁殖方式：种子繁殖，扦插繁殖。

园林应用：落羽杉长势旺盛，树形美观，叶形秀丽，可作庭园观赏树。入秋叶色变为黄褐色，是良好的秋色叶树种。耐水湿，可作固堤护岸树种。

同属常见植物：

墨西哥落羽杉（*T. mucronatum* Tenore）：常绿或半常绿乔木基部膨大，树皮裂成长条片。侧生短枝螺旋状散生，不为二裂，第二年春季脱落。叶条形，羽状二裂，向上逐渐变短。球果卵球形。

5. 池杉

学名：*Taxodium ascendens* Brongn.

科属：杉科、落羽杉属

常用别名：池柏、沼杉

形态及观赏特征：落叶乔木，原产地高达 25m。树冠呈尖塔形。树干基部膨大，常有膝状呼吸根。树皮褐色，纵裂，成长条片脱落。大枝向上伸展，脱落性小枝常直立向上。叶钻形，略内曲，常在枝上螺旋状伸展，不为二列。球果圆球形或长圆状球形。

原产地及习性：原产于北美东南部，我国江苏、浙江、河南、湖北等地有栽培。喜光；喜温热气候；耐水湿，也耐旱；忌碱性土。抗风性强。

繁殖方式：种子或扦插繁殖。

园林应用：树形优美，枝叶秀丽，秋叶棕褐色，是观赏价值很高的园林树种。特别适合水边湿地成片栽植，亦可孤植或丛植为园景树。

6. 水杉（彩图 4-11）

学名：*Metasequoia glyptostroboides* Hu et Cheng

科属：杉科、水杉属

形态及观赏特征：落叶乔木，高达 40m。树皮灰褐色或深灰色，裂成条片状脱落。大枝不规则轮生，小枝对生，下垂。叶交互对生，在侧生小枝上排成羽状二列，线形，柔软。雌雄同株；球果下垂，近球形或长圆状球形，当年成熟。

原产地及习性：中国特有植物，也是世界上珍稀的孑遗植物。原产中国四川、湖北、湖南，辽东半岛、广东、江苏、浙江、云南、四川、陕西都有栽培；北京地区也有引种，但需要温暖湿润之小气候方可生长良好。喜光及温暖湿润气候；喜深厚、肥沃、排水良好的酸性土；不耐水淹，不耐旱。根系发达。

繁殖方式：播种或扦插繁殖。

园林应用：水杉素有"活化石"之称。树冠塔形，树干通直，枝叶柔美，秋色可人，既具备雄伟挺拔的壮美，又不失端庄典雅，秀丽无比，为世界著名的观赏树种，适宜孤植、丛植、群植，更是滨水绿化的优良树种。

第二节　阔叶类乔木

一、常绿阔叶类乔木

1. 广玉兰（图4-12）

学名：*Magnolia grandiflora* L.

科属：木兰科、木兰属

常用别名：大花玉兰、荷花玉兰、洋玉兰

形态及观赏特征：常绿乔木，高20～30m。树冠阔圆锥形。树皮淡褐色或灰色，薄鳞片状开裂。枝与芽有锈色细毛。叶互生，椭圆形或倒卵状长圆形，长10～20cm，宽4～10cm，先端钝或渐尖，革质，表面深绿色，有光泽，下面淡绿色，有锈色细毛。花大，径15～25cm呈杯状，花被9～12，白色，芳香。聚合果圆柱状长圆形或卵形，密被褐色或灰黄色绒毛，果先端具长喙。花期5～7月；果期10月。

原产地及习性：原产于美国东南部。分布在长江流域以南，北京小气候良好的庭院内偶见栽培，喜光，幼时稍耐阴；喜温暖湿润气候，抗寒能力差。适生于肥沃、湿润与排水良好的微酸性或中性土壤，忌积水和排水不良。对烟尘及二氧化硫气体有较强的抗性，病虫害少。根系深广，抗风力强。

繁殖方式：播种或嫁接繁殖。

园林应用：树姿优雅，四季常青，叶厚而有光泽，花开时形如荷花。是优良的行道树和庭荫树。

2. 木莲

学名：*Manglietia fordiana* Oliv.

科属：木兰科、木莲属

形态及观赏特征：常绿乔木，高达20m以上。

(*a*)

(*b*)

图4-12　广玉兰
(*a*) 广玉兰株；(*b*) 广玉兰花

树皮灰色，平滑。小枝幼时有褐色短毛，有皮孔和环状托叶痕。叶长椭圆状披针形，先端急尖或短渐尖，基部楔形，厚革质。花被片数常为9，倒卵状椭圆形，花白色。蓇葖果肉质，深红色，熟时木质，紫色，外面有小疣点，顶端有小尖头。花期3～4月；果期9～10月。

原产地及习性：分布于长江中下游各省，福建、广东、广西、贵州、云南也有分布。喜光；喜温暖湿润气候，有一定的耐寒性，不耐酷暑。喜深厚肥沃的酸性土。根系发达，侧根少。

繁殖方式：播种、扦插或嫁接繁殖。

园林应用：树荫浓密，花果兼美。宜作庭荫树、园景树。

3. 白兰花（图4-13）

学名：*Michelia alba* DC.

科属：木兰科、含笑属

常用别名：白兰、缅桂

形态及观赏特征：常绿乔木，高10～17m以上。树皮灰白色。单叶互生，长椭圆形，先端短钝尖，薄革质，有光泽。叶柄上的托叶痕达叶柄长的1/4～1/3。花白色，花被片10，长披针形，有浓香。花期4～9月。

原产地及习性：原产印度尼西亚。我国云南、广东、广西、福建等地区有栽培。喜光，喜暖热多湿气候，不耐寒。喜排水良好、富含腐殖质、疏松的微酸性沙质土壤。根系肉质，忌积水。

繁殖方式：嫁接或扦插繁殖。

园林应用：白兰不仅树形端正，枝繁叶茂，而且是著名的香花树种。在华南地区多作庭荫树、行道树；长江流域以及华北地区常温室栽培观赏。花朵常作为襟花佩戴。

同属其他植物：

黄兰（*M. champaca* L.）：高30～40m。叶柄上的托叶痕长达叶柄的2/3以上。外形与白兰花相似，花为淡黄色。

乐昌含笑（*M. chapensis* Dandy）：高15～30m。小枝无毛。叶薄革质，倒卵形。花被片6，黄绿色。花期3～4月。

(a)

(b)

图4-13 白兰花
(a) 整株白兰；(b) 白兰花

深山含笑（*M. maudiae* Dunn）：高达 20m，全株无毛，叶长椭圆形，革质，叶背被白粉，网脉致密；花白色，花被片 9，芳香。花期 2 ~ 3 月。

火力楠（*M. macclurei* Dandy）：高达 20 ~ 30m。芽、幼枝、叶柄被平伏短绒毛。叶倒卵状椭圆形，厚革质，网脉细；叶柄上无托叶痕。花白色，花被片 9 ~ 12，芳香。花期 3 ~ 4 月。

4. 樟树

学名：*Cinnamomum camphora* (L.) Presl

科属：樟科、樟属

常用别名：香樟（图 4-14）、樟木

形态及观赏特征：常绿乔木，高达 20 ~ 30m。树冠广卵形，树皮幼时绿色，平滑，老时渐变为黄褐色或灰褐色纵裂。单叶互生，叶薄革质，卵形或椭圆状卵形，离基三出脉；背面微被白粉，脉腋有腺点，揉碎有樟脑味。圆锥花序生于新枝的叶腋内，花被淡黄绿色。果球形，熟时紫黑色。花期 4 ~ 5 月；果期 10 ~ 11 月。

原产地及习性：原产中国南方和西南各省，南至两广及西南，尤以江西、浙江、福建、台湾等东南沿海省份为最多。喜光，稍耐阴；喜温暖湿润气候，耐寒性不强。对土壤要求不严，较耐水湿，不耐干旱、瘠薄和盐碱土。萌蘖力强，耐修剪，生长速度中等偏慢。主根发达，深根性，能抗风。有一定抗海潮风及耐烟尘和抗有毒气体的能力，并能吸收多种有毒气体。

繁殖方式：以播种繁殖为主，也可以扦插繁殖。

园林应用：樟树枝叶茂密，冠大荫浓，树姿雄伟，早春嫩叶红褐，是长江流域园林绿化的优良树种。多孤植作庭荫树；在草地中丛植、群植作为背景树；

图 4-14 香樟

配植池畔、水边、山坡等作护堤树；也可作行道树、工厂绿化树、防风林。

同属常见植物：

阴香（*C. burmanii* Bl.）：高达 20m。叶互生或近对生，卵状长椭圆形，离基三出脉，脉腋无腺体，无毛。圆锥花序腋生或近顶生，花绿白色，有毛。果卵形。花期主要在秋冬季。

肉桂（*C. cassia* Presl）：小枝四棱，密被毛，后渐脱落。叶互生或近对生，厚革质，长椭圆形，离基三主脉在表面凹下，脉腋无腺体，背面有黄色短柔毛。花序被黄柔毛。花期 6～8 月；果期 10～12 月。

天竺桂（*C. japonicum* Sieb. ex Nees）：高达 16m。树皮灰褐色，平滑。叶互生，椭圆状广披针形，离基三出脉在叶两面隆起，脉腋无腺体，叶背面有白粉。圆锥花序腋生，花黄绿色，无毛。果长圆形，熟时蓝绿色。花期 4～5 月；果期 7～9 月。

5. 月桂

学名：*Laurus nobilis* L.

科属：樟科、月桂属

常用别名：月桂树、香叶子

形态及观赏特征：常绿小乔木，高达 12m。树冠卵圆形。小枝绿色，全株有香气。叶互生，长椭圆形，革质，边缘波状，叶柄常带紫色。雌雄异株，伞形花序簇生叶腋间，花小，淡黄色。核果椭圆状球形，熟时呈紫褐色。花期 4 月；果熟期 9 月。

原产地及习性：原产地中海一带，我国长江流域以南江苏、浙江、台湾、福建等省多有栽培。喜光，亦较耐阴；喜温暖湿润气候，稍耐寒。耐干旱，怕水涝；适生于土层深厚、排水良好的肥沃湿润的沙质壤土。萌芽力强，耐修剪。

繁殖方式：扦插或播种繁殖。

园林应用：月桂四季常青，树姿优美，有浓郁香气。宜在庭院、建筑物前栽植，可作绿墙，分隔空间，隐蔽遮挡效果也较好。也常作为纪念树栽植。该树种在全世界享有盛名，在希腊等国用月桂编织成花冠，为胜利祝捷的标志。

6. 紫楠

学名：*Phoebe sheareri* (Hemsl.) Gamble

科属：樟科、楠木属

常用别名：紫金楠

形态及观赏特征：常绿乔木，高可达 15～20m。树皮灰褐色，纵裂。幼枝、叶背、叶柄和花序密被黄褐色绒毛。叶革质，倒卵形至倒卵状披针形，先端渐尖，背面网脉明显隆起。花序长 7～15cm，上部分枝；花被片两面被毛。

核果卵形，长约 1cm。花期 4 ~ 5 月，果 9 ~ 10 月成熟。

原产地及习性：产东南各省和华南北部海拔 800m 以下地区。中性偏耐阴，喜温暖湿润气候及较阴湿环境，在全光照下常生长不良。深根性，萌芽性强，生长较慢。

繁殖方式：播种繁殖。

园林应用：树形端正美观，叶大荫浓，宜作庭荫树及风景树。也是优良的用材及芳香油树种。

同属常见植物：

浙江楠（*P. chekiangensis* C. B. Shang）：树皮淡黄褐色。小枝密生锈色绒毛。叶革质，倒卵状椭圆形至倒卵状披针形，背面网脉明显并有灰褐色柔毛。核果椭圆状卵形。

7. 蚊母树

学名：*Distylium racemosum* Sieb. et Zucc.

科属：金缕梅科、蚊母树属

常用别名：蚊子树、米心树

形态及观赏特征：常绿乔木，高可达 16m。常栽培呈灌木状。树皮灰色，粗糙。小枝略呈"之"字形曲折。嫩叶及裸芽被厚鳞粃。单叶互生，椭圆形或倒卵形，全缘，革质有光泽。总状花序，花小无花瓣。蒴果卵形，果端有 2 宿存花柱。花期 4 ~ 5 月；果熟期 10 月。

原产地及习性：原产于我国东南沿海各地，日本也有分布。我国长江流域城市园林中常有栽培。喜光，稍耐阴；喜温暖湿润气候，耐寒性不强。对土壤要求不严，以排水良好而肥沃的土壤为宜，酸性、中性土也能适应。萌芽、发枝力强，耐修剪。抗污染力强。病虫害少。

繁殖方式：主要采用播种和扦插繁殖。

园林应用：蚊母树枝叶密集，叶色浓绿，抗性强、防尘及隔声效果好，是理想的城市及工矿区绿化及观赏树种。可植于路旁、庭前草坪上及大树下；成丛、成片栽植作为分隔空间或作为其他花木之背景效果亦佳。可修剪成球形，于门旁对植或作基础种植材料。也可用作植篱和防护林带。

常见栽培变种有：**'斑叶'蚊母树**（'Variegatum'）：叶较宽，具黄白斑。

8. 木波罗

学名：*Artocarpus heterophyllus* Lam.

科属：桑科、波罗蜜属

常用别名：波罗蜜、树波罗

形态及观赏特征：常绿乔木，高 11 ~ 20m。树冠椭球形。小枝有环状

图4-15　木波罗果

托叶痕，有乳汁。单叶互生，长椭圆形或倒卵形，全缘或偶有浅裂，革质，有光泽。雌雄同株异花。聚花果卵状椭球形，大如西瓜，外皮绿色有棱角，常生于树干或大枝上，可食。

原产地及习性：原产印度、东南亚一带，我国华南地区有栽培。喜日照充足，高温高湿。以土壤肥沃、排水良好的沙质土最佳。

繁殖方式：播种或扦插繁殖。

园林应用：本种树性强健，冠大荫浓，果大干生（图4-15），甚为奇特。华南地区可栽作行道树、园景树或庭荫树。

9. 榕树（彩图4-16）

学名：*Ficus microcarpa* L.f.

科属：桑科、榕属

常用别名：小叶榕

形态及观赏特征：常绿乔木，高20～25m。树冠庞大，枝具气生根。叶椭圆形、卵状椭圆形或倒卵形，全缘，革质。隐头花序单生或成对生于叶腋，扁倒卵球形，成熟时黄色或淡红色。隐花果肉质，熟时暗紫色。

原产地及习性：原产中国华南地区及台湾省，分布于广西、广东、福建、台湾、浙江南部、云南、贵州等地区。喜光，也颇耐阴；喜温暖湿润气候及酸性土壤，耐水湿。抗烟性强，生长快，寿命长。

繁殖方式：以扦插、播种繁殖为主，也可以压条繁殖。

园林应用：榕树枝叶茂密、树冠开展圆润，是我国华南地区分布广泛的优良乡土树种之一。华南地区多作行道树及庭荫树栽植，其枝上丛生如须的气根，下垂着地，入土后生长粗壮如干，形似支柱，形成独木成林的奇观；还可制作盆景。

常见栽培变种有：**'金叶'榕**（'Golden Leaves'）：叶金黄，常作彩篱、色块等应用。

同属常见植物：

高山榕（*F. altissima* Bl.）：高达25～30m；叶椭圆形或卵状椭圆形，先端钝，基部圆形，全缘，半革质，无毛。隐花果红色或黄橙色，腋生。花期3～4月；果期5～7月。

垂叶榕（*F. benjamina* L.）：高20～25m。叶椭圆形至倒卵形，先端尾尖，基部楔形，全缘，革质，无毛。花期8～11月。有'斑叶'（'Variegata

Leaves')及'金叶'('Golden Leaves')等栽培变种（图4-17）。

印度胶榕（*F. elastica* Roxb.）：又名橡皮树，原产地高达30m。全体无毛。叶厚革质，长椭圆形，全缘。隐花果成对生于叶腋。有'斑叶'胶榕（'Variegata'）及'三色'胶榕（'Tricolor'）等栽培变种。

印度菩提树（*F. religiosa* L.）：高达20m。叶薄革质，卵圆形或三角状卵形，全缘，先端长尾尖，基部三出脉，两面光滑无毛，叶柄长，叶常下垂。花期3～4月；果期5～6月。

图4-17 垂叶榕

10.杨梅

学名：*Myrica rubra* Sieb. et Zucc.

科属：杨梅科、杨梅属

形态及观赏特征：常绿乔木，高12～15m。树冠球形。树皮灰色；小枝近于无毛。叶革质，倒卵状披针形或倒卵状长椭圆形，全缘，背面密生金黄色腺体。花单性异株；核果球形，有小疣状突起，熟时深红或紫红色。花期4月；果期6～7月。

原产地及习性：原产我国温带、亚热带湿润气候的山区，主要分布在长江流域以南、海南岛以北。稍耐阴，不耐烈日直射；喜温暖、湿润环境，不耐寒。喜富含腐殖质、排水良好的酸性或微酸性沙质土壤。萌蘖力强；深根性；根部具菌根。对有毒气体抗性强。

繁殖方式：播种、压条或嫁接繁殖。

园林应用：杨梅株形丰满，叶色浓郁苍翠。可孤植、丛植、散植于庭院、草坪；或列植于路旁，亦可群植成林。耐污染力强。此外，杨梅还是我国南方的特色水果。

11.木麻黄

学名：*Casuarina equisetifolia* Forst.

科属：木麻黄科、木麻黄属

常用别名：驳骨松

形态及观赏特征：常绿乔木，高达30m。树干通直。树皮深褐色，不规则条裂。小枝绿色细长下垂，长10～27cm，多节，节间长4～9mm，每节上有极退化之鳞叶 7 枚。花单性，同株或异株。聚合果椭圆形，外被短柔毛。小坚果具翅。

原产地及习性：原产澳大利亚、太平洋诸岛。广东、广西、福建、台湾及南海诸岛均有栽培。强阳性；喜炎热气候，不耐寒。耐干旱、贫瘠，耐盐碱，也耐潮湿。生长迅速，抗风力强且抗海潮风，不怕沙埋。

繁殖方式：种子或扦插繁殖。

园林应用：华南沿海地区常见造林树种，凡沙地和海滨地区均可栽植，其防风固沙作用良好；在城市及郊区亦可作行道树、防护林或植墙。

12. 杜英 （图 4—18）

学名：*Elaeocarpus decipiens* Hemsl.

科属：杜英科、杜英属

形态及观赏特征：常绿乔木，高 5 ~ 15m。树冠卵圆形。树皮深褐色，平滑。小枝红褐色。单叶互生，叶革质，倒披针形至披针形，先端尖，基部楔形，叶缘有不明显的钝锯齿，落叶前变红。总状花序腋生，花下垂，花瓣 4 ~ 5，白色，先端细裂如丝。核果椭圆形。花期 6 ~ 7 月；果期 10 月。

原产地及习性：原产中国长江流域及以南地区。稍耐阴；喜温暖湿润气候，耐寒性稍差。喜排水良好、湿润肥沃的酸性土壤。萌蘖力强，耐修剪；根系发达。对二氧化硫抗性强。

繁殖方式：播种或扦插繁殖。

园林应用：树冠圆整，枝叶茂密，霜后部分叶变红色，红绿相间，状若开花，颇为美丽。宜于草坪、坡地、林缘、庭前、路口丛植；也可栽作行道树、其他花木的背景树，或列植成绿墙起隐蔽遮挡及隔声作用。因对二氧化硫抗性强，可选作工矿区绿化和防护林带树种。

图 4—18　杜英

同属常见植物：

山杜英（*E. sylvestris* (Lour.) Poir）：枝叶光滑无毛。叶倒卵形至倒卵状长椭圆形，先端钝，基部狭楔形，缘有浅钝齿，两面无毛。总状花序长4~6cm。核果椭圆形，紫黑色。

尖叶杜英（*E. apiculatus* Mast.）：高达30m。小枝粗大，有灰褐色柔毛。叶互生，倒卵状披针形，长11~30cm，缘有锯齿，革质。总状花序生于枝顶腋内，花瓣白色，倒披针形，先端7~8裂。核果长椭圆形。花期为4~5月。

水石榕（*E. hainanensis* Oliv.）：叶常集生枝端，狭披针形至狭倒披针形，两端尖，缘有细锯齿。花下垂，花瓣5，白色，先端流苏状，数朵成短总状花序，有明显之叶状苞片。核果窄纺锤形。花期6~7月。

13. 假苹婆

学名：*Sterculia lanceolata* Cav.

科属：梧桐科、苹婆属

常用别名：赛苹婆

形态及观赏特征：常绿乔木，高达10m。单叶互生，叶具柄，近革质，椭圆状矩圆形近披针形，全缘。圆锥花序分枝多，腋生，通常短于叶；花萼淡彩红色，5深裂，外被星状小柔毛。蓇葖果被茸毛，鲜红色。花期4月。

原产地及习性：原产于我国广东、广西、云南、贵州和四川及中南半岛各国。喜光，喜温暖多湿气候，不耐寒。喜土层深厚、温润的富含有机质之壤土；不耐干旱。

繁殖方式：播种繁殖。

园林应用：树冠广阔，树姿优雅，蓇葖果色泽明艳。可作为园林风景树和林荫树。

14. 黄槿

学名：*Hibiscus tiliaceus* L.

科属：锦葵科、木槿属

形态及观赏特征：常绿小乔木，高4~10m。树干灰色纵裂。小枝无毛。叶广卵形或近圆形，先端急尖，基部呈心形，全缘或微波状齿缘，革质，表面深绿色，背面浅灰白色，密披茸毛和星状毛。花冠钟形，黄色，中央暗紫色；花萼裂片5，顶端渐尖。蒴果椭球形。花期全年，以夏季最盛。

原产地及习性：原产我国华南、菲律宾群岛、太平洋群岛、南洋群岛、印度等地。喜光；喜温暖。土壤以沙质壤土为佳；耐旱，耐贫瘠、耐盐碱。多生于海边，深根性，抗风力强，有防风固沙之效。

繁殖方式：播种或扦插繁殖。

园林应用：可作为热带海岸地区防风、防沙、防海潮的优良树种。

15．人心果

学名：*Manilkara zapota* Royen

科属：山榄科、人心果属

常用别名：吴凤柿、人参果、赤铁果

形态及观赏特征：常绿乔木，高 8 ～ 25m。茎干和枝条灰褐色，有明显叶痕。单叶互生，长椭圆形，先端短尖或钝，基部楔形，全缘，革质。花腋生，萼片 6，花冠 6 裂，退化雄蕊 6（花瓣状）。浆果卵形或近球形。花期 7 ～ 8 月；果期 10 月至翌年 5 月。

原产地及习性：原产墨西哥南部和中美洲北部，我国华南有栽培。喜光；喜温暖。很耐旱，较耐贫瘠和盐分。根系深。

繁殖方式：常用种子繁殖，优良植株可用嫁接繁殖。

园林应用：树形优美，叶色浓绿，常用作行道树或孤植、群植于园林绿地。果可食用，种子、树皮和根可入药，是经济价值高的树种。

16．枇杷

学名：*Eriobotrya japonica* Lindl.

科属：蔷薇科、枇杷属

常用别名：卢橘

形态及观赏特征：常绿小乔木，高 6 ～ 10m。小枝，叶背、花序内密被锈色或灰棕色绒毛。叶片倒卵形至长椭圆形，边缘具稀疏锯齿，表面羽状脉凹入，多皱，背面密被锈色绒毛，革质。圆锥花序花紧密，密被锈色绒毛；花芳香，白色。果实球形或近球形，淡黄色、黄色或橘黄色，外被锈色柔毛不久脱落。花期 10 ～ 12 月；果期翌年 5 月。

原产地及习性：原产于中国中西部地区。南方各地多作果树栽培。喜光，稍耐阴；喜温暖湿润气候，不耐寒。喜肥沃、湿润而排水良好的中性或酸性土壤。

繁殖方式：以播种、嫁接繁殖为主，扦插、压条也可以。

园林应用：枇杷树形宽大整齐，叶大荫浓，冬日白花盛开，初夏黄果累累。宜孤植或丛植于庭园、草地或作园路树。

17．石楠（图 4-19）

学名：*Photinia serrulata* Lindl.

科属：蔷薇科、石楠属

常用别名：千年红、扇骨木

形态及观赏特征 常绿小乔木，高 4 ～ 6m。小枝褐灰色，无毛。单叶互生，

革质，长椭圆形或倒卵状椭圆形，先端尖，基部圆形或宽楔形，边缘具细锯齿；幼叶红色。复伞房花序顶生，花小白色。梨果球形，熟时红色或褐紫色。花期 5 ～ 6 月；果期 10 月。

原产地及习性：原产于我国秦岭以南各地。喜光，稍耐阴；喜温暖湿润气候，较耐寒。喜深厚、肥沃的沙质壤土，耐干旱瘠薄，忌水渍和排水不良的黏土。萌芽力强，耐修剪。生长较慢。对有毒气体抗性强。

繁殖方式：播种或压条繁殖。

图 4-19 石楠

园林应用：树形整齐，枝叶浓密，春天嫩叶鲜红，夏季白花满树，秋冬红果累累，是美丽的观赏树种。园林中孤植、丛植及基础栽植都甚为合适，亦可作园路树或密植成绿墙。

同属常见植物：

光叶石楠（*P. glabra* Maxim.）：常绿小乔木，高 7 ～ 10m。叶革质，两端尖，缘有细锯齿，两面无毛。复伞房花序，花序梗光滑，花白色，花瓣内侧基部有毛。果红色，呈卵形。花期为 4 ～ 5 月；果期 9 ～ 10 月。

'红叶'石楠（*P.×fraseri* 'Red Robin'）：为光叶石楠和石楠的杂交种。常绿灌木至小乔木，高 4 ～ 6m，叶革质，叶面蜡质，长椭圆形至倒卵披针形，先端具尾尖，春季新叶红艳，夏季转绿，秋、冬、春三季呈现红色。

18．台湾相思

学名：*Acacia confusa* Merr.

科属：含羞草科、金合欢属

常用别名：相思树

形态及观赏特征：常绿乔木，高 6 ～ 15m。树皮灰褐色。幼苗具羽状复叶，长大后小叶退化，形成镰状披针形叶状叶柄。头状花序 1 ～ 3 腋生，花黄色，绒球形。荚果扁平，带状。

原产地及习性：原产我国台湾南部。福建、湖南、广东、广西、云南等地有栽培。喜光，不耐阴；喜暖热气候，不耐寒。耐干旱瘠薄。深根性，抗风性强。萌芽性强，生长较快。

繁殖方式：播种繁殖。

园林应用：华南地区常作为行道树和庭院观赏树，也是防护林、水土保持林的优良树种。

同属常见植物：

大叶相思（*A. auriculiformis* A. Cunn. ex Benth）：小枝有棱，绿色。叶状叶

柄镰状披针形，长 10 ～ 20cm。花橙黄色，芳香。

马占相思（*A. mangium* Willd.）：常绿乔木，树皮平滑，灰白色，小枝无毛，皮孔显著。叶状叶柄镰状长圆形，长 10 ～ 20cm，两端渐狭。穗状花序 3.5 ～ 8cm，生叶腋或枝顶；花橙黄色。速生树种。

19．南洋楹

学名：*Albizia falcataria* Fosberg

科属：含羞草科、合欢属

形态及观赏特征：常绿大乔木，原产地高达 45m。树冠伞形，树干通直。叶为二回羽状复叶，小叶 10 ～ 20 对，菱状长圆形，细小，对生，被短毛，叶基歪斜。穗状花序腋生，单生或数个组成圆锥花序状；花淡黄绿色，芳香。荚果带状，扁平。花期 4 ～ 5 月。

原产地及习性：原产印度尼西亚东北部的马鲁古群岛，中国华南及台湾省有栽培。喜光，不耐阴；喜暖热多雨气候。喜湿润及肥沃湿润土壤。生长快，寿命短。

繁殖方式：播种繁殖。

园林应用：树形美观，枝叶茂盛，可作庭荫树，也是良好的经济树种。

20．羊蹄甲

学名：*Bauhinia purpurea* L.

科属：云实科、羊蹄甲属

常用别名：紫羊蹄甲、红花紫荆

形态及观赏特征：常绿乔木，高 10 ～ 12m。叶顶端 2 裂，深达叶全长的 1/3 ～ 1/2，呈羊蹄状。伞房花序，花大，花瓣倒披针形。玫瑰红色，有时白色，发育雄蕊 3 ～ 4 枚，芳香。荚果，成熟时黑色。花期 9 ～ 10 月。

原产地及习性：原产亚洲南部，我国福建、广东、广西、云南有分布。喜阳光充足；喜温暖、湿润环境，不耐寒；宜湿润、肥沃、排水良好的酸性土壤。

繁殖方式：播种或扦插繁殖。

园林应用：为华南常见的花木，植株婆娑，花大色艳，花期长。可植于庭院或作园林风景树，也可作行道树。

同属常见植物：

红花羊蹄甲（*B. blakeana* Dunn）：叶端 2 裂，深达叶全长的 1/4 ～ 1/3。顶生总状花序，花径达 15cm，艳紫红色，有香气，几乎全年开花，盛花期 1 ～ 3 月（彩图 4-20）。

洋紫荆（*B. variegata* L.）：叶形与羊蹄甲近似，叶顶端 2 裂，深达叶全长的 1/4 ～ 1/3。花粉红色或暗紫色，发育雄蕊 5（6），几乎全年开花，春季最盛。

21. 无忧花

学名：*Saraca dives* Pierre

科属：苏木科、无忧花属

常用别名：无忧树、火焰花

形态及观赏特征：常绿乔木，高达 25m。偶数羽状复叶互生，小叶 4～7 对，长椭圆形，全缘，硬革质；嫩叶红色，后变为绿色。由伞房状花序组成顶生圆锥花序；花无花瓣，花萼管状，顶端 4 裂，花瓣状，橘红色至黄色，花期 4～5 月。荚果长圆形，扁平。果 7～10 月成熟。

原产地及习性：原产中国大陆南部以及老挝、越南等地，我国广州、云南、广西等地有栽培。喜温暖，能耐高温暑热，不耐寒冷。喜肥沃湿润、土层深厚的酸性至微碱性土。

繁殖方式：播种繁殖。

园林应用：树冠苍绿荫浓，为优良观赏树种。可作庭荫树或园景树，也是佛寺喜用植物。

22. 银桦

学名：*Grevillea robusta* A. Cunn.

科属：山龙眼科、银桦属

形态及观赏特征：常绿乔木，高达 25m。树干通直，树冠呈圆锥形。树皮浅棕色，有浅纵裂。小枝、芽、叶柄密被锈色绒毛。叶二回羽状深裂，裂片披针形，边缘纹卷，背密被银灰色丝毛。花两性，总状花序腋生，无花瓣，花萼花瓣状，4 枚，橙黄色。蓇葖果长圆形。种子黑色有翅。花期 5 月。

原产地及习性：原产于澳大利亚。我国华南、西南地区有栽培。喜光；喜温暖、湿润气候，不耐寒。在肥沃、疏松、排水良好的微酸性沙壤土上生长良好。根系发达，较耐旱。生长迅速。对烟尘及有毒气体抗性较强。

繁殖方式：播种繁殖。

园林应用：树冠高大整齐，叶形细腻优雅，叶色粉绿洁净，初夏有橙黄色花序点缀枝头，为美丽的行道树和庭园树种。

23. 蓝桉

学名：*Eucalyptus globulus* Labill

科属：桃金娘科、桉属

常用别名：洋草果、灰杨柳

形态及观赏特征：常绿乔木，高 35～60m。树干多扭曲。树皮呈长片状脱落，新皮光滑。萌蘖枝和幼茎上叶对生，卵状椭圆形，被白粉，无叶柄；成长枝上叶互生，镰状披针形，蓝绿色。花单生叶腋。蒴果杯状。

原产地及习性：原产澳大利亚南部维多利亚及塔斯马尼亚岛。我国西南、南部地区有栽培。喜光；喜温凉气候，耐湿热能力较差。喜肥沃湿润酸性土壤。萌蘖力强，生长迅速，耐修剪。

繁殖方式：播种或扦插繁殖。

园林应用：树形高大，生长迅速，宜作行道树及造林树种，也适合在庭院、医院、疗养区和公共绿地群植。

同属常见植物：

柠檬桉（*E. citriodora* Hook.f.）：树皮光滑，通常灰白色，片状剥落后呈斑驳状；小枝及幼叶有腺毛，具有强烈的柠檬香味。圆锥花序顶生或腋生。

隆缘桉（*E. exserta* F. Muell）：树皮灰褐色，粗糙，浅纵裂，纤维状。伞形花序腋生。蒴果近球形。

直干桉（*E. maideni* F. Muell）：外形和蓝桉近似，但干不扭转。果较小，陀螺形，无棱。

大叶桉（*E. robusta* Smith）：树皮厚，宿存而粗糙。叶互生，卵状长椭圆形或广披针形，全缘，革质，背面有白粉。单伞形花序。蒴果大、碗状。

24. 白千层

学名：*Melaleuca quinquenervia*（*Cav.*）S. T. Blake

科属：桃金娘科、白千层属

常用别名：白树

形态及观赏特征：常绿乔木；高达 20m。树皮灰白色，厚而疏松，薄片状剥落。小枝常下垂。单叶互生，长椭圆状披针形，全缘。穗状花序顶生；花小，乳白色。果碗形。花期 1 ~ 2 月。

原产地及习性：原产澳大利亚，华南地区有栽培。喜高温。喜肥沃土壤。适应力强，能耐干旱和水湿。

繁殖方式：播种或扦插繁殖。

园林应用：白千层树皮白色，层层剥落，甚为奇特；穗状花序形似试管刷，形奇色洁；植株挺拔美观，具有芳香。可作园景树、庭荫树、行道树，也可以用作水边绿化。

25. 蒲桃

学名：*Syzygium jambos* Alston

科属：桃金娘科、蒲桃属

常用别名：水蒲桃、响鼓

形态及观赏特征：常绿乔木，高达 10m。树冠浓密球形。树皮浅褐色，平滑。单叶对生，长椭圆状披针形，先端渐尖，革质而光亮，侧脉背面至边缘明显汇合成边脉，叶肉具透明腺点。伞房花序顶生，花绿白色。浆果核果状，淡绿或淡黄色。花期 4 ~ 5 月；7 ~ 8 月果熟。

原产地及习性：原产马来西亚、印度尼西亚等地。国内主要分布于台湾、海南、广东、广西、福建、云南和贵州等省。喜光；喜湿热气候；喜酸性土壤；耐湿，喜生长在河旁、溪边等近水地方。深根性，枝干强健。有一定的抗二氧化硫能力。

繁殖方式：播种或扦插繁殖。

园林应用：蒲桃花繁叶茂，枝叶婆娑，绿荫效果好，可作庭荫树，也可作固堤、防风树用。蒲桃开花量大，花粉和蜜均多，香气浓，是良好的蜜源植物。

同属常见植物：

赤楠（*S. buxifolium* Hook. et Arn.）：常绿小乔木或灌木。小枝有棱，叶倒卵形，具散生腺点，叶具短柄。聚伞花序。浆果球形，紫黑色。

海南蒲桃（*S. cumini* Skeels）：高达 15m。小枝较扁。叶阔椭圆形，有透明腺点。腋生圆锥花序，花白色。浆果卵形至球形。

洋蒲桃（*S. samarangense* Merr. et Perry）：高达 12m。叶椭圆状矩圆形，无毛。聚伞花序顶生或腋生，花白色（彩图 4-21）花期 3 ~ 5 月。浆果肉质，呈梨形或钟形，淡粉红色，光亮如蜡，有香味。

26. 水翁

学名：*Cleistocalyx operculatus* Merr. et Perry

科属：桃金娘科、水翁属

常用别名：水榕

形态及观赏特征：常绿乔木，高可达 15m。树冠开展，树皮灰褐色。多分枝，小枝近圆柱形或四棱形。单叶对生，近革质，卵状长圆形或狭椭圆形，先端渐钝尖，基部楔形，两面多透明腺点。复聚伞花序常生于无叶的老枝上，稀生于叶腋或顶生；花小，绿白色，有香味。浆果近球形，成熟时紫黑色，有斑点。

原产地及习性：原产中国、印度、越南、马来西亚、印度尼西亚及澳大利亚北部。中国广东、广西、云南、海南有分布。喜肥，耐湿性强，喜生于水边，一般土壤均可生长。有一定的抗污染能力。

繁殖方式：播种繁殖。

园林应用：华南地区多植于湖堤边，是良好的园景树、庭荫树。

27. 冬青（图 4-22）

学名：*Ilex chinensis* Sims

科属：冬青科、冬青属

图 4-22　冬青

形态及观赏特征：常绿乔木，高达 13 ~ 20m。树冠卵圆形，树形整齐。树皮灰青色，平滑。叶互生，长椭圆形，薄革质，边缘疏生浅锯齿，表面深绿色而有光泽，干后呈红褐色。聚伞花序着生枝端叶腋，花单生，淡紫红色。雌雄异株。核果椭球形，熟时呈深红色，经冬不落。花期 5 月；果熟期 10 ~ 11 月。

原产地及习性：原产长江流域及其以南地区。喜光，稍耐阴；喜温暖湿润气候，不耐寒。喜肥沃的酸性土壤；较耐潮湿。萌芽力强，耐修剪。深根性，抗风力强，生长较慢。对二氧化硫及烟尘有一定抗性。

繁殖方式：播种或扦插繁殖。

园林应用：冬青枝繁叶茂，四季常青，果熟时红若丹珠，赏心悦目，是庭园中的优良观赏树种。宜在草坪上孤植，门庭、墙基、园道两侧列植或群植，葱郁可爱。冬青取老桩或抑制生长使其矮化，可制作盆景。

同属常见植物：

铁冬青（*I. rotunda* Thunb.）：高 5 ~ 15m。小枝明显具棱，无毛。叶椭圆形，全缘。腋生伞形花序，花白色。果椭球形，红色。

大叶冬青（*I. latifolia* Thunb.）：高达 20m。树皮灰黑色，粗糙。枝条粗壮，平滑无毛，幼枝有棱。叶厚革质，长椭圆形，缘有细锯齿。聚伞花序密集于二年生枝条叶腋内，花黄绿色，4 ~ 5 月开。果实球形，红色或褐色。

28. 石栗

学名：*Aleurites moluccana* Willd.

科属：大戟科、石栗属

常用别名：黑桐油树

形态及观赏特征：常绿乔木，高 13 ~ 15m。树冠近似圆锥状塔形。幼枝、花序及叶均被浅褐色星状毛。单叶互生，卵形至心形，长 10 ~ 20cm，全缘或掌状三裂，背面灰白色，被星状毛。圆锥花序生于枝顶，或近枝顶的叶腋；花小，白色。核果圆球形，具纵棱。

原产地及习性：原产马来西亚，我国华南有栽培。喜光；喜温热气候；喜排水良好的沙壤土，耐旱。速生；深根性，抗风。

繁殖方式：播种或扦插繁殖。

园林应用：石栗冠大荫浓，春末夏初发出大量灰白色新叶，甚具异趣。多作行道树及庭荫树，也是一种油料树种。

29．秋枫

学名：*Bischofia javanica* Bl.

科属：大戟科、秋枫属

形态及观赏特征：常绿或半常绿乔木，高可达 40m。树皮褐红色，光滑。三出复叶互生，小叶卵形或长椭圆形，先端渐尖，基部楔形，缘具粗钝锯齿。圆锥花序下垂。果球形，熟时蓝黑色。花期 3～4 月。果 9～10 月成熟。

原产地及习性：产中国南部，越南、印度、日本、印度尼西亚至澳大利亚也有分布。喜光，耐水湿，不耐寒，生长快。

繁殖方式：播种繁殖。

园林应用：秋枫夏季苍绿，冠大荫浓，秋叶红色，美丽如枫，是重要的秋色叶树种。宜栽作庭荫树、行道树及堤岸树。

30．蝴蝶果

学名：*Cleidiocarpon cavaleriei* Airy Shaw

科属：大戟科、蝴蝶果属

形态及观赏特征：常绿乔木，高达 30m。树皮灰色至灰褐色，光滑。嫩枝、花枝、果枝均具有星状毛。单叶互生，椭圆形或长椭圆形，两端尖，全缘，表面深绿色，有光泽，背面浅绿色。圆锥状花序顶生，小花单性同序，无花瓣。核果近球形。

原产地及习性：原产中国、越南和缅甸，贵州、云南、广西有分布。喜光，有一定的耐寒力。对土壤的适应性较广，多生长在石灰岩石山上。抗病性强。

繁殖方式：播种繁殖。

园林应用：枝叶茂密，树形美观，是华南地区优良的庭荫树及园景树。

31．荔枝（彩图 4-23）

学名：*Litchi chinensis* Sonn.

科属：无患子科、荔枝属

常用别名：离枝

形态及观赏特征：常绿乔木，高达 8～20m。树皮灰褐色，不裂。叶为偶数羽状复叶，叶色深绿，有光泽，小叶 2～4 对，长椭圆状披针形，先端尖锐，全缘，革质。圆锥花序顶生，花小，无花瓣。核果球形，表面有瘤状突起，熟时变赤色。假种皮白色肉质。花期 2～3 月；果 5～8 月成熟。

原产地及习性：原产中国广东、广西、海南。喜光，耐湿；喜湿润和肥沃的微酸性土壤，有一定的抗风能力。

繁殖方式：嫁接或高枝压条繁殖。

园林应用：栽培历史悠久，是华南地区的重要果树。冠大荫浓，硕果累累，所以也是重要的园林观赏树。

32. 人面子

学名：*Dracontomelon duperreanum* Pierre

科属：漆树科、人面子属

常用别名：人面树、银莲果、人面果

形态及观赏特征：常绿乔木，高 20 ～ 35m。具板根。奇数羽状复叶互生，小叶 11 ～ 17，长椭圆形，全缘，近革质。圆锥花序，花小，绿白色。核果扁球形，黄色，果核表面凹陷，形如人脸。花期 5 ～ 6 月；果 7 ～ 8 月成熟。

原产地及习性：原产中国及东南亚等国，广东、广西、海南及云南等地有分布。喜阳光充足及高温多湿环境，适深厚肥沃的酸性土。

繁殖方式：播种繁殖。

园林应用：树冠宽广浓绿，甚为美观，是园林绿化的优良树种，也适合作行道树。

33. 杧果

学名：*Mangifera indica* L.

科属：漆树科、杧果属

常用别名：芒果

形态及观赏特征：常绿乔木，高 15 ～ 25m。树皮灰褐色。单叶互生，叶长圆状披针形或长圆形，常集生枝顶，革质，全缘。圆锥花序，花小，黄色或带红色。核果椭球形或卵形，微扁，黄色，有香气。花期 12 月至次年 1 ～ 2 月；果 5 ～ 8 月成熟。

原产地及习性：原产印度、马来西亚。我国云南、广东、广西、台湾、福建有栽培。喜光；不耐寒。对土壤适应性较广，但忌渍水和碱性过大的石灰质土。

繁殖方式：嫁接繁殖。

园林应用：杧果为著名的热带水果。树冠枝叶茂密，树姿雄伟美观，嫩叶色彩富于变化，为华南地区优良的园林风景树和行道树。

同属其他植物：

扁桃（*M. persiciformis* C.Y.Wu et T.L.Ming）：常绿乔木。单叶互生，狭披针形，长 13 ～ 20cm，全缘。花序无毛。核果桃形，稍扁，长约 5cm，无喙尖，核扁。用途同芒果。

34．非洲楝

学名：*Khaya senegalensis* A. Juss

科属：楝科、非洲楝属

常用别名：仙迦树、非洲桃花心木、塞楝

形态及观赏特征：常绿乔木，原产地高可达 30m。树冠阔卵形。干粗大，树皮灰白色，平滑或呈斑驳鳞片状。叶为偶数羽状复叶，小叶互生，3～4 对，长圆形至长椭圆形，光滑无毛，全缘，革质。圆锥花序腋生，花白色。蒴果卵形，种子带翅。花期 3～5 月，果翌年 6 月成熟。

原产地及习性：原产非洲、中美及西印度，我国华南地区有栽培。喜光，喜温暖气候。较耐旱，但在湿润深厚、肥沃和排水良好的土壤中生长良好。适应性强，较易栽植，生长较快。

繁殖方式：播种繁殖。

园林应用：树形高大，是优良的园林绿化树和行道树。也是热带速生珍贵用材树种。

35．大叶桃花心木

学名：*Swietenia macrophylla* King.

科属：楝科、桃花心木属

形态及观赏特征：常绿乔木，原产地高可达 40m，树干挺拔粗壮。树皮淡红褐色。偶数羽状复叶互生，小叶 4～6 对，披针形，先端渐尖，基部偏斜，全缘。聚伞圆锥花序生于叶腋，花小，两性，白色。蒴果卵形木质化，深褐色。花期 3～4 月；果翌年 3～4 月成熟。

原产地及习性：原产中美洲。中国台湾地区、华南地区有栽培。喜光；喜高温多湿气候。抗风，抗大气污染。生长速度中等。

繁殖方式：播种繁殖。

园林应用：挺拔翠绿，枝叶茂盛，宜作庭荫树和行道树；也是著名的商品材之一。

36．柚

学名：*Citrus maxima* Merr.

科属：芸香科、柑橘属

形态及观赏特征：常绿小乔木，高 5～10m。小枝具棱，有枝刺。单身复叶互生，叶大，卵状椭圆形，缘有锯齿。花白色，清香，数朵排成总状花序，花梗、花萼、子房均有柔毛。果实硕大，扁球形或梨形，果皮光滑，黄色。花期 2～5 月；果 9～11 月成熟。

原产地及习性：原产亚洲南部，我国长江以南各省均广泛栽培。喜光，稍

耐阴；喜温热湿润气候。在深厚、肥沃而排水良好的中性或微酸性沙质壤土上生长良好。

繁殖方式：播种或嫁接繁殖。

园林应用：叶色浓绿，果大色艳，是著名的果树，也是优良的园林树种。宜在庭院、草坪等处配置一、二或成丛种植。北方常作为温室盆栽观赏。

同属常见植物：

柠檬（*C. limon* Burm.f.）：常绿小乔木或灌木。小枝圆，有枝刺。叶较小，叶柄有狭翅或近无，顶端有关节。花瓣里面白色，外面淡紫色。果椭球形，柠檬黄色，果皮粗糙不易剥离。

柑橘（*C. reticulate* Blanco）：常绿小乔木或灌木，高 3 ~ 5m。小枝较细弱，枝刺短小。叶长卵状披针形，长 4 ~ 8cm。花黄白色，单生或 2 ~ 3 朵簇生叶腋。果扁球形，橙黄色或橙红色，果皮薄，易剥离。花期 4 ~ 6 月；果期 10 ~ 12 月。

甜橙（*C. sinensis* Osbeck）：常绿小乔木，高达 5m。小枝呈扁压状的棱角，无刺或稍有刺。叶退化呈单叶状，叶片椭圆形，边缘有不明显的波状锯齿，革质。花瓣通常为 5，长椭圆形，黄白色。果大，球形至椭球形，果皮淡黄或淡血红色，果皮不易剥离。果期 11 月至翌年 2 月。

37. 幌伞枫（图 4-24）

学名：*Heteropanax fragrans* Seem.

科属：五加科、幌伞枫属

常用别名：广伞枫、大蛇药、五加通、凉伞木

形态及观赏特征：常绿乔木，高达 30m。三回羽状复叶互生，小叶对生，椭圆形，全缘，纸质，无毛。多数小伞形花序排成大圆锥花序；花瓣 5，镊合状排列；萼近全缘。果球形、卵形或扁球形。

原产地及习性：原产于印度、孟加拉和印度尼西亚，我国云南、广西、海南、广东等地有分布。喜光，亦耐阴；喜温暖湿润气候，不耐寒。较耐干旱贫瘠，但在肥沃和湿润的土壤上生长更佳。

繁殖方式：播种或扦插繁殖。

园林应用：树冠圆整，形如罗伞，羽叶巨大，奇特，为优美的观赏树种。大树可作庭荫树及行道树，幼年植株也可盆栽观赏，

图 4-24 幌伞枫

置大厅、大门两侧，显示热带风情。

38. 鹅掌柴

学名：*Schefflera heptaphylla* D.G.Frodin

科属：五加科、鹅掌柴属

常用别名：鸭脚木

形态及观赏特征：常绿乔木或灌木状。小枝幼时密被星状毛。掌状复叶互生，小叶6～9枚，椭圆形或倒卵状椭圆形，全缘；总叶柄长达30余厘米。伞形花序集成圆锥花序顶生，花小白色，芳香。浆果球形。果期12月至翌年1月。

原产地及习性：原产中国、日本、印度、越南等地，我国西南、华南地区有分布。喜光；喜高温多湿。喜深厚肥沃的酸性土。生长快。

繁殖方式：播种或扦插繁殖。

园林应用：鹅掌柴四季常青，叶面光亮，为常用观叶树种。在华南地区可庭园观赏，北方宜盆栽。枝叶可作插花陪衬材料。

同属其他植物：

澳洲鹅掌柴（*S. actinophylla* Harms.）：常绿乔木，高达12m。掌状复叶互生，小叶7～16枚，长椭圆形，全缘。花小，红色，伞形花序集成圆锥花序。核果近球形，紫红色。

39. 盆架树

学名：*Alstonia rostrata* C.E.C.Fisch.

科属：夹竹桃科、鸡骨常山属

常用别名：盆架子

形态及观赏特征：常绿乔木，高6m。具乳汁。侧枝分层轮生，平展。叶3～4枚轮生，间有对生，矩圆状椭圆形，顶端渐尖呈尾状或急尖，基部楔形或钝，薄革质，上面亮绿色，下面浅绿稍带灰白色，无毛。花白色，花冠高脚碟状，端5裂。蓇葖果2个合生。花期4～7月；果期8～11月。

原产地及习性：原产中国云南及广东南部，印度、缅甸、印度尼西亚也有。喜光，喜高温多湿气候，抗风。

繁殖方式：播种繁殖。

园林应用：树形整齐，枝叶轮生如盘，花紫色艳，花期尤长，常作行道树及园路树。

同属其他植物：

糖胶树（*A. scholaris* R.Br.）：叶4～9枚轮生，先端圆或短渐尖，花白色，蓇葖果双生，分离。

40. 女贞（图 4-25）

学名：*Ligustrum lucidum* Ait.

科属：木犀科、女贞属

常用别名：大叶女贞

形态及观赏特征：常绿乔木，高 6～15m，树皮灰色，平滑。单叶对生，叶卵形、宽卵形至卵状披针形，先端渐尖，基部宽楔形或近圆形，全缘，革质。顶生圆锥花序，花小，白色。果肾形，蓝紫色，被白粉。花期 6 月；果熟期 11～12 月。

原产地及习性：原产我国和日本。我国华南、西南、华中、华东等地有栽培。喜光，稍耐阴；喜温暖、湿润气候，稍耐寒。对土壤要求不严，适生于深厚肥沃的微酸性土或微碱性土；不耐干旱和瘠薄。萌芽力强，耐修剪；须根发达，生长快速。抗污染性较强。

繁殖方式：播种繁殖。

园林应用：女贞树冠圆整端庄，终年常绿，浓郁苍翠，夏日细花繁茂，是绿化中常用的树种。适应性强、耐修剪，常用作行道树，亦可作高篱、绿墙。北京小气候良好之处可露地应用。

(b)

(a)

(c)

图 4-25　女贞
(a) 女贞整株；(b) 女贞花；(c) 女贞果

41. 桂花（彩图 4-26）

学名：*Osmanthus fragrans* Lour.

科属：木犀科、木犀属

常用别名：木犀、岩桂

形态及观赏特征：常绿小乔木或灌木，高可达 12m。单叶对生，叶革质，椭圆形或椭圆状披针形，全缘或上半部有细锯齿，表面下凹，背面微凸。花簇生叶腋；花梗纤细；花小，淡黄色、浓香。核果椭球形，熟时紫黑色。花期 9 ~ 10 月。

原产地及习性：原产我国西南部，现广泛栽培于长江流域各省区，华北多用于盆栽。喜光，稍耐阴；喜温暖湿润气候和通风良好的环境，具有一定的抗寒能力。对土壤的要求不严，以肥沃、湿润和排水良好的中性或微酸性土壤为宜，忌水涝。萌芽力强，耐修剪。对有毒气体有一定抗性。

繁殖方式：扦插、压条或嫁接繁殖。

园林应用：桂花是我国人民喜爱的园林花木，是我国传统的十大名花之一，栽培历史已有 2500 余年。桂花树干端直，树冠圆整，枝叶繁茂，四季常青，仲秋开花，香飘数里。园林中常将桂花植于庭院内或道路两侧，也可种于假山、草坪、楼前等地。与秋色叶树种同植，有色有香，是点缀秋景的极好树种。

常见的栽培品种有：**丹桂**（*O. fragrans* var. *aurantiacus makino*）：花橙黄、橙红及朱红色。花香浓郁。**金桂**（*O. fragrans* var. *thunbergii*）：花金黄色。**银桂**（*O. fragrans*）：花淡黄色至白色，香味较丹桂淡。**四季桂**（*O. fragrans* var. *semperflorens*）：花色淡黄，香气较淡，四季开花。

42. 火焰木

学名：*Spathodea campanulata* Beauv.

科属：紫葳科、火焰木属

形态及观赏特征：常绿乔木，高 12 ~ 20m。羽状复叶对生，小叶 13 ~ 17 枚，叶片椭圆形或倒卵形，全缘，近光滑。花大，聚成紧密的伞房式总状花序；花冠钟状，一侧膨大，橙红色，中心黄色，有纵皱；花萼佛焰苞状。蒴果长圆状棱形。

原产地及习性：原产非洲热带，华南地区有栽培。喜光，喜温暖湿热气候。

繁殖方式：扦插法、播种法或高压法繁殖。

园林应用：树性强健，花姿美艳，单植、列植、群植均美观。适作行道树、园景树、遮荫树。

43. 海南菜豆树

学名：*Radermachera hainanensis* Merr.

科属：紫葳科、菜豆树属

形态及观赏特征：常绿乔木。树皮浅灰色，深纵裂。1～2回羽状复叶对生，小叶长圆状卵形，先端渐尖，基部阔楔形，纸质。花两性，总状花序或圆锥花序；花冠淡黄色，钟状；花萼淡红色，筒状不整齐，3～5浅裂。蒴果细长。

原产地及习性：原产中国，主要分布于广东、海南、云南、广西等省区。喜光，耐半阴。生长较迅速，喜疏松土壤及温暖湿润的环境，适生于石灰岩溶山区。深根性树种，具有极强的萌芽再生能力。常作行道树、庭荫树、室内盆栽布置。

繁殖方式：播种繁殖。

园林应用：树形美观，树姿优雅，花期长，花色艳丽，花香淡雅。是热带、南亚热带地区园林绿化的优良树种。

二、落叶阔叶类乔木

1. 银杏（彩图 4-27）

学名：*Ginkgo biloba* L.

科属：银杏科、银杏属

常用别名：白果、公孙树

形态及观赏特征：落叶乔木，高达 40m。树冠圆锥形至广卵形。树皮灰褐色，深纵裂。枝有长枝与短枝。叶在长枝上螺旋状散生，在短枝上簇生；叶扇形，浅波状，有时中央浅裂或深裂，基部楔形。雌雄异株。种子核果状，椭球形至近球形，外种皮肉质，有白粉，淡黄色或橙色。花期 3～4 月；种子 9～10 月成熟。

原产地及习性：中生代孑遗树种，中国特产，仅浙江天目山有野生分布。全国各地广泛栽培。喜光，耐寒；耐干旱，不耐水涝。对气候、土壤的适应性较广；对大气污染有一定抗性。深根性；生长速度慢，寿命长。

繁殖方式：播种、扦插、分蘖或嫁接繁殖。

园林应用：银杏栽培历史悠久，魏晋南北朝时期就应用于园林。树干端直，树姿雄伟，叶形奇特，黄绿色的春叶与金黄色的秋叶都十分美丽，是著名的观赏树种。宜作行道树（最好选用雄株，以免果实污染环境），或孤植于庭园中心作独赏树，或对植于入口处，或群植于草坪或大型建筑物周围等作庭荫树。

2. 鹅掌楸（图 4-28）

学名：*Liriodendron chinense* Sarg.

科属：木兰科、鹅掌楸属

常用别名：马褂木

形态及观赏特征：落叶乔木，高可达 40m。树冠圆锥形。干皮灰白。小枝灰或灰褐色。单叶互生，马褂形，近基部每边具 1 侧裂片，先端具 2 浅裂，背面粉白色。花杯状似百合花，花被片9，淡绿色，内面近基部淡黄色。聚合果纺锤形。花期5月；果期9～10月。

原产地及习性：原产中国，安徽、浙江、江西、福建、湖南、湖北、广西和云南等省区有分布。喜光，稍耐阴；喜温暖湿润气候，稍耐寒。在深厚、肥沃、湿润的酸性土上生长良好；不耐水湿，在积水地带生长不良。生长较快。

繁殖方式：播种或扦插繁殖。

园林应用：树姿雄伟，叶形奇特美观，秋叶黄色，为优良的观赏叶树种。可作庭荫树和行道树，或植于园中开阔草坪上，是城镇绿化的珍贵观赏树种。

同属常见植物：

美国鹅掌楸（*L. tulipifera* L.）：原产地高可达60m。干皮光滑，小枝褐色。叶两侧各有1～3裂。花黄绿色，内部有显著的佛焰状橙黄色斑。

图4—28 鹅掌楸

原产美洲东北部。尚有鹅掌楸与该种之杂交种应用，生长快，耐寒性较强，北京能露地生长并开花。

3. 玉兰（彩图4-29）

学名：*Magnolia denudata* Desr.

科属：木兰科、木兰属

常用别名：白玉兰

形态及观赏特征：落叶乔木，高15～20m。树冠卵形或近球形。树皮淡灰褐色。单叶互生，长10～15cm，倒卵形或倒卵状长圆形，顶端突尖，基部楔形或阔楔形，背面有柔毛。花大，顶生，先叶开放，杯状，白色，芳香；花被片9，长圆状倒卵形，无萼片。聚合果圆柱形，淡褐色。花期3月。

原产地及习性：原产中国长江流域，现国内广泛栽培。喜光，稍耐阴；较耐寒。喜肥沃、排水良好而带微酸性的沙质土壤，在弱碱性的土壤上亦可生长；忌低湿，栽植地渍水易烂根。对有害气体的抗性较强。生长较慢。

繁殖方式：播种、压条或嫁接繁殖。

园林应用：栽培历史悠久，从6世纪始，即被种植于中国佛教寺庙的花园中。玉兰花朵硕大，洁白如玉，花形美丽，芳香宜人，是早春重要的观赏花木。宜列植堂前、点缀中庭，或丛植于草坪或常绿树丛之前，形成春光明媚的景象，或配植在纪念性的建筑前，有象征品格高尚的含义。

同属常见植物:

望春玉兰（*M. biondii* Pamp.）：又名望春花，高达 12m。叶卵状披针形，长 10 ～ 15cm。花瓣 6，白色，基部带紫红色，芳香；花萼 3，狭小。花期 3 月。

厚朴（*M. officinalis* Rehd. et Wils.）：高 15 ～ 20m。树皮紫褐色，小枝粗壮。叶常簇生于枝端，倒卵状椭圆形，长 30 ～ 45cm。花顶生，白色，有芳香；花被片 9 ～ 12 枚或更多。蓇葖果先端有鸟嘴状尖头。花期 4 ～ 5 月；果熟期 9 月下旬。

二乔玉兰（*M.* × *soulangeana* Soul-Bod.）：又名朱砂玉兰，是玉兰与紫玉兰的杂交种，高 6 ～ 10m。小枝无毛。叶倒卵形，花大呈钟状，紫色或红色，里面白色，有芳香；花被片 6 ～ 9 枚。蓇葖果黑色。花期 2 ～ 3 月。

4. 悬铃木（图 4-30）

学名：*Platanus* × *acerifolia* Willd.

科属：悬铃木科、悬铃木属

常用别名：二球悬铃木、英桐

形态及观赏特征：落叶乔木，高 30 ～ 35m。树冠阔钟形。树皮灰绿色，不规则片状剥落，剥落后呈粉绿色，光滑。枝条开展，小枝密生灰黄色绒毛。

图 4-30 悬铃木冬季姿态

单叶互生，叶片 3 ～ 5 掌状分裂，中裂长宽近等长，基部截形或近心脏形，边缘有不规则尖齿和波状齿。球形头状花序，通常 2 个一串，宿存花柱刺状。花期 5 月；果期 9 ～ 10 月。

原产地及习性：本种是法桐和美桐的杂交种。我国大连以南、主要在长江流域、华中及华南均有栽培。喜光；喜湿润温暖气候，较耐寒。适生于微酸性或中性、排水良好的土壤；耐干旱。根系分布较浅，台风时易受害而倒斜。抗空气污染能力较强，叶片具吸收有毒气体和滞积灰尘的作用。萌芽性强，耐修剪；生长迅速。

繁殖方式：播种或扦插繁殖。

园林应用：悬铃木树冠广阔，树干高大，枝叶茂盛，生长迅速，抗污染力强，易成活，宜作行道树及庭荫树，有"行道树之王"之称。

同属常见植物：

美桐（*P. occidentalis* L.）：又名一球悬铃木，在原产地高达 50m。叶 3 ～ 5 掌状浅裂，中裂宽大于长。果球常单生，宿存花柱极短。

法桐（*P. orientalis* L.）：又名三球悬铃木，在原产地高达 30m。叶阔卵形，5 ～ 7 掌状深裂。果球常 3 个或 6 个串生，宿存花柱刺尖。

5. 枫香

学名：*Liquidambar formosana* Hance

科属：金缕梅科、枫香属

常用别名：枫树、红枫

形态及观赏特征：落叶乔木，高可达 30m。树冠广卵形或略扁平，树干挺直。树皮灰褐色，方块状剥落。单叶互生，叶阔卵形，常为掌状 3 裂，萌蘖枝的叶常为 5 ～ 7 裂，基部心形，缘有锯齿，薄革质。花单性同株，无花瓣。蒴果，集成球形果序，下垂。花期 4 ～ 5 月；果期 10 月。

原产地及习性：产中国长江流域及其以南地区，黄河以南、西南、华南有栽培。喜光，幼树稍耐阴；喜温暖湿润气候。在湿润肥沃而深厚的壤土上生长良好；耐干旱瘠薄，不耐水涝。深根性，抗风力强。萌蘖性强，生长快。

繁殖方式：播种或扦插繁殖。

园林应用：枫香树高干直，树冠宽阔，气势雄伟，深秋叶色红艳，美丽壮观，是南方著名的秋色叶树种。在园林中常作庭荫树，可于草地孤植、丛植，或于山坡、池畔与其他常绿树木混植为风景林，秋季红绿相衬，格外美丽。

6. 杜仲（图 4-31）

学名：*Eucommia ulmoides* Oliv.

科属：杜仲科、杜仲属

图 4-31　杜仲

形态及观赏特征：落叶乔木，高达 20m。树冠圆球形。树皮灰褐色，粗糙。单叶互生，叶椭圆形或长圆状卵形，先端渐尖，基部圆形，边缘有锯齿，背面有柔毛。花单性异株，先于叶或与叶同时开放，无花被。小坚果有翅，长椭圆形，顶端 2 裂。枝、叶及果断裂后有弹性丝相连。花期 4 月；果期 9～10 月。

原产地及习性：原产中国中西部地区，长江中游各省、河南、陕西、甘肃等地均有栽培。喜光，不耐阴；喜温暖湿润气候，较耐寒。喜土层深厚、疏松肥沃的土壤。萌蘖力强；生长速度中等。

繁殖方式：播种、扦插或压条繁殖。

园林应用：树形整齐美观，树干端直，枝叶繁茂，可作庭园绿荫树或行道树。园林中于坡地水畔丛植，或于庭园中与其他树种混交栽植。树体各处可入药，是重要的药用树种。

7. 小叶朴

学名：*Celtis bungeana* Bl.

科属：榆科、朴树属

常用别名：黑弹树

形态及观赏特征：落叶乔木，高 10～20m。树冠倒广卵形至扁球形。树皮灰色，平滑。单叶互生，叶卵形或卵状椭圆形，长 3～8cm，先端渐尖，基部宽楔形至近圆形，基歪斜，缘中部以上具锯齿，厚纸质。花杂性同株。核果单生叶腋，近球形，直径 6～8mm，熟时紫黑色。花期 5～6 月；果期 9～10 月。

原产地及习性：原产中国，华北、西北、长江流域、西南等地有分布。喜光；极耐寒。对土壤适性广，在酸性、碱性、中性土壤上均表现出较好的生长势；耐干旱；抗有毒气体；生长慢，寿命长。

繁殖方式：播种繁殖。

园林应用：树冠浑圆，枝条密而强健，叶色墨绿，是园林中常用的庭荫树。适宜在居住区、庭院、街头绿地及公园等处应用，孤植、丛植或片植。

同属常见植物：

珊瑚朴（*C. julianae* Schneid）：树高达25m。小枝、叶背及叶柄均密被黄褐色毛。叶较宽大，卵形至倒卵状椭圆形，长6～14cm，背面网脉隆起，密被黄柔毛。核果大，直径10～17mm，单生叶腋，橙红色。

大叶朴（*C. koraiensis* Nakai）：树高达12m，叶较大，卵圆形，长8～15cm，先端圆形或截形，有尾状尖头。核果直径10～12mm，橙色，果柄较长或近等长。

朴树（*C. sinensis* Pers.）：树高达20m。叶卵形或卵状椭圆形，长2.5～10cm，基部不对称，中部以上有浅钝齿，表面有光泽，背面有疏毛。果直径5～7mm，黄色或橙红色，单生或2～3个并生，果柄与叶柄近等长。

8. 榆树（图4-32）

学名：*Ulmus pumila* L.

科属：榆科、榆属

常用别名：白榆、家榆

形态及观赏特征：落叶乔木，高达25m。树冠圆球形。树皮灰黑色，纵裂而粗糙。小枝灰色，常排列成2列状。单叶互生，叶椭圆状卵形，先端尖，基部稍歪，边缘具单锯齿。花先叶开放，紫褐色，簇生于一年生枝上。翅果近圆形或倒卵形，先端有缺裂。花期3～4月；果期4～5月。

原产地及习性：原产中国东北、华北、西北及华东等地区，华北及淮北平原地区栽培尤为普遍，为华北乡土树种之一。喜光；耐寒。对土壤要求不严，

图4-32 榆树

但以深厚肥沃、湿润、排水良好的沙壤土、轻壤土生长最好；耐干旱瘠薄，也耐盐碱。耐修剪，生长快。深根性，根系广，抗风。抗污染能力强，尤其对氟化氢及烟尘有较强的抗性。

繁殖方式：播种或扦插繁殖。

园林应用：榆树是良好的行道树、庭荫树、工厂绿化、营造防护林和城市绿化树种。

同属常见植物：

大果榆（*U. macrocarpa* Hance）：高 10 ~ 20m。枝常具木栓翅 2 条。叶倒卵形，质地粗厚，先端突尖，基部常歪心形，有锯齿。翅果大，全部具黄褐色长毛。花果期 4 ~ 5 月。

榔榆（*U. parvifolia* Jacq.）：高达 15m。树皮薄鳞片状剥落，呈较光滑的斑驳状，是美丽的观干树种。叶较小而厚，卵状椭圆形至倒卵形，基部歪斜，缘有单锯齿。翅果椭圆形或近卵状椭圆形。花果期 8 ~ 10 月。

9. 榉树

学名：*Zelkova schneideriana* Hand.–Mazz.

科属：榆科、榉属

常用别名：大叶榉

形态及观赏特征：落叶乔木，高 15 ~ 25m。树冠倒卵状伞形。树皮灰色或灰褐色。小枝有白柔毛。单叶互生，叶长椭圆状卵形或椭圆状披针形，边缘有近桃形整齐单锯齿，表面粗糙，背面密生柔毛，厚纸质。花单性同株。核果上部歪斜，几无柄。花期 4 月；果熟期 10 ~ 11 月。

原产地及习性：原产中国淮河及秦岭以南，长江中下游至华南、西南各省区有栽培。喜光；喜温暖环境。对土壤的适应性强，不耐干旱和贫瘠。深根性，侧根发达，抗风力强；生长慢，寿命长。

繁殖方式：播种或扦插繁殖。

园林应用：榉树树姿端庄，秋季叶色变成褐红色，是观赏秋色叶的优良树种。常孤植、丛植于各类绿地或作行道树；也可作树桩盆景观赏。

同属常见植物：

光叶榉（*Z. serrata* Mak.）：高达 30m。小枝无毛或疏生短柔毛。叶缘有尖锐单锯齿，表面较光滑，亮绿色，背面无毛或沿中脉有疏毛，质地较薄。核果淡绿色，有皱纹。

小叶榉（*Z. sinica* Schneid.）：又名大果榉，外形与榉树相似，高达 20m。小枝通常无毛。叶较小，边缘锯齿较钝，表面平滑，背面脉腋有簇毛。核果较大，无皱纹，顶端几乎不偏斜。

10. 构树

学名：*Broussonetia papyrifera* L. Her. ex Vent.

科属：桑科、构属

常用别名：楮实子、楮树

形态及观赏特征：落叶乔木，高达 16m。树冠圆形或倒卵形。树皮浅灰色，不易裂。小枝密生丝状刚毛。叶螺旋状排列，阔卵形，先端锐尖，基部圆形或近心形，边缘有粗齿，3～5 深裂（幼枝上的叶更为明显），两面有厚柔毛。花雌雄异株，雄花序柔荑状，雌花序球形头状。聚花果球形，成熟时橙红色，肉质。花期 5 月；果熟期 9 月。

原产地及习性：原产中国、朝鲜、日本及东南亚，我国各地常见分布。喜光，稍耐阴；能耐北方的干冷和南方的湿热气候。喜钙质土，也可在酸性、中性土上生长；耐干旱和瘠薄，也能生长在水边。萌蘖力强；根系较浅，但侧根分布很广。对烟尘及有毒气体抗性很强，少病虫害。生长迅速，适应性极强。

繁殖方式：播种、扦插、压条或嫁接繁殖。

园林应用：构树枝叶茂密，有抗性强、生长快、繁殖容易等许多优点，适合用作工矿区及荒山坡地绿化，亦可选作防护林及水边栽植之用。

11. 桑（图 4-33）

学名：*Morus alba* L.

科属：桑科、桑属

常用别名：桑树、家桑

形态及观赏特征：落叶乔木，高可达 15m。树冠倒广卵形。树体富含乳浆，树皮黄褐色。叶卵形至广卵形，先端尖，基部圆形或浅心脏形，边缘有粗锯齿，叶面无毛，有光泽，叶背脉上有疏毛。花单性异株。聚花果（桑葚）卵形或圆柱形，黑紫色或白色。花期 5 月；果熟期 6～7 月。

原产地及习性：原产中国中部，全国南北各地广泛栽培，尤以长江中下游各地为多。喜光，幼时稍耐阴；喜温暖湿润气候，耐寒。对土壤的适应性强，能耐瘠薄和轻碱性，但喜土层深厚、湿润、肥沃土壤；耐干旱，不畏积水。萌芽力强，耐修剪；根系发达，抗风力强。有较强的抗烟尘能力。

繁殖方式：播种、扦插、分根或嫁接繁殖。

园林应用：桑树树冠宽阔，树叶茂密，秋季叶色变黄，颇为

图 4-33 桑

美观。能抗烟尘及有毒气体，适于城乡及工矿区绿化；具有良好的适应性，为常用的绿化及经济树种。

常见枝条扭曲，状如游龙之'龙桑'（'Tortuosa'）及枝条细长下垂之'垂枝'桑（'Pendula'）等栽培变种。

同属常见植物：

鸡桑（*M. australis* Poir.）：落叶小乔木或灌木，高达 8m。叶卵圆形，先端急尖或渐尖，缘具粗锯齿，有时有裂，表面粗糙，背面脉上疏生短柔毛。聚花果椭球形，熟时红色或暗紫色。

华桑（*M. cathayana* Hemsl.）：落叶小乔木，高达 8m。叶卵形至广卵形，先端短尖或渐尖，基部心形或截形，边缘锯齿粗钝，不裂或有裂，表面粗糙，背面密生柔毛。聚花果圆柱形，稍压扁，表面光滑。

蒙桑（*M. mongolica* Schneid.）：落叶小乔木或灌木，高 5 ~ 8m。叶卵形或椭圆状卵形，常有不规则裂片，锯齿有刺芒状尖头，先端尾状尖，基部心形，两面无毛或稍有毛。聚花果圆柱形，成熟时红色至紫黑色。

12. 黄葛树

学名：*Ficus virens* Ait. var. *sublanceolata* Corner

科属：桑科、榕属

常用别名：黄桷树

形态及观赏特征：落叶乔木，高 15 ~ 25m。具气生根。单叶互生，卵状长椭圆形或近披针形，先端短渐尖，基部钝或圆形，全缘，纸质。隐花果近球形，成熟时黄色或红色。花、果期 4 ~ 7 月。

原产地及习性：原产南亚、东南亚及中国，国内分布于华南及西南地区。喜光；喜温暖湿润气候，不耐寒，对土壤要求不严。

繁殖方式：播种繁殖。

园林应用：树大荫浓，宜作庭荫树及行道树，在我国西南地区应用尤多。

同属其他植物：

无花果（*F. carica* L.）：落叶小乔木或灌木，高达 12m。叶广卵形，3 ~ 5 掌状裂，边缘波状或成粗齿，厚纸质。隐花果梨形，熟时紫黄色或黑紫色，可食。

13. 胡桃（图 4-34）

学名：*Juglans regia* L.

科属：胡桃科、胡桃属

常用别名：核桃

形态及观赏特征：落叶乔木，高达 20 ~ 25m。树冠广卵形至扁球形。树皮灰褐色，老时纵裂。小枝无毛，具光泽。奇数羽状复叶，互生，小叶 5 ~ 9 枚，

图 4-34　胡桃

椭圆状卵形至长椭圆形，全缘，背面沿侧脉腋内有1簇短柔毛。花单性，雌雄同株；雄柔荑花序下垂，雌花单生或 2 ~ 3 聚生于枝端，直立。果序短，下垂，有核果 1 ~ 3，近球形。花期 4 ~ 5 月；果期 9 ~ 10 月。

原产地及习性：原产欧洲东南部及亚洲西部，在我国华北、西北、西南及华中等地均有大量栽培。喜光；喜温暖湿润环境；较耐干冷，不耐湿热。适于排水良好、湿润肥沃的微酸性至弱碱性壤土或黏质壤土；抗旱性较弱，不耐盐碱。深根性，抗风性较强，不耐移植；肉质根，不耐水淹。

繁殖方式：种子或嫁接繁殖。

园林应用：汉时传入我国，栽培历史悠久。胡桃树形丰满，冠大荫浓，树干灰白洁净，可作庭荫树和行道树。可孤植、丛植于草地或庭园中，也可成片、成林种植作为风景林。另外，也是优良的经济树种和药用植物。

同属常见植物：

核桃楸（*J. mandshurica* Maxim.）：树高 20 ~ 25m。羽状复叶，小叶 9 ~ 17 枚，长椭圆形，缘有细齿，幼叶表面有柔毛及星状毛，后仅中脉有毛，背面有星状毛及柔毛。核果卵形，顶端尖，4 ~ 5 个成短总状排列。花期 5 月；果期 8 ~ 9 月。

14. 枫杨

学名：*Pterocarya stenoptera* C.DC.

科属：胡桃科、枫杨属

图 4-35　枫杨果

常用别名：麻柳

形态及观赏特征：落叶乔木，高达30m。树皮幼时浅灰色，平滑；老时则呈黑灰色，深纵裂。小枝有灰黄色皮孔；髓部薄片状。羽状复叶互生，小叶10～16枚，长椭圆形，表面有细小凸起，脉上有星状毛，小叶间的叶轴上有狭翅。雌雄同株，花单性。果序下垂，坚果两侧具翅。花期5月；果熟期7～9月（图4-35）。

原产地及习性：原产中国长江流域以南各地。喜光，稍耐阴；喜温暖、湿润环境，较耐寒。对土壤的要求不严；耐水湿。萌蘖力强；深根性，根系发达。对二氧化硫及氯气的抗性较弱。生长迅速，适应性强，寿命长。

繁殖方式：种子繁殖。

园林应用：枫杨树冠宽广，枝叶茂密，适应性强，可作为庭荫树及行道树，或作水边护岸固堤及防风林树种，也适合用作工厂绿化。

15．麻栎

学名：*Quercus acutissima* Carr.

科属：壳斗科、栎属

形态及观赏特征：落叶乔木，高达25m。树皮暗灰色，深纵裂。幼枝密生绒毛，后脱落。叶椭圆状披针形，长8～18cm，宽2～6cm，顶端渐尖或急尖，基部圆或阔楔形，边缘有锯齿，齿端成刺芒状。雄花序常数个集生于当年生枝下部叶腋。壳斗杯形，包围坚果1/2；苞片钻形或扁条形，向外反曲；坚果卵球形或长卵形，直径1.5～2cm。花期4月；果次年10月成熟。

原产地及习性：原产中国、日本、朝鲜，我国以黄河中下游和长江流域较多。喜光；喜湿润气候，耐寒。在湿润、肥沃、深厚和排水良好的中性至微酸性土壤上生长最好；耐干旱瘠薄。萌蘖力强；深根性，抗风能力强。

繁殖方式：播种繁殖。

园林应用：良好的绿化观赏树种，孤植、群植或与其他树混交成林。同时也是用材树种。

同属其他植物：

槲栎（*Q. aliena* Bl.）：高20～25m。小枝无毛。叶倒卵状椭圆形，长15～25cm，缘具波状圆齿，表面有光泽，背面灰绿色，有星状毛。坚果椭球形至卵形；总苞碗状。花期4～5月；果期9～10月。

　　槲树（*Q. dentata* Thunb.）：高达 25m。小枝粗壮。叶互生，倒卵形，基部耳形，叶缘每边有 4 ～ 9 个波状缺齿，下面密生星状毛。坚果圆卵形，壳斗外被红褐色、柔软、披针形的苞片。花期初夏；果期 9 ～ 10 月。

　　栓皮栎（*Q. variabilis* Bl.）：高达 25 ～ 30m。树皮有发达的木栓层。叶长椭圆形或长椭圆状披针形，锯齿端具刺芒状尖头，叶背被灰白色星状毛。

16. 白桦

学名：*Betula platyphylla* Suk.

科属：桦木科、桦木属

常用别名：桦树、桦木

形态及观赏特征：落叶乔木，高达 25m。树冠卵圆形。树皮白色，纸状分层剥离。小枝细，红褐色，无毛，外被白色蜡层。叶三角状卵形或菱状卵形，先端渐尖，基部广楔形，缘有不规则重锯齿，侧脉 5 ～ 8 对，背面疏生油腺点，无毛或脉腋有毛。花单性，雌雄同株，柔荑花序。果序单生，下垂，圆柱形；坚果小而扁，两侧具宽翅。花期 5 ～ 6 月；果期 8 ～ 10 月。

原产地及习性：原产中国、朝鲜、日本，我国东北、华北高山地区有分布。喜光；耐严寒，不耐高温。喜酸性土；耐干旱瘠薄。生长快。

繁殖方式：播种繁殖。

园林应用：白桦枝叶扶疏，姿态优美，秋叶金黄，尤其是树干修直，洁白雅致，十分引人注目。孤植、丛植于草坪、池畔、湖滨，或列植于道旁均颇美观。若在山地或丘陵坡地成片栽植，可构成美丽的风景林。

同属常见植物：

　　红桦（*B. albo-sinensis* Burk.）：高达 30m。树皮橙红色或红褐色。小枝紫褐色，无毛。叶卵形或椭圆状卵形，近中部最宽，基部圆形至心形，侧脉 8 ～ 14 对，背面脉腋无簇毛。果序直立，圆柱形，小坚果卵形，膜质果翅较果宽或近等宽。

17. 蒙椴

学名：*Tilia mongolica* Maxim.

科属：椴树科、椴树属

常用别名：小叶椴、白皮椴

形态及观赏特征：落叶乔木，高 10m。树皮红褐色，有不规则薄片状脱落。小枝光滑无毛。叶阔卵形或圆形，长 4 ～ 7cm，先端渐尖，常出现 3 裂，基部微心形或斜截形，边缘有粗锯齿，上面无毛，下面仅脉腋内有簇毛。聚伞花序，有花 6 ～ 12 朵；苞片窄长圆形，下半部与花序柄合生；萼片披针形，退化雄蕊花瓣状。果实倒卵形。花期 6 ～ 7 月。

原产地及习性：原产中国，内蒙古、河北、河南、山西及辽宁西部有分布。较耐阴；耐寒性较强。喜生于湿润阴坡，不耐干旱。深根性，不耐移植。抗污染能力强。生长速度中等。

繁殖方式：播种繁殖。

园林应用：蒙椴树姿优美，秋叶亮黄，适宜在公园绿地散植，或作园路树。

同属常见植物：

心叶椴（*T. cordata* Mill.）：高达 20 ~ 30m。叶近圆形，长 3 ~ 6cm，先端突尖，基部心形，缘有细尖锯齿，表面暗绿色，背面苍绿色，仅脉腋有棕色簇毛。花黄白色，芳香，无退化雄蕊；5 ~ 7 朵花成聚伞花序。果球形，有绒毛和疣状突起。花期 7 月。

糠椴（*T. mandshurica* Rupr. et Maxim）：高达 20m。叶广卵圆形，长 8 ~ 15cm，基部心形，缘有带尖头的粗齿，表面疏生星状毛，背面灰白色，密生星状毛，但脉腋无簇毛。聚伞花序具花 7 ~ 12 朵。坚果基部有 5 棱。花期 7 月。

南京椴（*T. miqueliana* Maxim.）：高 12 ~ 20m。叶卵圆形或三角状卵形，长 5 ~ 10cm，基部歪斜，锯齿有短尖头，背面密生灰白色星状毛，脉腋无簇毛。花序梗之苞片无柄或近无柄。坚果无纵棱。花期 7 月。

18. 梧桐（图 4-36）

学名：*Firmiana simplex* W.F.Wight

科属：梧桐科、梧桐属

常用别名：青桐、桐麻

形态及观赏特征：落叶乔木，高 15 ~ 20m。树干挺直，树冠卵圆形。树皮青绿色，平滑。叶心形，3 ~ 5 掌状分裂，裂片三角形，顶端渐尖，基部心形，全缘。花单性同株，无花瓣，萼片 5 深裂，淡黄绿色，向外反卷曲，外面密生黄色星状毛。蓇葖果膜质，有柄，成熟前开裂成舟状。种子形如豌豆，2 ~ 4 颗着生果瓣边缘，成熟时棕色，有皱纹。花期 7 月；果期 11 月。

原产地及习性：原产中国及日本，华北至华南、西南各省区有广泛栽培。喜光；喜温暖气候，不耐寒。适生于肥沃、湿润的沙质壤土。深根性；根肉质，不耐水淹。对多种有毒气体都有较强抗性。

(*a*)

(*b*)

图 4-36　梧桐
(*a*) 梧桐整株；(*b*) 梧桐果

繁殖方式：播种、扦插或分根繁殖。

园林应用：梧桐叶翠枝青，亭亭玉立，是优美的观姿、观干树种，在我国传统园林中应用历史悠久，民间有"家有梧桐树，招得金凤凰"之吉语，颇受群众喜欢。宜植于草坪、庭院及各类绿地中。对二氧化硫和氟化氢有较强的抗性，是工厂绿化的良好树种，也可作行道树。

图 4-37　木棉

19. 木棉（图 4-37）

学名：*Bombax malabaricum* DC.

科属：木棉科、木棉属

常用别名：红棉、英雄树、攀枝花

形态及观赏特征：落叶乔木，高达 40m。树干及枝条具圆锥形皮刺。掌状复叶互生，小叶 5～7 枚，卵状长椭圆形，全缘。花先叶开放，簇生枝端，红色。蒴果长椭圆形，木质，内有棉毛。花期 2～3 月；果期 6～7 月。

原产地及习性：原产于亚洲南部至大洋洲，云南、贵州、广西、广东等省区南部均有分布。喜光；喜温暖气候，不耐寒；较耐干旱，萌蘖性强，深根性；树皮厚，耐火烧；生长迅速。

繁殖方式：播种、分蘖或扦插繁殖。

园林应用：木棉树形高大，雄壮魁伟，枝干舒展，花红如血，硕大如杯，故亦名"英雄树"，是著名的观赏树种。华南各城市常栽作行道树、庭荫树及园景树。

20. 爪哇木棉

学名：*Ceiba pentandra* Gaertn.

科属：木棉科、吉贝属

常用别名：吉贝、美洲木棉

形态及观赏特征：落叶或半常绿乔木，原产地高可达 30m。干绿褐色，光滑无刺，有大而轮生的侧枝。掌状复叶互生，小叶 5～9 枚，长圆状披针形，长 5～16cm，全缘。花多数簇生于上部叶腋，淡红或黄白色，外面密被白色长柔毛。蒴果椭球形。花期 3～4 月；果熟期 5～6 月。

原产地及习性：原产热带美洲和东印度群岛，我国云南、广西、广东、海南等热带地区有栽培。喜光；喜暖热气候，耐热，不耐寒。对土壤要求不严；耐干旱瘠薄，忌排水不良。生长较快。

繁殖方式：多用种子繁殖，也可用扦插及嫁接法繁殖。

园林应用：树体高大，树形优美，是优良的观赏树种。孤植、列植、群植均能构成美丽的景观。

同属常见植物：

美人树（美丽异木棉 *C. Speciosa* Gibbs et Semir）：落叶乔木，高达 15m。树干绿色，有瘤状刺。秋季落叶后开花，粉红色或淡紫色。果长椭圆形。

21. 柽柳

学名：*Tamarix chinensis* Lour.

科属：柽柳科、柽柳属

常用别名：观音柳、红柳

形态及观赏特征：落叶小乔木或灌木，高 2.5 ~ 5m。小枝细长下垂，紫红色。叶片细小，呈鳞片状。春季圆锥状复总状花序侧生去年枝上，夏秋圆锥状复总状花序顶生当年枝上；花小，粉红色。蒴果 3 瓣裂。花期 5 ~ 7 月；果期 8 ~ 9 月。

原产地及习性：原产中国，生于山野湿润沙碱地及河岸冲积地，东北、西北、中南、西南等地区都有分布。喜光；耐寒。耐盐碱；耐旱，亦较耐水湿。萌蘖力强，极耐修剪；根系发达。

繁殖方式：扦插、播种或分株繁殖。

园林应用：柽柳枝条细柔，姿态婆娑，开花繁密，颇为美观。适于在水滨、池畔、桥头、河岸、堤坝种植，也是重要的盐碱地绿化树种。

22. 番木瓜

学名：*Carica papaya* L.

科属：番木瓜科、番木瓜属

常用别名：木瓜、万寿果

形态及观赏特征：落叶或半常绿小乔木，高 5m 以上。茎干通直，极少分枝，有乳汁。叶大，掌状 7 ~ 9 深裂，每裂片再羽状分裂，集生顶端。花单性，雌雄异株，黄白色，芳香；雄花排成下垂圆锥花序，雌花单生或数朵组成伞房花序。浆果椭圆形或近圆形，成熟时为橙黄色，果肉厚。花期 3 ~ 4 月；果期 9 ~ 10 月。

原产地及习性：原产美洲热带地区，现广泛分布于世界热带及亚热带地区，我国海南、广东、广西、福建、云南和台湾、四川以及江西有栽培。喜光；喜炎热气候，不耐寒。对土壤要求不严格；不耐干旱，忌水涝。根系浅，不抗风。生长迅速。

繁殖方式：播种繁殖。

园林应用：番木瓜是华南常见果树，又因其叶集生于干端，树形、叶形奇特，花果生于茎干，果大色艳，甚是异趣，故亦是园林常用之观赏树种，孤植或丛植，点缀庭院或角隅。

23．毛白杨（图 4-38）

学名：*Populus tomentosa* Carr.

科属：杨柳科、杨属

常用别名：大叶杨、响杨

形态及观赏特征：落叶乔木，高达 30m。树干通直，树冠卵圆形或卵形。树皮灰褐色，纵裂，成年树有明显散生菱形皮孔。嫩枝灰绿色，密被灰白色绒毛。叶三角状卵形，缘具缺刻或锯齿，背面密被白绒毛，后渐脱落。雌株大枝较为平展；雄株大枝则多斜生。花期 3 ～ 4 月；果期 4 ～ 5 月。

原产地及习性：原产中国。辽宁、内蒙古、长江流域以及黄河中下游有分布。喜光；喜温凉气候，较耐寒。喜深厚、肥沃、湿润的壤土或沙壤土，稍耐盐碱；根系较深，耐移植；抗污染。

图 4-38　毛白杨

繁殖方式：压条或分蘖繁殖。

园林应用：毛白杨树体高大挺拔，姿态雄伟，叶大荫浓，生长迅速，适应性强，是城乡及工矿区优良的绿化树种。常用作行道树、庭荫树或防护林。可孤植、丛植、群植于建筑周围、草坪、广场、水滨。由于雌株成熟后飞絮污染严重，城乡绿化宜选用雄株。

同属常见植物：

新疆杨（*P. bolleana* Lauche）：高达 30m。树冠峭立呈圆柱形。树皮灰绿色，平滑，老则灰白色。短枝叶近圆形，有粗锯齿，背面绿色，近无毛；长枝叶常掌状 3 ～ 5 裂，背面有白色绒毛。

加杨（*P. × canadensis* Moench）：高达 30m。树冠卵圆形。树皮灰褐色，粗糙，纵裂。小枝有棱。叶近正三角形，先端渐尖，有圆钝锯齿，两面无毛。

河北杨（*P. hopeiensis* Hu et Chow）：高达 30m。树冠阔圆形。树皮灰白色，光滑。叶卵圆形或近圆形，先端钝，缘具疏波齿或不规则缺裂，背面青白色，无毛。

'钻天'杨（*P. nigra* L. 'Italica'）：高达 30m。树冠圆柱形。树皮暗灰色，纵裂。叶菱形、菱状卵形或三角形，先端长渐尖，基部广楔形（彩图 4-39）。

小叶杨（*P. simonii* Carr.）：高达 20m。树冠广卵形。树皮灰褐色，老时变粗糙，纵裂。小枝光滑。叶菱状倒卵形或菱状卵圆形，基部楔形，先端短尖，缘有细钝齿，两面无毛。

24. 垂柳

学名：*Salix babylonica* L.

科属：杨柳科、柳属

常用别名：柳树

形态及观赏特征：落叶乔木，高达 18m。树冠倒广卵形。枝条细长下垂，淡黄褐色。叶互生，披针形或条状披针形，长 8 ~ 16cm，先端渐长尖，基部楔形，缘有细锯齿，雌花只具 1 腺体。花期 3 ~ 4 月；果熟期 4 ~ 5 月。

原产地及习性：原产中国，分布甚广，长江流域及其以南各省区平原地区均有分布，华北、东北也有栽培。喜光；喜温暖湿润气候，较耐寒。以潮湿深厚的酸性及中性土壤最为适宜；耐水湿，但亦能生于土层深厚的高燥地区。萌芽力强；根系发达。生长迅速。

繁殖方式：以扦插为主，也可用种子繁殖。

园林应用：枝条柔垂，姿态优美，为著名园林观赏树种。常栽于河岸、池边、草地。亦可作行道树和风景林。

同属常见植物：

旱柳（*S. matsudana* Koidz.）（图 4-40）：高达 20m。树冠圆卵形或倒卵形。树皮灰黑色，纵裂。枝条斜展，小枝淡黄色或绿色，枝顶微垂。叶互生，披针形至狭披针形，长 5 ~ 10cm，缘有细锯齿，叶背有白粉。雌花具腹背 2 腺体。花期 3 月；果期 4 ~ 5 月。其栽培变种有'馒头'柳（'Umbraculifera'）：分枝密而斜上，端稍整齐，形成半球形状若馒头之树冠。'绦'柳（旱垂柳）（'Pendula'）：枝条细长下垂，外形似垂柳；但小枝较短（图 4-41）。

图 4-40　旱柳　　　　　　　　　　图 4-41　'绦'柳

河柳（*S. chaenomeloides* Kimura）：小枝红褐色或褐色。叶较宽，长椭圆形至长圆状披针形，长 4 ~ 10cm，缘有具腺体的内曲细尖齿，托叶大，半心形，叶柄端有腺体，嫩叶常发红紫色。雄蕊 3 ~ 5 个。

25. 柿树

学名：*Diospyros kaki* Thunb.

科属：柿树科、柿属

常用别名：朱果、猴枣

形态及观赏特征：落叶乔木，高达 15m。树冠呈自然半圆形。树皮暗褐色，方块状开裂。叶椭圆状卵形至长圆形或倒卵形，先端渐尖，基部楔形或近圆形，表面深绿色，有光泽，叶质肥厚，近革质。雌雄异株或杂性同株。浆果扁球形，橘红色或橙黄色，有光泽。花期 6 月；果熟期 9 ~ 10 月。可食。

原产地及习性：原产我国长江和黄河流域。现在全国各地广为栽培，山西、陕西、河南等地尤多。喜光；耐寒；不择土壤，耐干旱瘠薄，稍耐湿；深根性，根系强大；抗污染性强。适应性强，寿命长。

繁殖方式：嫁接繁殖。

园林应用：柿树树形优美，叶大，呈浓绿色而有光泽，秋季叶红，果实累累且不容易脱落，是观叶观果俱佳的观赏树。适于公园、庭院中孤植或成片种植或风景区绿化配置。

同属常见植物：

君迁子（*D. lotus* L.）：又名黑枣，高达 20m。树皮灰色，呈方块状深裂。幼枝被灰色毛。叶长椭圆形或长椭圆状卵形，先端渐尖，基部楔形或近圆形，表面光滑，背面灰绿色。花单性异株，花萼宿存。果球形或圆卵形，熟时蓝黑色，外被白粉。花期 4 ~ 5 月；果熟期 10 ~ 11 月。

油柿（*D. oleifera* Cheng）：高 5 ~ 10m。树皮灰褐色斑驳状，薄片状剥落后内皮白色，光滑。幼枝密生绒毛。叶椭圆形至卵状椭圆形，两面被柔毛，背面尤密。浆果扁球形或卵圆形，熟时有黏液渗出。花期 9 月；果熟期 10 ~ 11 月。是优良的观干树种。

26. 山楂（彩图 4-42）

学名：*Crataegus pinnatifida* Bunge

科属：蔷薇科、山楂属

常用别名：山里红、红果

形态及观赏特征：落叶小乔木，高 6m。小枝暗红色，常有枝刺。单叶互生，宽卵形，羽状 5 ~ 9 裂至中部，边缘具重锯齿。顶生伞房花序，花白色。

梨果近球形或梨形，红色。花期 5 ～ 6 月；果 10 月成熟。

原产地及习性：原产中国、朝鲜、俄罗斯等，主要分布于东北、华北地区。喜光，稍耐阴；耐寒。在排水良好、湿润的微酸性沙质壤土上生长最好；耐干旱贫瘠。萌蘖性强，根系发达。

繁殖方式：播种、扦插或压条繁殖。

园林应用：山楂树冠整齐，花繁叶茂，果实鲜红可爱，是观花、观果兼备的园林绿化优良树种。可作庭园绿化及观赏树种。变种山里红，var. *major* N. E. Br. 果大，径达 2.5cm。

27. 海棠花

学名：*Malus spectabilis* Borkh.

科属：蔷薇科、苹果属

常用别名：海棠

形态及观赏特征：落叶小乔木，高可达 10m。树皮灰褐色，光滑。小枝红褐色。单叶互生，椭圆形至长椭圆形，先端略为渐尖，基部楔形，边缘有平钝齿，表面深绿色而有光泽，背面灰绿色并有短柔毛。伞房花序，花 5 ～ 7 朵簇生，未开时红色，开后渐变为粉红色至近白色。梨果球形，黄绿色。花期 4 ～ 5 月；果期 8 ～ 9 月。

原产地及习性：原产中国，河北、陕西、浙江、云南及四川等省有栽培。喜光；耐寒；喜深厚、肥沃及疏松土壤，适沙滩地栽培；耐干旱，不耐水涝。

繁殖方式：嫁接、扦插或播种繁殖。

园林应用：海棠花树形优美，花朵繁密，是北方著名的观花树种，可孤植、对植、丛植、群植于庭园绿地中，也可在街道、厂矿中栽植。因海棠属植物种及品种繁多，观赏性强，园林中常设海棠专类园。

常见栽培变种有：**'重瓣粉'海棠**（'Riversii'）：花较大，重瓣，粉红色。**'重瓣白'海棠**（'Albiplena'）：花白色，重瓣。

同属常见植物：

垂丝海棠（*M. halliana* Koehne）：高达 5m；枝开展，幼时紫色。叶卵形或狭卵形，基部楔形或近圆形，边缘锯齿细钝，叶质较厚硬。花鲜玫瑰红色，萼片深紫色，花梗细长下垂，4 ～ 7 朵簇生小枝端。果倒卵形，紫色。花期 3 ～ 4 月；果期 9 ～ 10 月。

湖北海棠（*M. hupehensis* Rehd.）：高达 8 ～ 12m。小枝紫色，幼时有毛。叶卵状椭圆形，先端尖，基部常圆形，边缘锯齿细尖。着花茂密，花蕾初开时粉红色，开放后变成粉白色，有香气；萼片紫色，三角状卵形。果球形，黄绿色稍带红晕。花期 4 ～ 5 月；果期 9 ～ 10 月。

西府海棠（*M.* × *micromalus* Mak.）：又名小果海棠，高达 5m。树形峭立。

小枝紫褐色或暗褐色，幼时有短柔毛。叶较狭长。花淡红色。果红色。花期4月；果期8～9月。

　　海棠果（*M. prunifolia* Borkh.）：果大，径2～2.5cm。红色，偶有黄色。较耐水湿。

28. 杏

学名：*Prunus armeniaca* L.

科属：蔷薇科、李属

常用别名：杏子

形态及观赏特征：落叶乔木，高达10m。小枝褐色或红褐色。叶卵圆形或卵状椭圆形，先端短锐尖，基部圆形或近心形，缘具钝锯齿；叶柄常带红色并有2个腺体。花单生，萼瓣5，先叶开放，白色或稍带红晕，花开后花萼反曲，近无梗。核果球形或近卵形，具纵沟和柔毛，淡黄色至黄红色。花期3～5月；果熟期6～7月。

原产地及习性：原产中国，除南部沿海及台湾省外，大多数省区皆有，东北南部、华北、西北等黄河流域各省多栽培。喜光；耐寒；喜排水良好的疏松土壤；耐旱，耐盐碱，但不耐涝。深根性；寿命长。

繁殖方式：播种或嫁接繁殖。

园林应用：杏自古以来就是我国著名的观赏树木，其花色又红又白，胭脂万点，花繁姿娇，占尽春风。可配植于庭前、墙隅、道路旁、水边，或群植或片植于山坡、水畔，亦可用于荒山造林。

同属常见植物：

　　山杏（*P. sibirica* L.）：高3～5m。叶较小，卵圆形或近扁圆形，先端尾尖，基部圆形或近心形，边缘锯齿圆钝。花单生，白色或粉红色，近无梗。果扁球形，小而肉薄，密被短茸毛，成熟后开裂。花期3～4月。栽培变种：**'辽梅'山杏**（'Pleniflora'）：花大而重瓣，形似梅花。

29. 梅（彩图4-43）

学名：*Prunus mume* Sieb. et Zucc.

科属：蔷薇科、李属

常用别名：梅花

形态及观赏特征：落叶小乔木，高可达10m。小枝绿色，无毛。叶宽卵形或卵形，顶端长渐尖，基部宽楔形或近圆形，边缘有细密锯齿，背面色较浅。花单生或2朵簇生，先叶开放，白色或淡红色，芳香，花梗短或几乎没有；萼筒钟状，常带紫红色，萼片花后常不反折。核果近球形，核面有凹点甚多。花期2～3月；果期5～6月。

原产地及习性：原产中国西南地区及台湾等地，长江流域及南部各省常见栽培。喜光；喜温暖及通风良好的环境，较耐寒；对土壤要求不严，但喜湿润而富含腐殖质的沙质壤土；忌涝，较耐旱。寿命长。

繁殖方式：播种、嫁接或扦插繁殖。

园林应用：梅是我国著名的观赏花木，栽培历史非常悠久，因其冬春开花，与松、竹一起被誉为"岁寒三友"。可孤植、丛植、群植在各类绿地，也可屋前、坡地、石际、路边自然配植。可布置成梅岭、梅峰、梅园、梅溪、梅径、梅坞、梅林等，亦可作盆景和切花。

常见栽培类型：按种型分有真梅种系、杏梅种系和樱李梅种系。其下按枝姿等又分为直枝梅类、垂枝梅类、龙游梅类、杏梅类及樱李梅类。类下又有多种花型，常见的如宫粉型、绿萼型、玉蝶型、朱砂型等。

30. 桃

学名：*Prunus persica* Batsh

科属：蔷薇科、李属

形态及观赏特征：落叶小乔木，高可达 8m。树冠开展。干灰褐色；小枝红褐色或褐绿色。单叶互生，披针形或长椭圆形，中部宽，两端渐尖，缘有细锯齿。花单生，无花梗，通常粉红色。核果卵球形，肉厚而多汁，表面有短柔毛。花期 3～4 月；果实 6～9 月成熟。

原产地及习性：原产中国中部和北部地区，华北、华中、西南等地区普遍栽培。喜光；喜夏季高温的暖温带气候。喜肥沃、排水良好的土壤；不耐积水，不耐碱。根系浅，生长迅速。寿命较短。

繁殖方式：播种、嫁接或扦插繁殖。

园林应用：桃树形开展，花期尤早，花繁色艳，我国古老的观赏花木和果树，常与垂柳相间，种植于湖边、溪畔、河旁，花时桃红柳绿，春意盎然。庭园、草地孤植、散植、群植效果亦佳。园林中常建有桃花专类园。

常见栽培变种有：**'白花'桃**（'Alba'）：花白色，单瓣。**'粉花'桃**（'Rosea'）：花粉红色，单瓣。**'红花'桃**（'Rubra'）：花红色，单瓣。**'白碧'桃**（'Albo-plena'）：花白色，重瓣，花大而密。**'碧'桃**（'Duplex'）：花粉红色，重瓣或半重瓣，花较小。**'红碧'桃**（'Rubra-plena'）：花红色，近于重瓣（彩图 4-44）。**'绛'桃**（'Camelliaeflora'）：花深红色，半重瓣，花大而密。**'紫叶'桃**（'Atropurpurea'）：嫩叶紫红色，后渐变为近绿色；花粉红或大红色，单瓣或重瓣。**'垂枝'桃**（'Pendula'）：枝条下垂；花有白、粉红、红、粉白二色等，多近于重瓣。**菊花桃**（'Stellata'）：花瓣细而多，形似菊花。**寿星桃**（'Densa'）：植株低矮，枝条节间矮密，花芽密集。

同属常见植物：

山桃（*P. davidiana* Franch.）（彩图 4-45）：高达
10m。树皮光滑，古铜色或暗紫红色，有光泽。叶片
椭圆状披针形，近基部最宽，边缘有细锯齿。花单生，
花瓣倒卵形或近圆形，淡粉红色或白色，花梗极短。
果实球形，密被短柔毛。花期 3～4 月；果期 8 月。
常见栽培品种有'**白花山碧**'桃（'Albo-plena'），
是桃花和山桃的天然杂交种，树体较大而开展，花
白色，重瓣。

(a)

31. 李

学名：*Prunus salicina* Lindl.

科属：蔷薇科、李属

形态及观赏特征：落叶小乔木，高 6m。干皮深
褐色。小枝褐色，通常无毛。叶倒卵形或椭圆状倒
卵形，边缘有细密、浅圆钝重锯齿。花先于叶开放，
常 3 朵簇生，白色，具长柄。核果卵球形，先端常尖，
基部凹陷，具 1 纵沟。花期 3～4 月；果期 7～8 月。

原产地及习性：原产中国。东北南部、华北、
华东、华中均有分布。喜光，也能耐半阴；耐寒。
喜肥沃、湿润之壤土；不耐干旱瘠薄，忌积水。

繁殖方式：嫁接或分株繁殖。

(b)

图 4-46 紫叶李
(a) 紫叶李整株；(b) 紫叶李花

园林应用：李与桃、杏、梅一样，是我国古老
的观赏花木和果树。李花色洁白素雅，犹如满树香雪，
深受人们的喜爱。可作庭园观赏植物及园林绿化树种。宜孤植、丛植或群植，
亦可用于风景林。

同属常见植物：

紫叶李（*P. cerasifera* 'Atropurpurea'）：高达 4m。小枝无毛。叶卵形或卵
状椭圆形，紫红色（图 4-46）。花较小，叶前开花或与叶同放，淡粉红色，通
常单生。果小，暗红色。

32. 樱花

学名：*Prunus serrulata* Lindl.

科属：蔷薇科、李属

常用别名：山樱花、山樱桃

形态及观赏特征：落叶乔木，高 15～25m。树皮紫褐色，平滑有光泽，

有横纹。叶互生，椭圆形或倒卵状椭圆形，先端尖而有腺体，边缘有芒齿。花白色、红色，花瓣先端有缺刻，常 3 ～ 5 朵排成短伞房状总状花序。核果球形，初呈红色，后变紫褐色。花期 3 月；果期 7 月。

原产地及习性：原产我国长江流域和日本。喜光；耐寒。喜肥沃、深厚而排水良好的微酸性土壤，不耐盐碱。喜空气湿度大的环境。根系较浅，忌积水与低湿。对烟尘和有害气体的抵抗力较差。

繁殖方式：嫁接繁殖。

园林应用：樱花树形洒脱飘逸，花繁而密，是早春重要的园林观花树种，宜孤植或丛植于庭园或草地，也可作园路树。国内外常有樱花专类园设置，或在樱花开时举行樱花节等花事活动。

同属常见植物：

日本晚樱（*P. lannesiana* Carr.）：高达 10m。树皮浅灰色。小枝粗壮而开展，无毛。叶常倒卵形，叶端渐尖成长尾状，叶缘重锯齿具长芒。花形大而芳香，单瓣或重瓣，常下垂，粉红色或白色，花总梗短，有时无总梗。果卵形，熟时黑色，有光泽。花期 4 月。

大山樱（*P. sargentii* Rehd.）（图 4-47）：高达 15 ～ 25m。树皮光滑，栗褐色。小枝粗而无毛。叶互生，椭圆状倒卵形，缘具不规则尖锐锯齿。花红色，无芳香，成伞形花序；花总梗极短而近于无梗。果球形，7 月成熟，紫黑色。花期 3 ～ 4 月。

日本早樱（*P. subhirtella* Miq.）：高达 5m。树皮灰色。小枝褐色，幼时有短柔毛。叶卵状披针形到披针形，叶端成短尾状尖头，叶基楔形，叶缘有不规则尖锐细密重锯齿。花粉红色，花瓣圆形，先端凹。果紫黑色。花期 3 月。

东京樱花（*P. × yedoensis* Matsum）：高达 15m。树皮暗灰色。叶椭圆状卵形或倒卵状椭圆形，背脉及叶柄具毛，叶缘具尖锐重锯齿。花单瓣，有香气，白色，淡粉红色，花瓣先端凹。果黑色。花期 3 ～ 4 月。

图 4-47　大山樱

33. 金合欢

学名：*Acacia farnesiana* Willd.

科属：含羞草科、金合欢属

形态及观赏特征：落叶小乔木或灌木，高达 9m。小枝常呈之字形，托叶针刺状。二回羽状复叶，羽片 4 ~ 8 对，每羽片具小叶 10 ~ 20 对，小叶线状长椭圆形。花小，金黄色，偶为白色，常多个簇生成绒球形头状花序。荚果近圆柱形。花期 3 ~ 6 月。

原产地及习性：原产热带美洲，我国华南有栽培。喜光；喜温暖湿润气候。对土壤要求不严，但以肥沃疏松的壤土为宜。

繁殖方式：播种繁殖。

园林应用：金合欢为澳大利亚国花，其花芳香而美丽，是园林绿化、美化的优良树种。

34. 合欢（图 4-48）

学名：*Albizia julibrissin* Durazz.

科属：含羞草科、合欢属

常用别名：绒花树、夜合花

形态及观赏特征：落叶乔木，高 10 ~ 16m。树冠常呈伞状。树皮褐灰色，主枝较低。二回偶数羽状复叶，羽片 4 ~ 12 对，每羽片具小叶 10 ~ 30 对，小叶镰刀状长圆形，中脉明显偏于一边。花序头状，花瓣及花萼黄绿色；雄蕊多数，如绒缨状，花丝基部愈合，上部粉红色。荚果扁条形。花期 6 ~ 7 月；果期 9 ~ 10 月。

原产地及习性：原产亚洲中部、东部及非洲。我国华东、华南、西南以及

(b)

(a)

图 4-48　合欢
(a) 合欢整株；(b) 合欢花

辽宁、河北、陕西、甘肃、河南等地均有分布。喜光，树皮忌曝晒；较耐寒；对土壤要求不严；耐干旱瘠薄，不耐水涝。

繁殖方式：播种繁殖。

园林应用：合欢树形优美，叶形雅致，在夏季少花季节，粉色绒花满树，能形成轻柔舒畅的气氛。宜作庭荫树、行道树，种植于林缘、房前、草坪、山坡等地。对有毒气体抗性强，可作工厂绿化树种。

35. 黄槐（彩图 4-49）

学名：*Cassia surattensis* Burm.f.

科属：苏木科、决明属

常用别名：金凤树

形态及观赏特征：落叶小乔木或灌木，高 5 ~ 7m。偶数羽状复叶，小叶 5 ~ 10 对，卵形或长椭圆形，在叶轴的最下部 2 或 3 对小叶间有棒状腺体。总状花序生枝条上部叶腋，有花 10 ~ 15 朵，花瓣鲜黄色或深黄色，倒卵形，近等大。荚果扁平，条形。几乎全年开花，但集中在 3 ~ 12 月。

原产地及习性：原产印度、斯里兰卡、印度尼西亚等地，我国华南、西南部分地区及台湾等区有栽培。喜光，耐半阴；喜温暖湿润，稍耐寒；喜肥沃疏松的壤土；耐旱，忌积水。耐修剪。耐烟尘。

繁殖方式：播种或扦插繁殖。

园林应用：黄槐树姿优美，生长迅速，花期长，花繁茂而美丽，花果几乎常年不断，为优秀庭园观赏树。常植于路边、山坡、庭院等处，宛若金花绿伞，极为美观。耐修剪，也可作垂直绿化的材料，或成灌木状栽培。

36. 凤凰木（彩图 4-50）

学名：*Delonix regia* Raf.

科属：苏木科、凤凰木属

常用别名：凤凰树、火凤凰、火树

形态及观赏特征：落叶乔木，高达 20m。树形为广阔伞形，分枝多而开展。树皮粗糙，灰褐色。小枝常被短绒毛并有明显的皮孔。二回偶数羽状复叶互生，有羽片 15 ~ 20 对，每羽片有小叶 20 ~ 40 对；小叶密生，细小，长椭圆形，顶端钝圆，基部歪斜，全缘，薄纸质。总状花序伞房状，顶生或腋生。花大，花瓣 5，鲜红色，有长爪。荚果扁平，带状或微弯曲呈镰刀形，下垂。花期 5 ~ 8 月。

原产地及习性：原产非洲马达加斯加，我国华南、西南及东南各省有栽培。喜光；喜高温多湿，不耐寒；以深厚肥沃、富含有机质的沙质壤土为宜；较耐干旱瘠薄，怕积水。浅根性，但根系发达，抗风能力强。抗空气污染。

萌发力强，生长迅速。

繁殖方式：播种繁殖。

园林应用：凤凰树树冠高大，花期花红叶绿，满树如火，富丽堂皇，是著名的热带观赏树种。常用作行道树或遮荫树。

37. 刺桐

学名：*Erythrina variegate* L.

科属：蝶形花科、刺桐属

常用别名：象牙红

形态及观赏特征：落叶乔木，高 10 ~ 20m。树皮灰色，具圆锥形皮刺。小枝粗壮。三出复叶互生，小叶卵状三角形，先端渐钝尖，基部楔形或广楔形。顶生总状花序，花叶前开放，蝶形，红色；花萼佛焰苞状，暗红色。花期 2 ~ 3 月；果期 9 月。

原产地及习性：原产印度、马来西亚、印度尼西亚、柬埔寨等地，我国华南地区及四川栽培较广。喜光；不耐寒；宜湿润和排水良好的土壤，忌潮湿的黏质土壤。

繁殖方式：播种或扦插繁殖。

园林应用：刺桐花色鲜红，花形奇异，是南方重要的观花树种。适合单植于草地或建筑物旁，可供公园、绿地及风景区美化，又是公路及街道的优良行道树。

同属常见植物：

龙牙花（*E. corallodendron* L.）：落叶小乔木（图 4-51），高达 7m。三出复叶，顶生小叶菱形或菱状卵形。总状花序腋生，花冠深红色，盛开时为直筒状，花萼钟形。花期 6 ~ 7 月。

鸡冠刺桐（*E. crista-galli* L.）：落叶小乔木或灌木，高 2 ~ 5m。枝条、叶

(a)　　　　　　　　　　　　　　　　(b)

图 4-51　龙牙花
(a) 龙牙花整株；
(b) 龙牙花的花

柄、叶脉上均有刺。三出复叶，小叶卵形至卵状长椭圆形。松散总状花序簇生枝梢，花红色，萼筒端 2 裂。花期 6 ~ 7 月。

38. 印度紫檀

学名：*Pterocarpus indicus* Willd.

科属：蝶形花科、紫檀属

常用别名：羽叶檀

形态及观赏特征：落叶大乔木，高 20 ~ 25m。冠宽大。树皮黑褐色，树干通直而平滑。奇数羽状复叶互生；小叶 7 ~ 12 枚，卵形，先端锐尖，基部钝形，全缘，革质。腋生总状花序或圆锥花序，花金黄色，蝶形，有香味。荚果扁圆形，周围有宽翅。花期 4 ~ 5 月。

原产地及习性：原产亚洲热带。喜高温多湿，日照充足。

繁殖方式：以枝插或高压法为主进行繁殖。

园林应用：树性强健，生长迅速，冠大荫浓，为热带和亚热带地区常用的园景树和行道树。

39. 刺槐（图 4-52）

学名：*Robinia pseudoacacia* L.

科属：蝶形花科、刺槐属

常用别名：洋槐

图 4-52 刺槐

形态及观赏特征：落叶乔木，高达 25m。树冠椭圆状倒卵形。树皮灰褐色，深纵裂。枝具托叶刺。奇数羽状复叶互生，小叶椭圆形。花白色，芳香，总状花序腋生，下垂。荚果扁平，条状。花期 5 月；果期 10 ~ 11 月。

原产地及习性：原产美国中部和东部，目前已遍布我国各地。喜光；耐寒；对土壤适应性强；耐干旱瘠薄。根系浅，易风倒。抗烟尘力强。速生，寿命短。

繁殖方式：播种或扦插繁殖。

园林应用：刺槐树冠宽阔、枝叶浓郁。可作庭荫树、行道树，也可栽植成林作防护林，但不宜种植于强风口处。

其常见栽培变种有：'红花'刺槐（'Decaisneana'）：高达 25m。花亮玫瑰红色。'香花'槐（'Idaho'）：高 10 ~ 15m，树干褐至灰褐色。花多而密，紫红至粉红色，有浓郁芳香。

同属其他植物：

毛刺槐（*R. hispida* L.）：高达 20 m。枝及花梗密被红色刺毛。羽状复叶，小叶近圆或长圆形，长 2 ～ 5cm，先端钝而有小尖头。总状花序，具花 3 ～ 7 朵，花玫瑰红或淡紫色，花期 6 ～ 7 月。

40. 槐树（彩图 4-53）

学名： *Sophora japonica* L.

科属： 蝶形花科、槐属

常用别名： 国槐

形态及观赏特征： 落叶乔木，高达 20m。树冠圆球形。树皮灰黑色，浅纵裂。小枝绿色，光滑，有明显黄褐色皮孔。奇数羽状复叶互生，小叶对生，椭圆形或卵形，全缘。花浅黄色，圆锥花序顶生。荚果成念珠状。花期 6 ～ 8 月；果期 10 月。

原产地及习性： 原产中国北部，自东北南部至云南各省均有栽植，华北平原及黄土高原地区最为普遍。喜光，不耐阴；耐寒；喜肥沃深厚、排水良好的沙质壤土；抗干旱瘠薄，耐轻盐碱土。深根性，根系发达，萌蘖力强。寿命长。耐烟尘，对二氧化硫、氯化氢有较强的抗性。

繁殖方式： 播种或嫁接繁殖。

园林应用： 槐树树冠广阔，枝叶茂密，花朵繁稠，寿命长而又耐城市环境，因而是良好的庭荫树和行道树。由于耐烟毒能力强，又是厂矿区的良好绿化树种。

常见栽培变种有'**龙爪**'槐（'Pendula'）：枝条扭转下垂，树冠伞形，亭亭如华盖，我国各地园林极常见应用，宜对植、列植或丛植于庭院、园路或草坪上。'**蝴蝶槐**'（'Oligophylla'，又称畸叶槐），小叶常簇集在一起，大小形状均不整齐，北京、河北、河南时有应用。'**金枝**'槐（'Chrysoclada'）小枝金黄色、'**金叶**'槐（'Chrysophylla'）嫩叶黄色。

41. 紫薇（彩图 4-54）

学名： *Lagerstroemia indica* L.

科属： 千屈菜科、紫薇属

常用别名： 百日红、痒痒树、满堂红

形态及观赏特征： 落叶小乔木或灌木，高 3 ～ 8m。树皮呈长薄皮状剥落，剥落后树干平滑细腻。小枝略呈四棱形。单叶对生或近对生，椭圆形至长椭圆形，先端尖或钝，基部广楔形或圆形，全缘。花紫红色，圆锥花序着生于当年生枝。蒴果椭圆状球形。花期 6 ～ 10 月；果熟期 11 月。

原产地及习性： 原产亚洲南部及澳洲北部，中国华东、华中、华南及西南

均有分布，华北园林中也有应用。喜光，稍耐阴；喜温暖、湿润环境，有一定的耐寒力。喜碱性肥沃的土壤；不耐涝。萌蘖力强。

繁殖方式：播种繁殖，扦插繁殖。

园林应用：紫薇在炎夏少花之季开放，花期长，故称"百日红"，是形、干、花皆美而具很高观赏价值的树种。可栽植于建筑物前、庭院内、道路、草坪边缘等处，也是盆景和制作桩景的好材料。

有各种花色及花形之栽培变种，如白色花的 **'银薇'**（'Alba'）、红色花的 **'红薇'**（'Rubra'）、蓝紫色的 **'翠薇'**（'Purpurea'）、**二色**（'Versilolor'）、**粉薇**（'Rosea'）、**矮生**（'Nana'）及**匍匐**（'Prostrata'）等品种。

同属常见植物：

大花紫薇（*L. speciosa* Pers.）：高 16 ~ 20m。叶较大，椭圆形至卵状长椭圆形。花大，成大型顶生总状花序，初开时淡红色，后变紫色。蒴果球形。原产澳大利亚，我国华南园林中常有应用。

42. 石榴（图 4-55）

学名：*Punica granatum* L.

科属：石榴科、石榴属

常用别名：安石榴、若榴

形态及观赏特征：落叶灌木或小乔木，高 5 ~ 7m。树皮粗糙，上有瘤状突起。具刺状枝。单叶在长枝上对生或在短枝上簇生；叶长椭圆状倒披针形，全缘。花红色，单生枝端，花萼钟形，紫红色。浆果球形，古铜黄色或古铜红色。花期 5 ~ 7 月；果期 9 ~ 10 月。

图 4-55　石榴

原产地及习性：石榴原产伊朗、阿富汗等中亚地区。现在我国各地普遍栽培。喜光，不耐阴；喜温暖，有一定的耐寒能力。对土壤的要求不高；忌水涝。对二氧化硫和氯气的抗性较强。

繁殖方式：播种或分株繁殖。

园林应用：石榴春天新叶嫩红，秋叶金黄，夏天红花似火，鲜艳夺目，入秋丰硕的果实挂满枝头，在我国民间有"多籽（子）多福"之吉语，颇受群众喜爱。是叶、花、果均可观赏的庭园树，宜在庭前、亭旁、墙隅等处种植。盆栽石榴可供室内观赏。

43. 榄仁

学名：*Terminalia catappa* L.

科属：使君子科、诃子属

形态及观赏特征：落叶或半常绿乔木，高达 20m。叶互生，常集生枝端，倒卵形，花 15 ～ 30cm，基部渐狭成耳形或圆形，全缘。花杂性、无花瓣，穗状花序腋生，春季开花。核果椭圆形，具二纵棱，绿色至红色。

原产地及习性：原产亚洲热带至澳大利亚北部，华南大量栽培，优良的热带海滩树种，深根性，抗风力强，落叶前叶色变红。

繁殖方式：播种。

园林应用：常作行道树、庭荫树、园景树。

同属常见植物：

小叶榄仁（*T. mantaly* H. Perrier）：高达 15m，侧枝近轮生，层次明显，叶小，长 3 ～ 4cm，倒披针形。

44. 珙桐

学名：*Davidia involucrate* Baill

科属：蓝果树科、珙桐属

常用别名：鸽子树

形态及观赏特征：落叶乔木，高 15 ～ 25m。单叶互生，阔卵形或近于圆形，先端凸尖，基部心形，边缘有粗锯齿，纸质。花杂性，着生于嫩枝顶端，基部具大形花瓣状的苞片 2 枚，白色，状似白鸽。核果椭球形。花期 4 ～ 5 月；果期 10 月。

原产地及习性：孑遗植物，也是中国特产植物。分布于我国西南部深山中。喜温凉湿润气候，不耐寒；喜肥沃土壤。

繁殖方式：播种、扦插或压条繁殖。

园林应用：珙桐枝叶繁茂，花盛时白色的苞片似满树白鸽，故又名"鸽子树"。是世界著名的珍贵观赏树，宜植于池畔、溪旁以及安静休息区。

45. 喜树

学名：*Camptotheca acuminata* Decne.

科属：蓝果树科、喜树属

形态及观赏特征：落叶乔木，高达 20m 以上。树干通直，树皮灰色至浅灰色。叶互生，卵状椭圆形或长圆形，长 10～26cm，纸质。头状花序近球形，花杂性同株；花瓣 5 枚，淡绿色，早落。翅果长圆形，长 2～2.5cm，两侧具窄翅，集生于近球形的果序上。花期 7 月，果 11 月成熟。

原产地及习性：喜树为我国特有种。分布于长江以南海拔 1000m 以下的林边及溪边。喜温暖湿润，不耐寒及干旱；喜光；较耐水湿；深根性，深厚肥沃的酸性至微碱性土壤上均能生长。

园林应用：喜树高大挺拔，生长迅速，秋季叶色变红，甚为美观。是优良的行道树和遮荫树，也是营造风景林的优良树种。喜树碱具有重要药用价值。

46. 毛梾木

学名：*Cornus walteri* Wanger.

科属：山茱萸科、梾木属

常用别名：车梁木

形态及观赏特征：落叶乔木，高达 12m。树皮暗灰色，常纵裂成长条。幼枝紫红色，有灰白色平伏毛。叶对生，卵形至长椭圆形，先端渐尖，表面有柔毛，背面毛更密；侧脉略弧形。伞房状聚伞花序顶生，花白色，有香气。核果球形，黑色。花期 5～6 月；果熟期 9～10 月。

原产地及习性：主产黄河流域，华东及西南地区也有分布。较喜光；对气温的适应幅度较大；喜深厚肥沃土壤，也较耐干旱瘠薄；在中性、酸性及微碱性土上均能生长；深根性，根系发达，萌芽性强，生长快。

繁殖方式：播种、扦插、嫁接或萌芽繁殖。

园林应用：毛梾木可作为荒山造林、水土保持及园林绿化树种，花可作为蜜源植物。其木材坚硬，纹理细致，可作车梁、车轴、家具等用；果肉及种子可榨油供食用、工业用及药用；树皮和叶可提制栲胶。

同属其他植物：

光皮梾木（*C. wilsoniana* Wanger.）：高达 18m。树皮薄片状脱落，斑驳状，光滑。叶对生，椭圆形；侧脉 3～4 对。顶生圆锥状聚伞花序，花白色。核果球形，紫黑色。花期 6 月；果熟期 10 月。

灯台树（*C. controversa* Hemsl.）：高 12～20m。树皮暗灰色、平滑，老时浅纵裂。侧枝轮状着生，分层明显。枝条紫红色，无毛。叶互生，常集生于枝端，宽卵形至卵状椭圆形，先端突渐尖，基部圆形，全缘或为波状；

有侧脉 6 ~ 9 对。伞房状聚伞花序顶生，花小，白色。核果球形，熟时由紫红色变紫黑色。花期 5 ~ 6 月；果熟期 9 ~ 10 月。

47. 山茱萸（彩图 4-56）

学名：*Macrocarpium officinale* Nakai

科属：山茱萸科、山茱萸属

常用别名：山芋肉、药枣

形态及观赏特征：落叶乔木或小灌木，高 5 ~ 10m。树皮片状剥裂。老枝黑褐色，嫩枝绿色。单叶对生，卵状椭圆形或卵形，顶端尖，基部圆形或楔形，弧形脉 6 ~ 7 对。伞形头状花序腋生，先叶开花，花小，黄色。核果椭圆形，成熟时红色。花期 5 ~ 6 月；果期 8 ~ 10 月。

原产地及习性：原产于中国、日本、朝鲜等地，我国主要分布在长江、黄河中下游地区。喜光，较耐阴；喜温暖、湿润气候。喜疏松、深厚、肥沃、湿润的轻黏质到沙壤质土壤，在干燥、贫瘠和过黏过酸土壤上生长不佳。

繁殖方式：以种子繁殖为主，也可用嫁接和压条繁殖。

园林应用：山茱萸先花后叶，早春小花黄色，新叶亦呈嫩红，秋末果实成熟时呈鲜红色至深红色，是一种很好的观花观果树种。宜在草坪、林缘、路边、亭际及庭院角隅丛植，也适于小片种植。

48. 四照花（彩图 4-57）

学名：*Dendrobenthamia japonica* Fang var. *chinensis* Fang

科属：山茱萸科、四照花属

常用别名：狭叶四照花

形态及观赏特征：落叶小乔木，高达 8m。单叶对生，卵状椭圆形，基部圆形或广楔形，全缘，厚纸质，有白色柔毛；弧形侧脉 4 ~ 5 对。花黄白色，球形头状花序；大形花瓣状总苞片 4 枚，白色。聚花果球形，红色。花期 4 ~ 5 月；果期 9 ~ 10 月。

原产地及习性：原产东亚，分布于我国河南、陕西、甘肃东南部及长江流域各地。喜光，稍耐阴，怕日灼；喜温暖阴湿环境，耐寒。对土壤要求不严。

繁殖方式：常用扦插和分蘖繁殖，也可以播种繁殖。

园林应用：四照花姿态端庄优美，开花时，洁白总苞宛似蝴蝶覆满全树，秋季叶果双红竞艳，是观姿、观叶、观花、观果的优秀树种。

49. 丝棉木

学名：*Euonymus maackii* Rupr.

科属：卫矛科、卫矛属

常用别名：白杜、明开夜合、华北卫矛

形态及观赏特征：落叶小乔木，高达 8m。树冠圆形或卵形。小枝绿色光滑，近四棱形。单叶对生，椭圆状卵形或宽卵形，先端长锐尖，边缘有细锯齿。腋生聚伞花序，花黄绿色。蒴果 4 深裂，种子有橘红色假种皮。花期 5 ～ 6 月；果期 9 ～ 10 月。

原产地及习性：原产中国中部、北部各省。喜光，稍耐阴；耐寒。对土壤要求不严；耐旱，亦有一定的耐水湿能力；根系发达，萌蘖能力强。

繁殖方式：播种或扦插繁殖。

园林应用：丝棉木枝叶清雅，姿态婆娑，秋季叶色变红，果实挂满枝梢，开裂后露出橘红色假种皮，甚为美观。庭院中可配植于屋旁、庭石及水池边，亦可作庭荫树栽植。

50. 重阳木

学名：*Bischofia polycarpa* Airy-Shaw

科属：大戟科、重阳木属

常用别名：红桐

形态及观赏特征：落叶乔木，高达 15m。树冠伞形或球形。树皮灰褐色，纵裂。三出复叶互生，小叶椭圆形或椭圆状卵形，缘具钝锯齿，两面光滑，近革质。总状花序腋生，下垂，花小，淡绿色，有花萼，无花瓣。浆果球形，成熟时红褐色。花期 6 ～ 7 月；果熟期 10 ～ 11 月。

原产地及习性：产于我国秦岭、淮河流域以南各地，长江中下游一带常见栽培。喜光，也略耐阴；喜温暖湿润气候，有一定的耐寒性。对土壤要求不严；耐干旱瘠薄，耐水湿。根系发达，抗风力强。对二氧化硫有一定的抗性。生长较快，寿命较长。

繁殖方式：播种繁殖。

园林应用：重阳木枝叶繁茂，新叶淡红转嫩绿，入秋又转褐红色，颇为美观，是良好的观赏树、色叶树和行道树。又因对土壤要求不严、耐水湿、根系发达，亦可用作护岸林和防风林树种。

51. 乌桕

学名：*Sapium sebiferum* Roxb.

科属：大戟科、乌桕属

常用别名：蜡油树

形态及观赏特征：落叶乔木，高达 15m。树冠圆球形，体内含乳汁。小枝纤细。单叶互生，菱状广卵形，全缘，纸质，光滑无毛，叶柄顶端有 2 个腺点。

穗状花序顶生，花小，黄绿色。蒴果三棱状球形。种子黑色，外被白蜡，经冬不落。花期 6 ~ 7 月；果期 10 ~ 11 月。

原产地及习性：原产中国。长江流域及珠江流域，浙江、湖北、四川等省有栽培，河南南部亦有应用。喜光；喜温暖环境，不耐寒；适生于深厚肥沃、含水丰富的土壤，对酸性、钙质土、盐碱土均能适应；耐水湿。抗风力强。寿命较长。

繁殖方式：播种或嫁接繁殖。

园林应用：乌桕树冠整齐，叶形秀丽，秋叶经霜时如火如荼，十分美观，冬日白色的乌桕子挂满枝头，经久不凋，是长江流域的主要观赏树种。可与亭廊、花墙、山石等相配，也可孤植、丛植于草坪和湖畔、池边，还可作护堤树、庭荫树及行道树。

52. 栾树

学名：*Koelreuteria paniculata* Laxm.

科属：无患子科、栾树属

常用别名：灯笼树

形态及观赏特征：落叶乔木，高达 15m。树冠近圆球形。树皮灰褐色，细纵裂。小枝有明显突起的皮孔。一至二回奇数羽状复叶互生，小叶卵形或椭圆形，叶缘具粗锯齿。圆锥花序顶生，花小，金黄色。蒴果，果皮薄膜质，三角状卵形，状似灯笼，熟时褐色。花期 6 ~ 7 月；果期 8 ~ 9 月。

原产地及习性：原产中国北部与中部，以华北较为常见。喜光，耐半阴，耐寒。不择土壤；耐干旱瘠薄，也能耐盐渍及短期涝害。深根性，萌蘖力强。有较强的抗烟尘能力。

繁殖方式：播种或分蘖繁殖。

园林应用：栾树树形端正，枝叶茂密而秀丽，春季嫩叶红色，夏天小花金黄，而入秋叶变黄色，是良好的庭荫树和行道树种。因为其深根性，萌蘖力强，亦为优良的水土保持及荒山造林树种。

同属常见植物：

复羽叶栾树（*K. bipinnata* Franch.）（彩图 4-58）：高 10 ~ 20m。小枝暗棕色，密生皮孔。二回羽状复叶，互生，羽片 5 ~ 10 对，每羽片具小叶 9 ~ 15 枚，小叶长椭圆形，边缘具不整齐尖锯齿。花黄色，成顶生圆锥花序。蒴果膨大，熟时红色或深粉红色。

全缘叶栾树（*K. bipinnata* var. *integrifolia* T.Chen）：高 10 ~ 20m。二回羽状复叶，小叶长椭圆形或长椭圆状卵形，全缘或偶有锯齿。花黄色。蒴果椭球形，熟时红色。

53. 无患子

学名：*Sapindus mukorossi* Gaertn.

科属：无患子科、无患子属

常用别名：木患子、洗手果

形态及观赏特征：落叶乔木，高 20 ～ 25m。树冠扁圆伞形。树皮黄褐色，不裂。偶数羽状复叶，互生或近对生，小叶卵状长椭圆形，基部不对称，全缘，薄革质。圆锥花序顶生，花小，黄色。核果近球形，淡黄色。花期 5 ～ 6 月；果熟期 9 ～ 10 月。

原产地及习性：原产于中国、日本、越南、印度等地，淮河流域、华南及西南有分布。喜光，稍耐阴；喜温暖气候，有一定的耐寒性。喜肥沃、疏松、稍湿润的壤土，在酸性土、钙质土及微碱性土上皆能适应。深根性，抗风力强；萌蘖力弱，不耐修剪。抗二氧化硫能力强。

繁殖方式：播种繁殖。

园林应用：无患子树形高大，冠幅开展，叶片较大而密集，入秋叶色绯黄，绮丽夺目，是优良的秋色叶树种，可作庭荫树、行道树及造林树种。

54. 七叶树（彩图 4-59）

学名：*Aesculus chinensis* Bunge

科属：七叶树科、七叶树属

常用别名：梭椤树

形态及观赏特征：落叶乔木，高达 25m。小枝粗壮且光滑。掌状复叶对生，小叶常 7 片，长椭圆形或倒卵状长椭圆形，缘有细密锯齿，背脉上有疏生柔毛，小叶柄长 0.5 ～ 1cm。圆锥花序顶生，花小，白色，花瓣 4 枚。蒴果近球形，无刺。花期 5 ～ 6 月；果期 9 ～ 10 月。

原产地及习性：原产中国，黄河流域以及东北地区各省有栽培。喜光，耐半阴，怕日灼；喜温暖、湿润气候；宜深厚、湿润、肥沃而排水良好的土壤。深根性；萌蘖力不强，不耐移植。寿命长。

繁殖方式：播种或扦插繁殖。

园林应用：七叶树树形壮观，冠形开阔，叶大形美，成荫效果好，花期时大花序似宝塔立在树冠上，是著名的观赏树种，亦是我国寺庙中常用树种之一。

同属常见植物：

欧洲七叶树（*A. hippocastanum* L.）：高可达 40m。小叶 5 ～ 7 枚，倒卵状长椭圆形至倒卵形，叶缘为不整齐重锯齿；小叶无柄。顶生圆锥花序，花大，花瓣 4 或 5，白色，基部有红黄色斑。蒴果近球形，果皮有刺。花期 5 ～ 6 月；果期 9 月。原产巴尔干半岛，我国北京至杭州等地有引种应用，是世界著名的行道树和庭荫树。

55. 鸡爪槭（图 4-60）

学名：*Acer palmatum* Thunb.

科属：槭树科、槭树属

常用别名：青枫

形态及观赏特征：落叶小乔木或灌木，高 6 ~ 7m。幼枝青绿色，细弱。叶对生，掌状 5 ~ 9 深裂，基部截形或稍心形，边缘有不整齐的重锯齿。伞房花序顶生，花紫红色。翅果初为紫红色，成熟后棕黄色，两翅开展成钝角。花期 5 月；果期 9 ~ 10 月。

原产地及习性：原产中国、日本和朝鲜，我国长江流域各省及山东、河南等地区有分布。喜光，耐半阴；喜温暖、湿润环境。适生于肥沃深厚、排水良好的微酸性或中性土壤；较耐旱，不耐水涝。

繁殖方式：播种、嫁接繁殖。

园林应用：鸡爪槭树姿婆娑，叶形秀丽，入秋叶色红艳，为园林中常用的秋色叶树种。在园林绿化中，可点缀于常绿树丛中，营造"万绿丛中一点红"的景观。植于山麓、池畔，配以山石、白粉墙则具古雅之趣。还可植于花坛中作主景树，或植于园门两侧，建筑物角隅，装点风景。

本种栽培变种甚多，主要表现在叶裂片及叶色变异方面。最常见栽培品种有：'紫红'鸡爪槭（'Atropurpureum'，又名红枫）：叶常年红色或紫红色。'细叶'鸡爪槭（'Dissectum'，又名羽毛枫）：叶裂深达基部，裂片狭长且又羽状深裂，秋叶变红或橙黄。亦有金叶（'Aureum'）、斑叶（'Versicolor'）等栽培变种。

图 4-60 鸡爪槭

56. 元宝枫（图 4-61）

学名：*Acer truncatun* Bunge

科属：槭树科、槭树属

常用别名：平基槭、华北五角枫

形态及观赏特征：落叶乔木，高达 10m。小枝浅土黄色，光滑无毛。单叶对生，掌状 5 裂，先端渐尖，基部通常截形。顶生伞房花序，花小，黄绿色。翅果扁平，两翅开约成直角，翅较宽而略长于果核，形似元宝。花期 4 月；果期 10 月。

原产地及习性：原产中国东北及华北。在黄河流域，山西、河南，华东及西北各省有分布。喜侧方庇荫，不耐强烈日晒；喜温凉气候，耐寒不耐热。较抗风。寿命长。

繁殖方式：播种繁殖。

园林应用：元宝枫冠大荫浓，树姿优美，叶形美丽，嫩叶红色，秋叶又变成橙黄色或红色，是园林中重要的秋色叶树种。常作庭荫树、行道树或营造风景林，在堤岸、湖边、草地及建筑附近配植皆可。

同属常见植物：

五角枫（*A. mono* Maxim）：高达 20m。叶通常 5 裂，裂深达叶片中部，裂片卵状三角形，基部心形或浅心形。顶生伞房花序，花黄绿色。翅果极扁平，两翅开展成钝角或近水平，果翅较长，为果核之 1.5 ～ 2 倍。花期 4 ～ 5 月；果期 8 ～ 9 月。

三角枫（*A. buergerianum* Miq.）：高达 20m。树皮片状剥落。叶倒卵状三角形或椭圆形，通常 3 裂，裂片三角形。伞房花序顶生，有柔毛，花黄绿色。翅果棕黄色，两翅呈镰刀状，中部最宽，基部缩窄，开展成锐角。花期 4 ～ 5

(b)

(a)

图 4-61 元宝枫
(a) 元宝枫整株；
(b) 元宝枫花

月；果期 9 ~ 10 月。

复叶槭（*A. negundo* L.）：高达 20m。小枝光滑，常被白色蜡粉。奇数羽状复叶对生，小叶 3 ~ 5 枚，卵状椭圆形，缘有不整齐粗齿。花单性，无花瓣。两果翅展开成锐角。

57. 南酸枣

学名：*Choerospondias axillaries* Burtt et Hill

科属：漆树科、南酸枣属

常用别名：五眼果

形态及观赏特征：落叶乔木，高达 30m。树干端直，树皮灰褐色，浅纵裂，老则树皮条片状剥落。奇数羽状复叶互生，小叶 7 ~ 19 枚，卵状披针形，先端长渐尖，基部偏斜，全缘，萌蘖枝的叶有锯齿。圆锥花序，花杂性异株。核果椭球形，熟时黄色，酸香可食。花期 4 ~ 5 月；果 9 ~ 11 月成熟。

原产地及习性：原产中国、日本、印度，我国安徽、浙江、湖北、湖南、福建、广东、广西、贵州、云南等地有分布。喜光，稍耐阴；喜温暖、湿润气候，较耐寒。喜土层深厚、排水良好的酸性及中性土壤，耐瘠薄，忌盐碱土，忌积水。深根性，萌蘖力强。生长快。对二氧化硫、氯气抗性强。

繁殖方式：以播种为主，也可埋根繁殖。

园林应用：南酸枣树干端直，枝叶茂密、荫浓，适应性强，是良好的庭荫树、行道树和造林树种。

58. 黄连木

学名：*Pistacia chinensis* Bunge

科属：漆树科、黄连木属

常用别名：楷木

形态及观赏特征：落叶乔木，高 25 ~ 30m。树皮薄片状剥落或裂成小方块状。通常为偶数羽状复叶，互生小叶 5 ~ 7 对，披针形或卵状披针形，基部偏斜，全缘。圆锥花序，雄花序淡绿色，雌花序紫红色。核果球形，初为黄白色，后变红色至蓝紫色。花期 3 ~ 4 月；果期 9 ~ 11 月。

原产地及习性：原产中国，分布很广，黄河流域、华南及西南各省均有分布。喜光；喜温暖，不耐寒；对土壤要求不严，而以在肥沃、湿润而排水良好的石灰岩山地生长最好；耐干旱瘠薄。深根性，主根发达，抗风力强；萌蘖力强。生长较慢，寿命长。对二氧化硫、氯化氢和煤烟的抗性较强。

繁殖方式：播种繁殖。

园林应用：黄连木树冠浑圆，枝叶繁茂而秀丽，早春嫩叶红色，入秋叶又变成深红或橙黄色，紫红色的雌花序也极美观。宜作庭荫树、行道树及山林风

图 4-62　火炬树

景树，在园林中植于草坪、坡地、山谷或山石、亭阁之旁。可与槭类、枫香等混植构成大片秋色红叶林。

59．火炬树（图 4-62）

学名：*Rhus typhina* L.

科属：漆树科、漆树属

常用别名：鹿角漆

形态及观赏特征：落叶小乔木，高达 8m。小枝粗壮，密生长柔毛，分枝少。奇数羽状复叶互生，小叶 11～31 枚，长圆形至披针形，缘有锯齿。雌雄异株，雌花序、果序密生绒毛，红色似火炬。花期 5～7 月；果 9 月成熟。

原产地及习性：原产北美，我国华北地区有引种栽培。喜光；耐寒；耐旱；耐盐碱。根系浅但水平根发达；萌蘖性强。生长较快，寿命较短。

繁殖方式：播种、分蘖和插根法繁殖。

园林应用：火炬树雌花序、果序均亮红似火炬，夏秋之际缀立于梢头，入秋后叶色转红，是极富观赏价值的观赏树种。根系发达，萌蘖性又强，也是固堤护坡的好树种。但因其生长势极强，易成为入侵树种，应注意合理应用。

60．臭椿（图 4-63）

学名：*Ailanthus altissima* Swingle

科属：苦木科、臭椿属

常用别名：樗树

形态及观赏特征：落叶乔木，高可达 20m。树皮不裂。小枝青褐色，皮孔明显。奇数羽状复叶互生，小叶 13～25 枚，长椭圆状卵形或披针状卵形，顶端渐尖，基部扁斜，边缘近基部有 1 ～ 2 个大锯齿，齿端有大腺点。大型圆锥花序顶生，花小，杂性。翅果长椭圆形，成熟时黄褐色或红色。花期 4 ～ 5 月；果期 8 ～ 9 月。

原产地及习性：原产中国、朝鲜、日本，我国北部、东部及西南部，东南至台湾省有分布。喜光，不耐阴；耐寒。适生于深厚、肥沃、湿润的沙质土壤，耐盐碱；耐旱，不耐水湿。深根性，萌蘖性强。对烟尘与二氧化硫的抗性较强。

繁殖方式：播种、分蘖和根插繁殖。

园林应用：臭椿树干通直高大，叶大荫浓，是一种很好的观赏树和庭荫树。因它具有较强的抗烟能力，所以是工矿区绿化的良好树种。又因它适应性强、萌蘖力强，故为山地造林的先锋树种，也是盐碱地的水土保持和土壤改良用树种。

栽培变种有**千头椿**（'Qiantou'）：树冠浑圆，树形整齐。适作庭荫树及行道树。

(a)

(b)

图 4-63 臭椿
(a) 臭椿整株；(b) 臭椿果

61. 麻楝

学名：*Chukrasia tabularis* A.Juss.

科属：楝科、麻楝属

形态及观赏特征：落叶乔木，高达 38m。树皮呈红褐色，上有纵裂纹。偶数羽状复叶互生，小叶 10 ～ 16 枚，椭圆形至卵形，纸质。花单性，疏落排列成圆锥形花序，聚生于枝条末端；花黄色或略带紫色，芳香。蒴果木质，椭圆形，灰黄色或褐色，成熟时裂开，放出大量扁平带翅膜的椭圆形种子。花期 5 ～ 7 月；果期 8 月至翌年 3 月。

原产地及习性：原产中国，现分布于广东、广西、云南等地区。喜光；喜温暖湿润气候。喜排水良好的土壤。对二氧化硫抗性较强。

繁殖方式：播种繁殖。

园林应用：麻楝树干高大通直，生长迅速，适宜作庭荫树、行道树，也是工厂绿化、四旁绿化的好树种。

62. 楝树

学名：*Melia azedarach* L.

科属：楝科、楝属

常用别名：苦楝

形态及观赏特征：落叶乔木，高达 20m。树冠宽阔而平顶。小枝粗壮，皮孔多而明显。二至三回奇数羽状复叶互生，小叶卵形至椭圆形，先端渐尖，基部略偏斜，缘有钝齿。圆锥状复聚伞花序腋生，花淡紫色，有香味。核果近球形，熟时黄色，宿存枝头，经冬不落。花期 4 ~ 5 月；果熟期 10 ~ 11 月。

原产地及习性：原产中国，印度、巴基斯坦等地也有分布，我国华北南部、华南、西南等地均有栽培。喜光，不耐阴；喜温暖气候。对土壤要求不严；耐水湿，不耐干旱。侧根发达，须根较少。对二氧化硫等抗性强，具有吸滞粉尘和杀灭细菌的功能。寿命短。

繁殖方式：播种繁殖。

园林应用：楝树树形潇洒，枝叶秀丽，花开春末，淡雅芳香，又耐烟尘、抗污染并能杀菌，故适宜作庭荫树、行道树、疗养林的树种，也是工厂绿化、四旁绿化的好树种。

63. 红鸡蛋花（图 4-64）

学名：*Plumeria rubra* L.

科属：夹竹桃科、鸡蛋花属

形态及观赏特征：落叶乔木，高 5 ~ 8m。枝条肥厚肉质，全株有乳汁。单叶互生，常聚集于枝上部，矩圆状椭圆形或矩圆状倒卵形，全缘，厚纸质。聚伞花序顶生，花冠漏斗状，桃红色，喉黄色。蓇葖果顶生。花期 5 ~ 10 月；果期 3 ~ 4 月。

原产地及习性：原产墨西哥及委内瑞拉，我国南方地区有栽培。喜阳光充足及高温、高湿气候。喜肥沃、深厚、湿润而排水良好的土壤。

(a)

(b)

图 4-65　鸡蛋花
(a) 鸡蛋花整株;
(b) 鸡蛋花的花

繁殖方式：播种或扦插繁殖。

园林应用：树形美观，花色鲜艳且具芳香，落叶后，树干弯曲自然，宜在庭园、草坪栽植或作园路树。北方地区可盆栽观赏。

常见栽培变种有**鸡蛋花**（'Acutifolia'）（图 4-65）：小枝粗壮，叶倒卵状长椭圆形。花外面乳白色，内面基部鲜黄色，芳香。我国华南园林常见栽培，是美丽的园景树及园路树。

64. 白蜡树

学名：*Fraxinus chinensis* Roxb.

科属：木犀科、白蜡属

常用别名：梣、青榔木、白荆树

形态及观赏特征：落叶乔木，高达 15m。树冠卵圆形，树皮黄褐色。小枝灰褐色，有皮孔。奇数羽状复叶对生，小叶通常 7 片，椭圆形或椭圆状卵形，缘具不整齐锯齿或波状，近革质，背面沿脉被短柔毛。圆锥花序侧生或顶生于当年生枝条上，叶后开放；花萼钟状，无花瓣。翅果倒披针形。花期 4 月；果期 8 ~ 9 月。

原产地及习性：原产中国，河北、山西、陕西、甘肃、宁夏、山东、江苏、安徽、浙江、福建、河南、湖北、广东、四川、云南等省区有分布。喜光，稍耐阴；喜温暖湿润气候，耐寒。对土壤要求不严；耐涝，也耐旱。萌蘖力强，耐修剪。抗烟尘，对二氧化硫、氯气、氟化氢有较强抗性。生长较快，寿命较长。

繁殖方式：播种、扦插繁殖。

园林应用：白蜡枝叶繁茂，干形通直，树形美观，抗污染能力较强，可作行道树和庭荫树。其根系发达，生长较快，因此也是防风固沙、护堤、护路的优良树种。

同属常见植物：

美国白蜡（*F. americana* L.）：高 25 ~ 40m。小枝圆柱形，有散生皮孔，较粗壮，光滑无毛。奇数羽状复叶对生，小叶 7 ~ 9 枚，卵形至长椭圆状披针形，下面苍白色，两面无毛。花序生于去年生枝侧，叶前开花。果翅顶生，不下延或稍下延。

湖北白蜡（*F. hupehensis* Chu, Shang et Su）：又名对节白蜡，高达 20m。树皮深灰色，后纵裂。营养枝常成棘刺状。奇数羽状复叶，叶轴有窄翼，小叶 7 ~ 9 枚，披针形至卵状披针形，缘具锐锯齿，背面沿中脉基部被短柔毛。花簇生成短聚伞花序。翅果匙状倒披针形。

洋白蜡（*F. pennsylvanica* Marshl）（图 4-66）：高达 20m。树皮灰褐色，纵裂。小叶通常 7 枚，卵状长椭圆形至披针形，先端渐尖，基部阔楔形，缘具钝齿或近全缘。圆锥花序生于去年生枝侧，果翅较狭，下延至果体中下部。

图 4-66 洋白蜡

　　绒毛白蜡（*F.velutina* Torr.）：高达 18m。树皮灰褐色，浅纵裂，幼枝、冬芽上均生绒毛。小叶 3 ~ 7 枚，通常 5 枚，顶生小叶较大，狭卵形，叶缘有锯齿，通常两面有毛。花杂性，圆锥花序具柔毛，侧生于去年生枝上，先花后叶。果翅较果体短，先端常凹。

65. 暴马丁香

学名：*Syringa reticulate* Hara var. *mandshurica* Hara

科属：木犀科、丁香属

常用别名：暴马子

形态及观赏特征：落叶小乔木或大灌木，高达 10m。树皮紫灰色或紫灰黑色，粗糙，具细裂纹，常不开裂，枝、干上皮孔明显。单叶对生，卵形或广卵形，先端突尖或短渐尖，基部通常圆形，全缘，厚纸质至革质。圆锥花序大而稀疏，花较小，白色，具不愉快浓香。蒴果长圆形，外具疣状突起。花期 6 月；果期 9 月。

原产地及习性：原产中国，一般认为是日本丁香的变种，主要分布于我国东北、华北、西北、华中以及朝鲜、俄罗斯的远东地区等。喜光，亦耐阴；喜温暖湿润气候，耐严寒。对土壤要求不严，喜湿润的冲积土。

繁殖方式：播种繁殖。

园林应用：暴马丁香树姿美观，花朵繁稠，花香浓郁，可作蜜源植物和提取芳香油，是公园、庭院及行道较好的绿化观赏树种。

66．泡桐

学名：*Paulownia fortunei* Hemsl.

科属：玄参科、泡桐属

常用别名：白花泡桐

形态及观赏特征：落叶乔木，高可达27m。树冠宽阔，广卵形或圆形。树皮灰褐色，平滑，有突起的皮孔，老时纵裂。小枝粗壮，中空，幼时密生白色绒毛，后渐脱落。单叶对生，有时三叶轮生；叶大，卵形或长椭圆形，基部心脏形，全缘或微呈波状，叶背密生灰白色绒毛。大型圆锥状聚伞花序，花冠乳白色，内有紫斑，有香气。蒴果长椭球形。花期3～4月；果期9～10月。

原产地及习性：原产中国，江苏、浙江、台湾、四川、云南、广东、广西、山东、河南及陕西均有引种栽培。喜光，不耐阴。喜疏松深厚、排水良好的土壤，不宜在黏重土壤生长；不耐水涝。根近肉质，分布深广。萌蘖力强，生长快速。对有毒气体的抗性及吸滞粉尘的能力都较强。

繁殖方式：播种、埋根繁殖。

园林应用：泡桐树大荫浓，先叶而放的花朵色彩淡雅，宜作庭荫树和行道树，也是工厂绿化的好树种。

同属常见植物：

兰考泡桐（*P. elongata* S.Y.Hu）：高15～20m。叶广卵形至卵形，全缘或3～5浅裂。狭圆锥花序，花冠较大，淡紫色，花萼裂达1/3～2/5。蒴果卵形。

紫花泡桐（*P. tomentosa* Steud.）：又名毛泡桐，高15～20m。叶阔卵形，全缘或3～5裂，叶表被毛，叶背密被分枝状的白色毛。圆锥花序宽大，有明显总梗，花冠淡紫蓝色，筒内有黄条纹和线状紫斑。蒴果卵形。

67．楸树（图4-67）

学名：*Catalpa bungei* C.A.Mey

科属：紫葳科、梓树属

常用别名：金丝楸

形态及观赏特征：落叶乔木，高达15m。树干通直。树皮暗灰色，纵裂。叶对生，有时轮生，三角状卵形至长圆状卵形，先端长渐尖，基部近截形至宽楔形，全缘，表面深绿色，背面稍淡，两面均无毛；叶背基部有2个紫斑。伞房状总状花序，着花3～12朵；花冠淡粉色至白色，内具紫色斑点，上唇2裂较小，下唇3裂较大；花萼2浅裂，裂片先端常具数细裂。蒴果细长。花期4～5月；果期8～9月。

图4-67 楸树
(a) 楸树；(b) 楸树花

图 4-68 梓树
(a) 梓树整株；
(b) 梓树花

原产地及习性：原产中国，分布于河北、山西、陕西、山东、浙江、河南、贵州及云南等省。喜光；较耐寒。喜深厚肥沃湿润的土壤；稍耐盐碱；不耐干旱、积水。萌蘖性强，侧根发达。耐烟尘、抗有害气体能力强。幼树生长慢，10 年以后生长加快；寿命长。

繁殖方式：播种、嫁接繁殖。

园林应用：楸树树形优美挺拔，花紫白相间，宜作行道树、庭荫树。因根系发达，固土防风能力强，也是农田、铁路、公路、沟坎、河道防护的优良树种。

同属常见植物：

梓树（*C. ovata* G.Don）（图 4-68）：高达 10m。树皮灰褐色、纵裂。叶广卵形或近圆形，有毛，叶背基部脉腋有 4 ~ 6 个紫斑。圆锥花序顶生，花冠淡黄色，内面有 2 条黄色条纹及紫色斑纹；花萼绿色或紫色。蒴果细长如筷。花期 5 月；果期 7 ~ 8 月。

黄金树（*C. speciosa* Ward.）（图 4-69）：高达 15m。树皮灰色，厚鳞片状开裂。叶广卵形至卵状椭圆形，背面被白色柔毛，基部脉腋有透明绿斑。圆锥花序顶生，花冠白色，形稍歪斜，下唇裂片微凹，内面有 2 条黄色脉纹及淡紫褐色斑点。蒴果较粗，成熟时 2 瓣裂。花期 5 月；果期 9 月。

图 4-69 黄金树
(a) 黄金树整株；
(b) 黄金树花

68. 蓝花楹

学名：*Jacaranda mimosifoia* D.Don

科属：紫葳科、蓝花楹属

常用别名：蓝雾树

形态及观赏特征：落叶乔木，高12 ~ 15m。2 回奇数羽状复叶对生，羽片通常在 15 对以上，每一羽片有小叶 10 ~ 24 对，小叶长椭圆形，长约 1cm，两端尖，全缘，略有毛。圆锥花序顶生或腋生，花钟形（彩图4-70），花冠2唇形5裂，蓝紫色。蒴果木质，卵球形，稍扁，浅褐色。花期5～8月。

原产地及习性：原产美洲热带，我国华南有栽培。喜光，耐半阴。喜温暖湿润的环境，不耐寒。喜肥沃湿润的沙壤土或壤土。

繁殖方式：播种或扦插繁殖。

园林应用：蓝花楹叶片秀丽，春末夏初蓝紫色花满树，蔚为壮观，是美丽的观叶、观花树种。广泛作为行道树、遮荫树和风景树栽植。

69. 木蝴蝶

学名：*Oroxylum indicum* Venten.

科属：紫葳科、木蝴蝶属

常用别名：千张纸

形态及观赏特征：落叶乔木，高达12m。2～4回奇数羽状复叶对生，小叶卵形，全缘。顶生直立总状花序，花冠钟形，端5裂，淡紫色或橙红色；花萼肉质，钟状。蒴果长披针形，扁平，木质。种子多数，落而周围有膜质阔翅，故有'千张纸'之称。花期6～9月。

原产地及习性：原产中国，印度及东南亚也有分布，我国西南的云南、贵州、广西、四川有栽培。喜光；喜温暖湿润气候，稍耐寒。

繁殖方式：播种繁殖。

园林应用：木蝴蝶花冠大，果大而奇特，是夏、秋季理想的观花和观果植物，华南地区可作城市绿化树种，用作行道树及园景树、庭荫树等。

思考题

1. 乔木的分类有哪些？依据是什么？
2. 哪些乔木能用作独赏树？举例说明。
3. 哪些乔木能用作行道树？举例说明。
4. 哪些乔木能用作庭荫树？举例说明。

第五章　园林树木——灌木类

摘要：灌木的树体矮小，通常高度小于6m而无明显主干，多数呈丛生状。其按叶型可分为针叶类灌木和阔叶类灌木两大类。其中，针叶类绝大部分常绿，阔叶灌木按冬季或旱季是否落叶又分为常绿阔叶类灌木和落叶阔叶类灌木。灌木种类繁多，树形变化丰富，很多种类可以观花、观果或观叶，甚至兼具多种观赏价值，在园林中应用方式多样，应用范围广泛，具有重要的地位。本章重点介绍我国风景园林建设中常用的针叶及阔叶灌木。

园林灌木是指树体矮小（通常在 6m 以下），主干低矮或者没有明显的主干，呈丛生状态的多年生木本植物。其具有一定的观赏特性，能够在园林中起到美化或保护环境的作用，可分为针叶类灌木和阔叶类灌木两大类。阔叶类又分为常绿阔叶类灌木和落叶阔叶类灌木两类。

第一节　针叶类灌木

1. 阔叶美洲苏铁

学名：*Zamia furfuracea* L. f.

科属：苏铁科、美洲苏铁属

常用别名：阔叶苏铁、美叶凤尾蕉、鳞秕泽米铁

形态及观赏特征：常绿木本。羽状复叶集生茎端，长 50～150cm，小叶 7～13 对，近对生，长椭圆形长 8～20cm，边缘中部以上有齿，全缘，叶质厚且硬，幼时密被黄褐色鳞屑，小叶柄有刺。雌球果紫褐色至深褐色，卵状圆柱形，直立，具长柄。

原产地及习性：原产墨西哥、美国佛罗里达州及西印度群岛。

繁殖方式：播种或分株繁殖。

园林应用：本种树形奇特，可对植、丛植或散植于园林中，北方常盆栽观赏。

同属常见植物：

矮泽米铁（*Z. pumila* L.）

形态及观赏特征：植株矮小。羽状复叶长 60～120cm，小叶 8～10 对，条状披针形，长 10～13cm。雌球果成熟时红褐色，手雷状。

2. 偃松

学名：*Pinus pumila* Regel

科属：松科、松属

常用别名：马尾松、五针松

形态及观赏特征：偃伏状灌木，高达 3～6m。多分枝，大枝卧伏或斜展，小枝密被柔毛。5（3～8）针一束，针叶细，密生。球果圆锥状卵形，成熟时紫褐色或红褐色；果实成熟时种子不脱落，暗褐色，无翅。

原产地及习性：产我国东北高山寒冷地带。俄罗斯、朝鲜、日本也有分布。喜生于阴湿山坡。性耐寒。耐瘠薄。

繁殖方式：多播种繁殖。

园林应用：树干横卧，偃蹇多姿，宜在山坡、山石间种植，布置庭院。可植于山脊、山顶，对保持水土、美化山容均有积极的作用。还可盆栽观赏或作盆景。

3. 铺地柏

学名：*Sabina procumbens* Iwata et Kusata

科属：柏科、圆柏属

常用别名：爬地柏、偃柏

形态及观赏特征：常绿小灌木，小枝端上升。枝茂密柔软，匍地而生。叶全为刺叶，三叶轮生，叶面有两条气孔线，叶背灰绿色，叶基下延生长。球果球形，带蓝色。

原产地及习性：原产日本。我国各地园林中常见栽培。阳性树。喜滨海气候。适应性强，不择土壤，喜石灰质土壤；能在干燥的沙地上生长良好；但以阳光充足、排水良好处生长最宜。

繁殖方式：用扦插法易繁殖。

园林应用：铺地柏是布置岩石园及地被的好材料，亦可制作盆景。

4. 香柏

学名：*Sabina pingii* Cheng et L.K.Fu var. *wilsonii* Cheng et L.K.Fu

科属：柏科、圆柏属

形态及观赏特征：常绿灌木。大枝常成匍匐状；小枝粗壮，直伸或斜展。叶全为刺叶，背部有明显纵脊，沿脊无细槽；叶排列紧密，下面叶的先端常瓦覆于上面叶的下部，使着生小枝呈柱状六棱形。

原产地及习性：产我国西部高山。耐寒。喜湿润气候及适当庇荫环境。

繁殖方式：播种繁殖。

园林应用：宜作盆景及岩石园材料。

5. 高山柏

学名：*Sabina squamata* Ant.

科属：柏科、圆柏属

形态及观赏特征：直立灌木。小枝密，倾斜向上。叶全为刺叶，3枚轮生，排列紧密；刺叶仅正面具白粉，背面绿色。球果卵形，红褐色逐渐转为黑色。

原产地及习性：主产我国西南部及陕西、甘肃南部、安徽（黄山）、福建、台湾等高山。南京和上海有栽培，河北、山东、浙江、江西、湖北、河南等地也有。生长于高寒地带，立地条件严酷。

繁殖方式：以靠接繁殖为主，亦可播种、压条、扦插繁殖。

园林应用：高山柏四时青翠，树皮斑驳，造型容易，是庭园绿化及制作盆景的好材料。

常见栽培品种有'**翠蓝**'柏（*S. squamata* Ant. 'Meyeri'）：刺叶两面有白粉，呈翠蓝色，是观赏极佳的园林树种。

6. 沙地柏（图5-1）

学名：*Sabina vulgaris* Ant.

科属：柏科、圆柏属

常用别名：新疆圆柏、叉子圆柏

形态及观赏特征：匍匐状小灌木，高度通常不及1m。幼树常为刺叶，壮龄树几全为鳞叶；叶背面中部有明显腺体。球果倒三角形或叉状球形。

原产地及习性：原产南欧及中亚。我国西北及内蒙古有分布。北方广为栽培。喜阳，稍耐阴；喜温暖、湿润环境，抗寒。适生于肥沃深厚的土壤；较耐盐碱；抗旱，忌积水，排水不良时易产生落叶或生长不良。对二氧化硫和氯气抗性强，但对烟尘的抗性较差。

繁殖方式：扦插繁殖。

园林应用：沙地柏植株低矮，四季常绿，覆盖性强，是理想的地被植物。在园林中，配置在斜坡、草坪边缘，群植、片植都可创造出良好的效果。沙地柏抗逆性强，还是园林绿化中的护坡及固沙的优良植物。

7. 粗榧

学名：*Cephalotaxus sinesis* Li

科属：三尖杉科、三尖杉属

常用别名：粗榧杉、中华粗榧杉、中国粗榧

形态及观赏特征：常绿灌木或小乔木。树皮灰色或灰褐色，呈薄片状脱落。叶条形，长2～4cm，先端突尖，基部圆形，背面有2条白粉带。

原产地及习性：我国特有植物。产我国长江流域及其以南地区海拔600～2200m山地。阳性树，耐阴性强。喜温凉湿润气候，有一定的耐寒性。北京有引种，应用于小气候处。喜生于富含有机质的土壤。抗虫害能力很强。生长缓

(b)

(a)

图5-1 沙地柏
(a) 沙地柏整株；(b) 沙地柏枝叶

慢，但萌芽能力较强。耐修剪，不耐移植。

繁殖方式：播种繁殖。

园林应用：常作基础种植用，或植于草坪或林缘、林下。

第二节　阔叶类灌木

一、常绿阔叶类灌木

1. 含笑

学名：*Michelia figo* Spreng.

科属：木兰科、含笑属

常用别名：含笑梅、山节子

形态及观赏特征：常绿灌木或小乔木，高 2 ~ 3m。分枝多而紧密，组成圆形树冠。树皮和叶上均密被褐色绒毛。单叶互生，叶椭圆形，绿色，光亮，厚革质，全缘。花单生叶腋；花瓣 6，肉质；淡黄色，边缘常带紫晕；花香袭人，花常呈半开状，犹如美人含笑。果卵圆形。花期 3 ~ 4 月。

原产地及习性：原产华南各省。长江流域以及华南地区有栽培。喜半阴及温暖湿润气候，喜肥沃深厚的酸性土，忌阳光直射和干燥，有一定的抗寒力。

繁殖方式：扦插、压条、嫁接和播种繁殖。

园林应用：含笑枝叶繁茂，花香浓郁，是园林中优良的芳香花木。适宜广场、庭院及道路绿化，单植、丛植、群植和列植均宜；成林具有一定的抗火能力，可营造防火林。

同属常见植物：

云南含笑（*M. yunnanensis* Franch.）：高 2 ~ 4m。幼枝密生锈色绒毛。叶倒卵形。花白色，芳香，雌蕊群比雄蕊群高。

2. 亮叶蜡梅

学名：*Chimonanthus nitens* Oliv.

科属：蜡梅科、蜡梅属

常用别名：山蜡梅

形态及观赏特征：常绿灌木。叶长卵状披针形，长 5 ~ 11cm，先端长渐尖或尾尖；革质而有光泽；背面多少有白粉。花淡黄色。花期 9 ~ 11 月；果翌年 6 月成熟。

原产地及习性：产湖北、湖南、安徽、浙江、江西、福建、广西、贵州、云南等地。耐阴。喜温暖湿润气候及酸性土壤。根系发达，萌蘖力强。

繁殖方式：播种、嫁接繁殖。

园林应用：亮叶蜡梅秋冬季开花，花期较长且叶片亮绿。可群植或片植于假山、湖畔，或配植于建筑、山石、桥旁；也可以点缀于草坪边缘。

3. 十大功劳

学名：*Mahonia fortunei* Fedde.

科属：小檗科、十大功劳属

常用别名：狭叶十大功劳

形态及观赏特征：常绿灌木，高达 2m。小叶 5 ~ 9（11）枚，无柄，狭披针形；缘有刺齿；硬革质。总状花序，花黄色。浆果圆形或长圆形；蓝黑色，有白粉。花期 7 ~ 8 月；果期 10 ~ 11 月。

原产地及习性：产四川、湖北、浙江等省。耐阴。喜温暖湿润气候。不耐寒。

繁殖方式：播种、扦插和分株繁殖。

园林应用：十大功劳叶形奇特，花色明丽，观赏价值高。园林中可栽于假山旁侧或石缝中或栽植成篱。也可成片栽植用作地被。北方常盆栽观赏。

同属常见植物：

阔叶十大功劳（*M. bealei* Carr.）：奇数羽状复叶互生，小叶 7 ~ 15 枚，卵状椭圆形，背面苍白色，厚革质；总状花序直立，花黄色，有香气，花期 4 ~ 5 月，浆果卵圆形，9 ~ 10 月成熟，熟时蓝黑色，被白粉。

湖北十大功劳（*M. confusa* Sprague）：茎灰色，有槽纹。小叶 9 ~ 17 枚，狭长而质较软，叶缘中上部有 2 ~ 5 对刺齿；总状花序，花黄色。花期秋季。

4. 南天竹

学名：*Nandina domestica* Thunb.

科属：小檗科、南天竹属

常用别名：天竺、南天竺、蓝天竹

形态及观赏特征：常绿灌木，高约 2m。丛生，少分枝。2 ~ 3 回羽状复叶互生；小叶革质，近无柄，椭圆状披针形，全缘，冬季常变红。圆锥花序顶生；花小，白色。浆果球形，鲜红色（彩图 5-2）。花期 5 ~ 7 月；果熟期 9 ~ 10 月。

原产地及习性：原产我国以及日本，国内外庭院广为栽培。喜光，也耐阴。喜温暖湿润气候，不耐寒。北方良好的小气候处有栽培。喜肥沃湿润而排水良好的土壤。为钙质土壤指标植物。

繁殖方式：以播种、分株繁殖为主，也可扦插繁殖。

园林应用：南天竹姿态秀丽，枝干挺拔，羽叶秀美，翠绿扶疏，入秋后树叶变红，红果累累，鲜艳夺目，异常绚丽。适宜丛植于庭院阶前、草地边缘或园路转角处，最宜与石相配，亦可篱植或片植；也是常用的盆景树种。

5. 檵木

学名：*Loropetalum chinense* Oliv.

科属：金缕梅科、檵木属

常用别名：檵花、桎木

形态及观赏特征：常绿或半常绿灌木或小乔木，高 4 ~ 10m。小枝、嫩叶和花萼均被锈色星状毛。叶小，互生；椭圆状卵形，基部歪斜，先端急尖。花 3 ~ 8 朵簇生小枝端；花瓣 4 枚，淡黄白色。蒴果木质，椭圆形。花期 4 ~ 5 月；果期 8 ~ 9 月。

原产地及习性：原产长江中下游及其以南各省，日本和印度也有分布。适应性较强。稍耐半阴；耐旱；耐瘠薄。萌芽力强，耐修剪。

繁殖方式：播种、嫁接繁殖。

园林应用：檵木花开繁密，如覆白雪，甚为美丽，在园林中常片植或丛植，亦耐修剪，常用作绿篱。

常见栽培品种有**红花檵木**（*L. chinense* 'Rubrum'）（彩图 5-3）：叶暗紫色，花淡紫红色，适宜庭园观赏，是优良的常绿异色叶树种，长江流域及其以南常用作彩叶篱，亦可丛植、群植，尤因其耐修剪而常用作球形、色带、色块等规则式景观。

6. 山茶（彩图 5-4）

学名：*Camellia japonica* L.

科属：山茶科、山茶属

常用别名：曼陀罗树、耐冬、山茶花

形态及观赏特征：常绿灌木或小乔木，高可达 6 ~ 9m。单叶互生，卵圆形至椭圆形，边缘具细锯齿。花单生或成对生于叶腋或枝顶；花径 5 ~ 12cm；原种为单瓣红色，栽培品种花型、花色丰富。花期 2 ~ 4 月。

原产地及习性：我国四川、江西、台湾及青岛以南海岛上均有野生，现国内外各地栽培广泛。喜半阴，忌烈日；喜温暖气候，略耐寒；喜空气湿度大，忌干燥。喜肥沃、疏松的微酸性土壤，pH 值以 5.5 ~ 6.5 为佳。

繁殖方式：通常以扦插、嫁接繁殖为主，也可压条、播种繁殖。

园林应用：山茶四季常青，叶色浓绿，花姿绰约，花色艳丽，且花期很长。在江南地区，常可丛植或散植于庭园、花径、假山旁、草坪及树丛边缘，也可配置成山茶专类园。北方则常盆栽，用来布置厅堂、会场效果甚佳。

同属常见植物：

茶梅（*C. sasanqua* Thunb.）：植株较矮，叶较小。花色粉红，稍有香气，花期 9 月至翌年 3 月。长江以南地区有栽培。

7. 金丝桃

学名：*Hypericum monogynum* Linn.

科属：藤黄科、金丝桃属

常用别名：土连翘

形态及观赏特征：半常绿小灌木，高可达 1m。多分枝，全株无毛。小枝圆柱形，红褐色。叶纸质，无柄，对生，长椭圆形。花鲜黄色，枝顶单生或 3 ~ 7 朵集合成聚伞花序；黄色雄蕊多数，基部合生为 5 束，长于花瓣。花期 6 ~ 7 月。

原产地及习性：原产我国中部及南部地区，河北、河南、陕西、江苏、浙江、台湾、福建、广东等省均有分布，日本也有。喜光，稍耐阴；喜温暖湿润气候，不耐寒。对土壤要求不严，除黏重土壤外，均能较好地生长。

繁殖方式：分株、扦插和播种法繁殖。

园林应用：金丝桃花叶秀丽，束状纤细的雄蕊伸出花瓣，灿若金丝，惹人喜爱，是南方园林中常见的观赏花木。适于群植，植于庭前、路边、山石旁及草坪等处，均有良好的景观。

同属常见植物：

金丝梅（*H. patulum* Thunb ex Muray）：花金黄色，雄蕊较花瓣短。花期 4 ~ 8 月。

8. 金铃花

学名：*Abutilon pictum* Walp.

科属：锦葵科、苘麻属

常用别名：网花苘麻、金铃木

形态及观赏特征：常绿灌木，多分枝。掌状叶五裂，缘具粗齿。花单生叶腋，钟形，橘黄色，有紫色条纹。花期 5 ~ 10 月。

原产地及习性：原产南美地区。我国华南有栽培。喜光，稍耐阴；喜温暖湿润气候，不耐寒。耐瘠薄，但以肥沃湿润、排水良好的微酸性土壤较好。耐修剪。

繁殖方式：扦插繁殖。

园林应用：金铃花花形奇特，花色艳丽，有较高的观赏价值。园林绿地中常丛植或作为绿篱，在北方亦盆栽观赏。

9. 扶桑

学名：*Hibiscus rosa-sinensis* L.

科属：锦葵科、木槿属

常用别名：大红花、朱槿

形态及观赏特征：常绿大灌木，高可达 6m。叶广卵形至长卵形，缘有粗锯齿，表面有光泽。花大，花冠通常鲜红色，另有白、黄、粉色及重瓣的栽培品种；雄蕊超出花冠外；花梗长。花期夏秋。

原产地及习性：原产我国南部及中南半岛。喜阳光充足、通风良好，不耐阴。喜温暖湿润气候，不耐寒霜，冬季温度不低于5℃。对土壤要求不严，但在肥沃、疏松的微酸性土壤中生长最好。

繁殖方式：扦插繁殖。

园林应用：扶桑树形优美，枝叶茂盛，花朵硕大，色彩鲜艳，花期较长，是我国华南地区园林绿化中重要的花木之一，多散植于池畔、亭前、道旁和墙边，亦可修剪成篱。北方地区则多盆栽。

同属常见植物：

吊灯花（*H. schizopetalus* Hook.f.）：亦名拱手花篮。灌木，枝细长拱垂。叶椭圆形，缘有粗齿。花梗细长；花大而下垂，红色，花瓣深细裂成流苏状向上反卷。

10. 悬铃花

学名：*Malvaviscus penduliflorus* Candolle

科属：锦葵科、悬铃花属

常用别名：垂花悬铃花

形态及观赏特征：常绿灌木，高约1m。单叶互生，卵形至长卵形，缘有锯齿。花单生叶腋，红色下垂，仅于端部略开展；雄蕊柱突出花冠外。全年开花。栽培品种粉花悬铃花 'Pink' 花粉红色。

原产地及习性：原产墨西哥至哥伦比亚。中国南部广大地区有栽培。对土壤要求不严。较耐湿。

繁殖方式：扦插繁殖。

园林应用：悬铃花花朵奇特，颜色鲜红，极为美丽，可全年开花。华南地区适于庭院和风景区栽植，长江流域及以北多盆栽观赏。

11. 锦绣杜鹃

学名：*Rhododendron pulchrum* Sweet

科属：杜鹃花科、杜鹃花属

形态及观赏特征：半常绿灌木，高达1.8m。分枝稀疏，枝具淡棕色扁毛。叶纸质，二型，椭圆形至椭圆状披针形，或矩圆状倒披针形。花鲜玫瑰红色，上部有紫斑，雄蕊10；芳香；花芽鳞片外有黏胶。花期2～5月。

原产地及习性：原产日本，为天然杂交种。喜温暖湿润气候。耐阴，忌阳光曝晒。在温暖处为常绿性灌木，当最低气温在−8℃时则成落叶性灌木。

繁殖方式：可用播种、扦插、嫁接及压条等方法繁殖。

园林应用：锦绣杜鹃花明艳美丽，有许多品种，是优良的观赏花灌木。可丛植、群植，或与其他种类的杜鹃配置成专类园，极具特色。

同属常见植物：

杂种杜鹃（*R. hybrida*）：常绿灌木，矮小；多分枝，枝、叶表面疏生柔毛；叶卵圆形，全缘，深绿色；总状花序，花顶生，有半重瓣和重瓣，花色有红、粉、白、玫瑰红和双色等。花期约一个月，4月

图5-5　马缨花

初开花。花色和品种繁多，适合配置专类园或盆栽观赏。

毛白杜鹃（*R. mucronatum* G.Don.）：半常绿灌木，高达2～3m，多分枝而开展；枝、叶及花梗均密生粗毛，叶长椭圆形，背有黏性腺毛，花白色，径5～6cm，雄蕊10，芳香；1～3朵簇生枝端，花期4～5月。

石岩杜鹃（*R. obtusum* Planch.）：常绿或半常绿灌木，高约1m；植株呈平卧状。叶质较厚而有光泽；花2～3朵簇生枝顶，橙红至亮红色，仅1裂片有深红色斑，雄蕊5，花药黄色，花期4～5月。花色明亮，品种极为丰富。

马缨花（*R. delavayi* Franchet.）：常绿灌木至乔木，高1～7m（图5-5）。叶革质，长圆状披针形，背面密被灰白色至浅褐色绒毛。花簇生枝顶，深玫瑰红色，花期2～5月。

12. 紫金牛

学名：*Ardisia japonica* Bl.

科属：紫金牛科、紫金牛属

常用别名：矮地茶、不出林、平地木

形态及观赏特征：常绿小灌木，高10～30cm。地下匍匐茎红褐色；地上茎直立，不分枝。叶椭圆形，缘有尖齿，对生或近轮生，集生茎端；叶表面暗绿而有光泽。伞形总状花序；花小，白色或粉红色。核果球形，熟时红色，经久不落。花期4～5月；果熟期6～11月。

原产地及习性：原产我国中部及日本，分布广泛。喜温暖潮湿气候，多生于林下、溪谷旁之阴湿处。

繁殖方式：播种、扦插繁殖。

园林应用：紫金牛植株低矮，果实繁多，熟时鲜红可爱，经久不落，是很好的观果类灌木，园林中常用作阴湿环境的地被植物，亦是重要的盆景树种。全株入药。

同属常见植物：

朱砂根（*A. crenata* Sims.）：叶坚纸质。花白色或淡红色。果红色。花期5～6月；果期7～10月。

图5-6 海桐
(a) 海桐整株；
(b) 海桐花叶

(a)　　　　　　　　　　(b)

13. 海桐（图5-6）

学名：*Pittosporum tobira* Ait.

科属：海桐科、海桐属

常用别名：海桐花

形态及观赏特征：常绿灌木或小乔木，高2～6m。枝叶密生，树冠圆球形。小枝近轮生。单叶互生，常集生顶端；叶厚革质，有光泽；倒卵形，全缘，边缘略反卷。伞房花序顶生；花小，白色，有芳香。蒴果卵形；熟时3瓣裂，种子红色。花期5月；果熟期10月。

原产地及习性：产我国中部及东南部。朝鲜和日本也有分布，长江流域及东南沿海各省多有栽培。喜光，亦较耐阴。耐寒性不强。对土壤要求不严，黏土、沙土、偏碱性土及中性土均能适应。萌芽力强，耐修剪。

繁殖方式：播种、扦插繁殖。

园林应用：海桐四季常青，株形整齐，叶色油绿并具有光泽，花色素雅且香气袭人；秋季蒴果开裂露出鲜红种子，晶莹可爱。常用作基础种植和绿篱材料，可孤植、丛植于草坪边缘、林缘，或盆栽装饰内室或客厅，其切枝亦是插花花艺常用之叶材。

同属常见植物：

'斑叶'海桐（*P. tobira* 'Variegata'）：叶边有不规则白斑。

光叶海桐（*P. glabratum* Lindl.）：叶两面有光泽，上面绿色，下面稍淡，中肋突出明显。花黄色。

14. 火棘（图5-7）

学名：*Pyracantha fortuneana* Li

科属：蔷薇科、火棘属

常用别名：火把果、救军粮

形态及观赏特征：常绿灌木，高可达3m。具枝刺，枝幼时有锈色柔毛。

(a)

(b)

图5-7　火棘
(a) 火棘整株；
(b) 火棘果

叶倒卵形，有疏锯齿，基部渐狭而全缘。复伞房花序；花白色。果近球形，红色。花期4～5月；果9～11月成熟，且宿存甚久。

原产地及习性：原产我国江苏、江西、四川、湖北、陕西、广东、广西、贵州和云南等省。喜强光。不耐寒，北京小气候良好处有栽培，但早春叶常脱落。喜排水良好土壤。

繁殖方式：以播种繁殖为主。

园林应用：火棘枝叶茂密，初夏白花似锦，入秋红果累累，且经久不凋，是一种优良的观花观果树种。可作花篱、果篱和刺篱，或丛植于草坪、路隅、岩坡及池畔，还可作盆景，其果、枝是瓶插的好材料。

同属常见植物：

窄叶火棘 (*P. angustifolia* Schneid.)：灌木或小乔木。枝刺多而较长，并有短小叶。花白色。果砖红色，经冬不落。花期5～6月。

全缘火棘 (*P. atalantioides* Stapf)：灌木或小乔木。叶先端圆顿，全缘或具不明显细齿，背面微带白粉。花白色。果亮红色。花期4～5月。

细圆齿火棘 (*P. crenulata* Roem.)：灌木或小乔木。叶先端尖而有刺，锯齿细圆，叶面光亮。花白色。果橘红色，经冬不落。花期4～5月。

15．胡颓子

学名：*Elaeagnus pungens* Thunb.

科属：胡颓子科、胡颓子属

常用别名：甜棒槌、雀儿酥、羊奶子

形态及观赏特征：常绿灌木，高3～4m。枝条具刺，小枝有锈色鳞片。叶革质，椭圆形至长椭圆形，边缘呈波浪状；幼叶表面有鳞斑，以后变得平滑并出现光泽，背面也有银白色的鳞斑，以后变成淡绿色。花银白色，下垂，有芳香。果椭球形，熟时红色。花期10～11月；果翌年5月成熟。

原产地及习性：原产中国长江流域及其以南各省。日本也有分布。喜光，

也稍耐阴；不耐寒。对土壤要求不严，在中性、酸性和石灰质土壤上均能
生长；亦耐干旱和瘠薄，耐水湿。

繁殖方式：多用播种和扦插法繁殖。

园林应用：胡颓子花开洁白芬芳，果熟红艳可爱，是我国南方园林常见的
观赏树种，常植于庭院观赏。

同属常见植物：

'金边'胡颓子（*E. pungens* 'Aurea marginata'）：叶边缘深黄色。

'银边'胡颓子（*E. pungens* 'Albo-marginata'）：叶边缘黄白色。

16. 细叶萼距花

学名：*Cuphea hyssopifolia* H.B.K.

科属：千屈菜科、萼距花属

常用别名：满天星

形态及观赏特征：常绿小灌木，植株矮小。茎直立，分枝多而细密。叶线
形、线状披针形或倒线状披针形，翠绿色。花单生叶腋，小而多；花萼延伸为
花冠状，高脚碟状，具5齿，齿间具退化的花瓣；花紫色、淡紫色、白色。花
期自春至秋。

原产地及习性：原产墨西哥、危地马拉。喜光，也能耐半阴，在全日照、
半日照条件下均能正常生长；耐热，不耐寒。喜排水良好的沙质土壤。

繁殖方式：以扦插繁殖为主，也用播种繁殖。

园林应用：细叶萼距花植株低矮，花小而繁多，花色丰富，是花坛、花带
及地被的优良材料。

17. 瑞香

学名：*Daphne odora* Thunb.

科属：瑞香科、瑞香属

常用别名：睡香、露甲、蓬莱紫

形态及观赏特征：常绿灌木，高可达2m。小枝光滑。单叶互生；叶
质较厚，表面深绿而有光泽；长椭圆形，全缘。头状花序顶生；花白色或淡
红紫色；芳香。核果肉质，圆球形；红色。花期3～4月。

原产地及习性：原产我国长江流域。耐阴性强，忌阳光曝晒；耐寒性差。
喜腐殖质多、排水良好的酸性土壤。

繁殖方式：播种、扦插、嫁接繁殖，以扦插繁殖为主。

园林应用：瑞香株形优美，开花时花朵累累、幽香四溢，是良好的观叶、
观花又芳香的植物材料。宜孤植或者丛植于庭院、山坡、树丛之半阴处；列植
道路两旁也极为美观；还可盆栽观赏。

18. 红千层

学名：*Callistemon rigidus* R.Br.

科属：桃金娘科、红千层属

常用别名：刷毛桢

形态及观赏特征：常绿灌木，高达 3m。叶互生，长披针形。穗状花序稠密，生于近枝顶，形似试管刷；雄蕊多数，鲜红，明显长于花瓣。蒴果。花期 5 ～ 7 月。

原产地及习性：原产澳大利亚。我国台湾、广东、广西等均有栽培。红千层属阳性树种，喜温暖、湿润气候，不耐寒。喜酸性土壤，耐旱，耐瘠薄。

繁殖方式：播种、扦插繁殖。

园林应用：红千层株形飒爽美观，每年春末夏初，火树红花，满枝吐焰，盛开时千百枝雄蕊组成一支支艳红的瓶刷子，甚为奇特。生性强健，栽培容易。华南地区可丛植、群植于园林中，亦可切枝水插观赏。

同属常见植物：

串钱柳（*C. viminalis* G. Don ex Loudon）：亦名垂枝红千层。常绿灌木或小乔木，高可达 6m。枝细长下垂，叶较红千层长（彩图 5-8）。

19. 东瀛珊瑚

学名：*Aucuba japonica* Thunb.

科属：山茱萸科、桃叶珊瑚属

常用别名：青木、日本桃叶珊瑚

形态及观赏特征：常绿灌木，高可达 3m。叶革质而有光泽，长卵形至卵状长椭圆形，先端渐尖，叶缘上部疏生粗齿。圆锥花序顶生，暗紫色。果卵圆形，红色。花期 3 ～ 4 月；果期可至翌年 4 月。

原产地及习性：原产我国福建及台湾。日本和朝鲜也有分布。喜温暖湿润环境，不耐寒，耐阴性强。要求肥沃湿润、排水良好的土壤。

繁殖方式：多采用扦插法繁殖。

园林应用：东瀛珊瑚枝繁叶茂，叶色葱绿，四季常青；入冬后果实成熟，红果累累，鲜艳悦目，为冬季观果观叶的珍贵树木。于庭院中点缀数株效果极佳；也盆栽供室内观赏。

同属常见植物：

'洒金'东瀛珊瑚（*A. japonica* 'Variegata'）（彩图 5-9）：东瀛珊瑚的栽培变种。叶面有黄色斑点。园林应用较原种更广泛。

桃叶珊瑚（*A. chinensis* Benth.）：叶薄革质，果深红色。

图 5-10　大叶黄杨

20．大叶黄杨（图 5-10）

学名：*Euonymus japonicus* Thunb.

科属：卫矛科、大叶黄杨属

常用别名：正木、冬青卫矛

形态及观赏特征：常绿灌木或小乔木，高可达 8m。小枝绿色，近四棱形。单叶对生，叶片革质，表面有光泽，倒卵形或狭椭圆形，边缘有细锯齿。聚伞花序腋生，具长梗，花绿白色。蒴果近球形，淡红色，假种皮橘红色。花期 6 ～ 7 月；果期 9 ～ 10 月。

原产地及习性：原产日本。我国中部及北部各省亦有分布。现栽培普遍。喜光，亦较耐阴。喜温暖湿润气候，耐寒性不强。要求肥沃疏松的土壤。极耐修剪。

繁殖方式：以扦插为主，亦可播种繁殖。

园林应用：大叶黄杨枝叶茂密，叶色光亮鲜绿，极耐修剪，为园林中常见绿篱树种，亦可孤植或群植。其栽培变种花叶者有金边、银边、金心、金斑、银斑等，尤为美观。

同属常见植物：

胶东卫矛（*E. kiautshovicus* Loes.）：直立或蔓性半常绿灌木。叶近纸质。蒴果粉红色。果熟期为 11 月。

21．枸骨（彩图 5-11）

学名：*Ilex cornuta* Lindl. et Paxt.

科属：冬青科、冬青属

常用别名：鸟不宿、猫儿刺、枸骨冬青

形态及观赏特征：常绿灌木或小乔木，高 3 ～ 4m，最高可达 10m 以上。枝开展而密生。叶硬革质，四角状长圆形或卵形，顶端具 3 枚尖硬刺齿，中央一枚向背面弯，基部两侧各有 1 ～ 2 枚刺齿；叶面深绿色，有光泽，背面淡绿色；大树的树冠上部叶有时全缘。花序簇生于 2 年生枝叶腋；花小，淡黄绿色。核果球形，鲜红色。花期 4 ～ 5 月；果 9 ～ 10（11）月成熟。

原产地及习性：分布于长江中下游地区各省，朝鲜也有分布。现各地庭园常有栽培。喜光，稍耐阴。喜温暖气候，耐寒性不强。喜肥沃、湿润而排水良好之微酸性土壤。生长缓慢；萌蘖力强，耐修剪。对有害气体有较强抗性。

繁殖方式：播种、扦插繁殖。

园林应用：枸骨枝叶稠茂，叶形奇特，深绿光亮；入秋硕果累累，红艳美丽，经冬不凋，是良好的观叶观果植物。宜作基础种植及岩石园材料，孤植、

对植或丛植均很适宜；同时又是很好的绿篱（兼有果篱、刺篱的效果）材料；还可盆栽观赏，其老桩是制作盆景的好材料；果枝可瓶插。

同属常见植物：

无刺枸骨（*I. cornuta* 'National'）：叶缘无刺齿。

钝齿冬青（*I. crenata* Thunb.）：亦名波缘冬青。灌木或小乔木。多分枝。叶小而密生，缘有浅锯齿，厚革质，表面深绿色而有光泽。

龟甲冬青（*I. crenata* 'Convexa'）（图 5-12）：矮灌木。叶面凸起。

图 5-12 龟甲冬青

22. 黄杨

学名：*Buxus sinica* Cheng ex M. Cheng

科属：黄杨科、黄杨属

常用别名：瓜子黄杨

形态及观赏特征：常绿灌木或小乔木，高达 7m。树皮灰色，有规则剥裂。茎枝 4 棱。叶倒卵形、倒卵状椭圆形至广卵形，先端圆钝或微凹；叶革质而有光泽。花簇生叶腋或枝端。蒴果球形，熟时黑色。花期 3~4 月；果期 5~7 月。

原产地及习性：产我国中部及东部地区。较耐阴。有一定的耐寒性，北京可露地栽培。抗烟尘；浅根性；生长极慢，耐修剪。

繁殖方式：播种、扦插繁殖。

园林应用：黄杨四季常青，因耐修剪而是园林中最常用之绿篱及基础栽植材料。亦可在草坪、庭前孤植、丛植，或于路旁列植、点缀山石；也是盆栽或制作盆景的好材料。黄杨木材黄白色，极致密，多作雕刻及制梳、篦等细木工用材。

同属常见植物：

雀舌黄杨（*B. bodinieri* Lévl.）：常绿灌木，高达 4m；叶较狭长，倒披针形或倒卵状长椭圆形，表面绿色而光亮。

锦熟黄杨（*B. sempervirens* L.）：常绿灌木或小乔木，高可达 6m；小枝密集，四方形；叶椭圆形或长卵形。花簇生叶腋。

珍珠黄杨（*B. sinica* var. *margaritacea*）：高可达 2.5m；分枝密集，节间短；叶细小，椭圆形，叶面略凸起，深绿而有光泽，入秋渐变红色。

23. 红桑

学名：*Acalypha wilkesiana* Muell.-Arg.

科属：大戟科、铁苋菜属

常用别名：铁苋菜

形态及观赏特征：常绿灌木，高 1 ～ 4m。叶卵圆形，顶端渐尖，边缘具粗圆锯齿；古铜绿色或浅红色，常杂以紫色或红色斑块。穗状花序，雌雄花异序。花期几乎全年。

原产地及习性：原产于太平洋岛屿（波利尼西亚或斐济）。现广泛栽培于热带、亚热带地区。我国台湾、福建、广东、海南、广西和云南均有应用。喜光。喜温暖环境，不耐寒。要求疏松、排水良好的土壤。耐干旱，忌水湿。

繁殖方式：常用扦插繁殖。

园林应用：红桑叶片密集，叶色终年古铜或红色，耐修剪。在南方地区常作庭院、公园中的绿篱和观叶灌木，可孤植或丛植。长江流域及其以北常盆栽作室内观赏。

常见栽培品种：'**银边**'**红桑**（*A. wilkesiana* 'Alba'）：叶片大，常扭曲，边缘白色。'**金边**'**红桑**（*A. wilkesiana* 'Marginata'）：叶绿色，边缘乳黄或橘红色。'**彩叶**'**红桑**（*A. wilkesiana* 'Mussaica'）。

24. 变叶木（彩图 5-13）

学名：*Codiaeum variegatum* Bl. var. *pictum* Muell.–Arg.

科属：大戟科、变叶木属

常用别名：洒金榕

形态及观赏特征：常绿灌木或小乔木。全株有乳状液体。枝上有大且明显的圆叶痕。单叶互生，厚革质；叶形和叶色依品种不同而有很大差异，叶片线形、披针形至椭圆形，边缘全缘或者分裂，波浪状或螺旋状扭曲，甚为奇特，叶片上常具有白、紫、黄、红色的斑块和纹路。总状花序生于上部叶腋，花白色，不显眼。

原产地及习性：原产东南亚热带地区。喜温暖，不耐寒。我国各地常见温室栽培，华南地区可露地栽培。喜阳光充足，耐半阴。喜肥沃、黏重而保水性好的土壤。喜水湿。

繁殖方式：多用扦插繁殖。

园林应用：变叶木是自然界中颜色和形状变化最多的观叶植物，极为美丽，是园林中重要的常年异色叶植物，可丛植、篱植、带植或片植，也是布置花坛的优良材料，盆栽亦可陈设于厅堂、会议厅。

25. 一品红（彩图 5-14）

学名：*Euphorbia pulcherrima* Willd. ex Klotzsch

科属：大戟科、大戟属

常用别名：象牙红、圣诞花、猩猩木

形态及观赏特征：常绿灌木，高 0.5 ～ 3m。茎光滑，茎叶含白色乳汁。嫩枝绿色，老枝深褐色。单叶互生，卵状椭圆形，全缘或波状浅裂；顶端靠近花序之叶片呈苞片状，开花时变为朱红色，为主要观赏部位。杯状花序聚伞状排列。自然花期 10 月至翌年 4 月。

原产地及习性：原产地墨西哥。现各地广为栽培。我国华南地区可露地栽培，长江流域及以北地区需要温室越冬。喜温暖、湿润及充足的光照。不耐低温。对土壤要求不严，但以微酸性的肥沃、湿润、排水良好的沙壤土最好；忌积水。

繁殖方式：以扦插繁殖为主。

园林应用：一品红花开时苞片朱红，且花期正值圣诞、元旦、春节，是盆栽布置室内环境的良好花卉，可增加喜庆气氛；也可通过短日照处理促其提前开花，于夏秋季布置花坛、花带等。华南地区可作基础栽植或丛植、群植于园林中。

同属常见植物：

铁海棠（*E. milii* Desmoul.）：又名虎刺梅。直立或攀援状灌木，高可达 1m。茎有纵棱，锥状硬尖刺成 5 行排列于茎的纵棱上。总苞片鲜红色，阔卵形或肾形。花期全年，多在秋、冬季。树形奇特，暖地用于花篱兼刺篱，或丛植、片植；北方温室栽培用于室内观赏。

紫锦木（肖黄栌 *E. cotinifolia* L.）：常绿灌木，高 2 ～ 3m，小枝叶叶片均为红褐色或紫红色。

26. 红背桂

学名：*Excoecaria cochinchiensis* Lour.

科属：大戟科、土沉香属

常用别名：青紫木、红背桂

形态及观赏特征：常绿小灌木，高 1 ～ 2m。单叶对生，叶狭长椭圆形，表面深绿色，背面紫红色。穗状花序腋生，花小。花期 6 ～ 8 月。

原产地及习性：原产印度。不耐寒，我国华南至西南一带园林中多有应用。耐阴，忌阳光曝晒。喜湿润气候。

繁殖方式：扦插繁殖。

园林应用：红背桂为双色叶植物，极具观赏性，园林中常作地被、色带、色块等，亦可篱植或丛植，北方可盆栽用以室内观赏。

27. 米仔兰（图 5-15）

学名：*Aglaia odorata* Lour.

科属：楝科、米仔兰属

常用别名：米兰、树兰

图5-15 米仔兰

形态及观赏特征：灌木或小乔木，高4～7m。茎多小枝。幼枝顶部被星状锈色鳞片。奇数羽状复叶互生，叶轴和叶柄具狭翅；小叶3～5枚，互生，倒卵状椭圆形。圆锥形花序腋生；花小而多，黄色，极香。浆果球形。花期夏秋，盛花期在夏季。

原产地及习性：喜温暖，忌严寒。原产东南亚。现广泛栽植于热带和亚热带各地。我国华南及西南多有栽培，长江流域及以北地区盆栽观赏。喜光，但忌强阳光直射，稍耐阴。喜肥沃富含腐殖质、排水良好的壤土。

繁殖方式：常用高压与扦插法繁殖。

园林应用：米仔兰枝叶繁茂，四季常青，花朵密集，香气馥郁，花期较长，可连续开花，为优良的芳香植物。园林中常丛植、片植或篱植，亦是芳香园、夜花园的优良材料，盆栽适宜用于布置会场、门厅、庭院及家庭装饰。

同属常见植物：

大叶米兰（*A. elliptifolia* Merr.）：植株幼嫩部分被褐色鳞片；小叶较大，背面密被褐色鳞片。

28. 九里香

学名：*Murraya paniculata* Jack.

科属：芸香科、九里香属

常用别名：千里香、月橘

形态及观赏特征：灌木或小乔木，高3～8m。分枝多。奇数羽状复叶互生；小叶3～9枚，互生，卵形或卵状披针形，全缘；浓绿色，有光泽。聚伞花序顶生或腋生，花白色，极芳香。浆果近球形，肉质红色。花期4～8月；果期9～12月。

原产地及习性：菲律宾、印度尼西亚、斯里兰卡及我国台湾、福建、广东、海南及湖南、广西、贵州、云南四省区的南部均有分布。喜气候温暖，不耐寒。较耐阴。对土壤要求不严，以疏松、肥沃、含大量腐殖质的中性土为好。稍耐干旱，忌积涝。

繁殖方式：一般用高压法繁殖，也可分株繁殖。

园林应用：九里香株形优美，枝叶秀丽，花香浓郁，果色鲜艳，耐阴性强，是优良的香花树种。南方常丛植于庭院观赏，亦可修剪成篱。北方盆栽置于室内观赏。

29. 八角金盘（图 5-16）

学名：*Fatsia japonica* Decne. et Planch.

科属：五加科、八角金盘属

常用别名：八角盘、八手、手树

形态及观赏特征：常绿灌木或小乔木，常成丛生状，高可达 5m。单叶互生，掌状 7～9 裂；革质而有光泽。伞形花序集生成顶生圆锥花序；花白色。浆果球形，紫黑色，外被白粉。花期夏秋至初冬；果翌年 5 月成熟。

图 5-16 八角金盘

原产地及习性：原产日本。我国长江以南的城市可露地栽培，北方城市多温室栽培观赏。喜温暖湿润气候，不耐寒。喜阴。喜排水良好土壤。

繁殖方式：常用扦插繁殖，也可播种或分株繁殖。

园林应用：八角金盘叶形奇特，叶色浓绿，是优良的观叶植物。因其极耐阴，适宜配植于立交桥下、建筑物的背阴处及林下，亦可点缀于水边、路旁及草坪边缘。亦是盆栽供室内观赏的优良种类。其叶可作插花配材。本种另有金边、银边及斑叶之栽培品种。

30. 鹅掌藤

学名：*Schefflera arboricola* Merr.

科属：五加科、鸭脚木属

形态及观赏特征：常绿蔓性灌木或藤本。分枝多，茎节处生有气生根。掌状复叶互生；深绿色；小叶 7～9 枚，长椭圆形，全缘；叶柄细。花淡黄绿色。浆果红黄色。花期秋冬；果翌年春季成熟。

原产地及习性：原产热带、亚热带地区。我国台湾、广西及广东均有分布。不耐寒，较耐阴，耐旱又耐湿，土壤需排水良好。

繁殖方式：常用扦插和播种繁殖。

园林应用：鹅掌藤叶形优美，适合庭院美化或盆栽观赏。园林中常用的是其栽培变种。

常见栽培品种有**斑卵叶鹅掌藤**（*S. arboricola* 'Hong Kong Variegata'）：又称花叶鹅掌藤。常用作林下地被或群植、丛植于林缘、水边，是优美的观叶植物，亦可使其攀附墙面作垂直绿化。盆栽亦极受喜爱。另有**金叶鹅掌藤** 'Aurea'、**金边** 'Golden Marginata'、**斑叶** 'Nariegata'。

31. 黄蝉

学名：*Allamanda schottii* Pohl

科属：夹竹桃科、黄蝉属

　　形态及观赏特征：常绿灌木，高可达 2m。具乳汁。叶 3 ~ 5 枚轮生；叶片椭圆形或倒卵状长圆形，先端渐尖，全缘。聚伞花序；花冠漏斗状，金黄色，内面具红褐色条纹，花长 5 ~ 7cm；冠檐顶端 5 裂，花冠裂片向左覆盖。蒴果球形，有长刺。花期 5 ~ 8 月；果期 10 ~ 12 月。

　　原产地及习性：原产巴西。我国广东、广西、海南及台湾均有栽培，长江以北多盆栽。喜光。喜温暖湿润气候，不耐寒。适生于肥沃、排水良好的沙质壤土中。

　　繁殖方式：多用扦插繁殖。

　　园林应用：黄蝉植株浓密，叶色碧绿，花朵大型，花色鲜亮，适宜作大中型盆栽，装饰客厅、阳台及商场、会场等大型室内空间。但其植株有毒，应用时应予以注意。

32. 夹竹桃（图 5-17）

　　学名：*Nerium oleander* L.

　　科属：夹竹桃科、夹竹桃属

　　常用别名：红花夹竹桃、柳叶桃

　　形态及观赏特征：常绿灌木或小乔木，高可达 5m。分枝多而软。叶对生或三枚轮生，狭披针形，硬革质，表面深绿色，叶缘略反卷。聚伞花序顶生；花粉红色，漏斗状，单瓣或重瓣，微有香气。花期 6 ~ 10 月。

　　原产地及习性：原产伊朗、印度及尼泊尔。现广植于热带及亚热带地区；我国长江流域及其以南可露地栽培。喜温暖湿润和阳光充足环境，不耐寒。喜光。对土壤要求不严。耐干旱，亦耐水湿，抗性强，抗烟尘及有毒气体。

图 5-17　夹竹桃

繁殖方式：以扦插繁殖为主。

园林应用：夹竹桃植株柔美，花色娇艳，花期长久，生性强健，抗性强，是城市绿化的优良树种。有白花、粉花、红花及各色重瓣和斑叶栽培品种。常植于道路旁、公园、街头及庭院等处，景观效果甚好。在高速公路、工矿区等环境条件差的地区亦是良好的绿化树种。北方可盆栽布置庭院或室内。其茎叶有毒。

33. 黄花夹竹桃

学名：*Thevetia peruviana* Schum.

科属：夹竹桃科、黄花夹竹桃属

常用别名：酒杯花、柳木子

形态及观赏特征：灌木或小乔木，高达 5m。枝条、小枝柔软；具乳汁。叶革质，线形至线状披针形，全缘，表面有光泽。花大，黄色；具香味。核果扁三角状球形。花期 5 ~ 12 月；果熟期 8 月到翌年春季。

原产地及习性：原产热带美洲。现热带和亚热带地区均有栽培；我国广东、广西、福建、台湾、云南等地广为栽培，长江以北地区多温室栽培。喜光，耐半阴。喜高温多湿气候。生命力强，抗风，抗大气污染。

繁殖方式：播种、扦插繁殖。

园林应用：黄花夹竹桃分枝多而柔软，叶片密而翠绿，花朵大而鲜艳，花期甚长，是美丽的观赏花木。常孤植、丛植或群植。全株有毒，误食可致命。

34. 福建茶

学名：*Carmona microphylla* G.Don

科属：紫草科、基及树属

常用别名：基及树

形态及观赏特征：常绿灌木，高 1 ~ 3m。多分枝。叶在长枝上互生，在短枝上簇生；革质，倒卵形或匙状倒卵形，基部渐狭成短柄；边缘上部有锯齿。花小，花冠白色，2 ~ 6 朵成聚伞花序腋生或生于短枝上。核果球形，熟时黄色或红色。花果期 11 月至翌年 4 月。

原产地及习性：原产亚洲南部。我国广东和台湾等省均有分布。喜温暖湿润气候，不耐寒。喜疏松肥沃、排水良好的微酸性壤土。适应性强，极耐修剪。

繁殖方式：多用扦插繁殖。

园林应用：福建茶枝叶密集而浓绿，白花红果，秀丽可爱，四季均宜观赏。由于生长力强，耐修剪，常作植物雕塑及绿篱栽植，亦可丛植。老树桩还是盆景的良好材料。

35. 假连翘 (彩图 5-18)

学名：*Duranta erecta* L.

科属：马鞭草科、假连翘属

常用别名：番仔刺、篱笆树

形态及观赏特征：常绿灌木或小乔木，高约 1.5 ~ 4.5m。枝细长，拱形下垂，具皮刺。单叶对生，卵状椭圆形，全缘或中部以上有锯齿。总状花序顶生或腋生；花蓝色或淡紫色。核果圆球形；橙黄色，有光泽；包藏于扩大的花萼内，经冬不落。花果期 5 ~ 10 月。南方地区可全年观赏。

原产地及习性：原产热带和亚热带美洲。世界各热带地区多有引种。我国华南地区广有栽培。喜温暖湿润气候，抗寒力较低。喜光，耐半阴。对土壤的适应性较强，沙质土、黏重土、酸性土或钙质土均宜；较喜肥，贫瘠地生长不良；耐水湿，不耐干旱。耐修剪。

繁殖方式：以播种繁殖为主，也可扦插繁殖。

园林应用：假连翘枝条柔软下垂，花朵温婉柔美，是我国南方优良的观花、观果的灌木花卉。由于枝叶密集，极耐修剪，适于种植作绿篱及色带、色块，或悬垂于石壁、砌墙上，均很美丽。

同属常见植物：

'金叶'假连翘（*D. erecta* 'Golden leaves'）（彩图 5-19）：叶金黄至黄绿色。

'花叶'假连翘（*D. erecta* 'Variegata'）：叶缘有不规则白或淡黄色斑。

36. 五色梅 (彩图 5-20)

学名：*Lantana camara* L.

科属：马鞭草科、马缨丹属

常用别名：马缨丹、臭草、如意花

形态及观赏特征：常绿直立或半蔓性灌木，高 1 ~ 2m。全株被短粗毛，有强烈臭气。叶对生，卵形或长圆状卵形；叶面略皱，缘有齿。头状花序腋生，花小；花色多变，初开时黄色或粉红色，渐变为橙黄或橘红色，最后变为深红色。核果圆球形，肉质；熟时紫黑色。可全年开花。

原产地及习性：原产美洲热带地区。我国引种栽培并逸为野生，华南地区的荒郊野外多有大片野生分布。不耐寒，喜温暖湿润、阳光充足的环境。稍耐旱。

繁殖方式：扦插、播种法繁殖。

园林应用：五色梅花色美丽多变，常年开花，观赏期长。华南地区可植于公园、庭院中作花坛、花篱、花丛、地被或植于水岸边、墙垣作垂直绿化观赏。北方地区则多盆栽。

37. 茉莉

学名：*Jasminum sambac* Ait.

科属：木犀科、茉莉属

常用别名：茉莉花

形态及观赏特征：常绿灌木，高 1 ~ 3m。枝细长呈藤本状。单叶对生，卵圆形或椭圆形，全缘；质薄而光滑。通常 3 朵成聚伞花序，花白色，重瓣，浓香。大多数品种的花期为 5 ~ 10 月，7 月盛开。

原产地及习性：原产印度及华南。喜温暖湿润气候及酸性土壤，在通风良好、半阴环境生长最好。不耐寒，不耐霜冻、湿涝和碱土。

繁殖方式：扦插、压条、分株繁殖。

园林应用：茉莉叶色青翠，花朵洁白，芳香宜人，深受各地人们喜爱。可植为花篱或路缘、林缘，是芳香园的良好树种。长江流域及其以北地区通常盆栽观赏。花朵还可熏茶或提炼香精。

38. 小蜡

学名：*Ligustrum sinense* Lour.

科属：木犀科、女贞属

常用别名：山指甲、水黄杨

形态及观赏特征：半常绿灌木或小乔木，可达 2 ~ 7m。小枝条密生短柔毛。叶薄革质；椭圆形至椭圆状矩圆形。圆锥花序，花白色，花梗明显；芳香。核果近圆状。花期 4 ~ 5 月；果 11 月成熟。

原产地及习性：分布于长江以南各省区。北京小气候良好地区能露地栽植。较耐寒，喜光，稍耐阴。对土壤的要求不严。抗二氧化硫等多种有毒气体。耐修剪。

繁殖方式：可用播种、扦插繁殖。

园林应用：常植于庭园观赏，丛植于林缘、池边、石旁，或用作绿篱；也可栽植于工矿区。其干老根，虬曲多姿，可作树桩盆景。

同属常见植物：

日本女贞（*L. japonicum* Thunb.）：常绿灌木，高达 3 ~ 6m；叶革质，平展，叶缘略反卷，卵形，先端钝侧脉不明显，中脉及叶缘常带红色；顶生圆锥花序，花期 7 ~ 9 月。

39. 金苞花

学名：*Pachystachys lutea* Nees

科属：爵床科、金苞花属

常用别名：黄虾花、金苞虾衣花

形态及观赏特征：常绿亚灌木，株高 30 ~ 50cm。茎直立，多分枝，基部木质化。单叶对生，长椭圆形，先端尖，叶脉鲜明，叶面有光泽，叶缘波状。穗状花序顶生，由直立的心形金黄色苞片整齐重叠而成，呈四棱形；花乳白色，二唇形，从金黄色苞片中伸出；花从基部向上陆续开放。花期极长，5 ~ 10 月。

原产地及习性：原产秘鲁和墨西哥。我国有引种，华南可露地栽培。喜温暖湿润、光照充足的环境，不耐强光直射，比较耐阴。适合栽种在肥沃、排水良好的轻壤土中生长。

繁殖方式：主要用扦插繁殖。

园林应用：金苞花株丛整齐，花形奇特，花色金黄，花期极长，观赏价值很高。华南可于园林中丛植、片植或布置于花坛，亦是优美的盆栽花卉。

40. 栀子花

学名：*Gardenia jasminoides* Ellis

科属：茜草科、栀子属

常用别名：黄栀子、山栀

形态及观赏特征：常绿灌木，高 1 ~ 2 m，小枝条绿色。单叶对生或 3 叶轮生；倒卵状长椭圆形，顶端渐尖；叶片革质，浓绿有光泽。花单生枝顶或叶腋；花冠白色；高脚碟状；具浓香。有重瓣品种。花期 6 ~ 8 月，可连续开花。

原产地及习性：广泛分布于浙江、江西、福建、湖北、湖南、四川、贵州、陕西南部等地。喜温暖湿润气候。喜光，也稍耐阴。适宜生长在疏松、肥沃、排水良好、轻黏性的酸性土壤中。萌蘖力强，耐修剪。

繁殖方式：以扦插和压条为主，也可用分株和播种繁殖。

园林应用：栀子花叶片四季常绿，花朵素雅芳香，绿叶白花，分外清丽可爱，是优良的香花树种。长江流域及以南地区多用于庭院栽植观赏。北方地区则多温室盆栽装饰居室。花还可作插花装饰。

同属常见植物：

大花栀子（*G. jasminoides* 'Grandiflora'）：花较大，径达 7 ~ 8cm，单瓣；叶也较大。

雀舌栀子（*G. jasminoides* var. *radicans* Mak.）：又名水栀子。植株矮小，常呈匍地状。花叶均较原种小，重瓣。宜作地被。有单瓣变型称单瓣雀舌栀子。

41. 龙船花

学名：*Ixora chinensis* Lam.

科属：茜草科、龙船花属

常用别名：仙丹花

形态及观赏特征：常绿灌木，高 0.5 ~ 2m。叶
对生，椭圆形或倒卵形，全缘。聚伞花序顶生，密聚
成伞房状；花冠高脚碟状，红色或橙红色。浆果近圆形，
成熟时黑红色。花期几乎全年。

原产地及习性：原产我国南部。分布于广东、广西、
台湾、福建等省区。喜高温多湿和阳光充足环境，耐半阴。
不耐寒。要求富含腐殖质、疏松、肥沃的酸性土壤。

繁殖方式：主要用播种和扦插繁殖。

图 5-21　'大王'龙船花

园林应用：龙船花株形优美，开花密集，花色丰富，
花期亦长。在南方可露地栽植，丛植、片植、篱植或布置花坛。北方则多盆栽
观赏。

同属常见植物：

红龙船花（*I. coccinea* L.）：植株低矮，约在 1m 以下。花绯红色。

黄龙船花（*I. lutea* Hutch）：花黄色。

白龙船花（*I. henryi* Lévl.）：花乳白色。

'大王'龙船花（*I. duffii* 'Super King'）：花冠鲜红色，亦有其他花
色变种；花序径可达 15cm 以上，是龙船花属中花序较大的品种；夏秋季盛花。
株形较高，花色娇艳，姿态优美（图 5-21）。

'大黄'龙船花（*I. coccinea* 'Gillettes Yellow'）：叶大且圆。花瓣也大；花
冠黄色；花期从夏季到秋季。

42. 六月雪

学名：*Serissa japonica* Thunb.

科属：茜草科、六月雪属

常用别名：满天星、白马骨

形态及观赏特征：常绿或半常绿小灌木，高通常不及 1m。丛生，分枝
细密。单叶对生或簇生；长椭圆形；叶脉、叶柄及叶缘均被白毛。花单生或
者多数簇生；白色或带淡紫色。花期 6 ~ 7 月。

原产地及习性：产我国江苏、江西、浙江、广东等省。日本也有分布。喜
温暖湿润气候。喜阴。对土壤要求不严。耐水湿。萌芽力很强，耐修剪。

繁殖方式：常用扦插和分株繁殖。

园林应用：六月雪植株低矮，花开犹如白雪满树，清雅秀丽，是花篱
及绿篱的良好材料，也可布置花坛，或者植于路边观赏。有**金边**（'Aureo-
marginata'）、**重瓣**（'Pleniflora'）、**粉花**（'Rubescens'）等栽培品种，观赏效
果颇佳。

图 5-22　珊瑚树

43．珊瑚树（图 5-22）

学名： *Viburnum odoratissimum* var. *awabuki* Zab.

科属： 忍冬科、荚蒾属

常用别名： 法国冬青

形态及观赏特征： 常绿小乔木或灌木，高约 2～10m。树冠倒卵形。枝干挺直。叶对生，长椭圆形或倒披针形，先端钝尖，基部宽楔形，边缘波状或具粗钝齿，近基部全缘；表面暗绿色，背面淡绿色。圆锥状伞房花序顶生；花冠白色，钟状，有芳香。核果椭圆形，初红后黑。花期 5～6 月；果期 10 月。

原产地及习性： 原产我国浙江及台湾等省。日本及朝鲜南部也有分布。现长江以南各大城市广泛栽培。喜温暖，不耐寒。喜阳光，稍耐阴。在潮湿、肥沃的中性壤土中生长迅速而旺盛，酸性土、微碱性土也能适应。根系发达，萌芽力强，耐修剪，易整形。

繁殖方式： 以扦插为主，亦可播种繁殖。

园林应用： 珊瑚树枝繁叶茂，红果形如珊瑚，绚丽可爱。在规则式庭园中常整修为绿墙、绿门、绿廊，在自然式园林中多孤植、丛植装饰墙角，用于隐蔽遮挡。珊瑚树对多种有毒气体有吸收功能，又有较强的抗性，是防尘、隔声、防火等多功能的主要防护树种。亦可盆栽观赏。

同属常见植物：

山枇杷（*V. rhytidophyllum* Hemsl.）：亦名皱叶荚蒾。灌木或小乔。幼枝、叶背及花序被灰白色绒毛。叶厚革质，叶面皱而有光泽。

44．朱蕉

学名： *Cordyline terminalis* Kunth

科属： 百合科、朱蕉属

常用别名： 铁树

形态及观赏特征： 常绿灌木，高可达 3m。不分枝或少分枝。叶聚生茎端，披针状长椭圆形，叶端渐尖，基部抱茎；绿色或紫红色。圆锥花序腋生；花淡红色至青紫色，偶有淡黄色。

原产地及习性： 原产我国南部和越南、印度等地。喜温暖湿润，不耐寒。喜光，也耐阴。

繁殖方式：以扦插繁殖为主。

园林应用：朱蕉叶形叶色多变，是很好的观叶植物。园林中可丛植、列植、群植，亦常盆栽布置室内场所。

45. 香龙血树

学名：*Dracaena fragrans* Ker-Gawl.

科属：百合科、龙血树属

常用别名：巴西木、巴西铁树

形态及观赏特征：常绿灌木，高达 6m。叶集生茎端；狭长椭圆形，革质；叶缘具波纹，深绿色。圆锥花序，花淡黄色，芳香。

原产地及习性：原产非洲几内亚和阿尔及利亚。对光照适应性强。喜高温多湿和阳光充足环境。以肥沃、疏松、排水良好的沙质土壤为宜。怕涝。

繁殖方式：常扦插繁殖。

园林应用：香龙血树植株挺拔、清雅，富有热带情调，园林中可孤植、对植或群植，亦是美丽的室内观叶植物。

同属常见植物：

'黄边'香龙血树（*D. fragrans* 'Lindenii'）：叶有黄绿色的宽边条。

'金心'香龙血树（*D. fragrans* 'Massangeana'）：叶有宽的绿边金心，新叶更明显。

异味龙血树（*D. deremensis* Engl.）：叶暗绿色而有光泽；花冠外面暗红色，里面白色。

'密叶'龙血树（*D. deremensis* 'Compacta'）：节间极短，叶密集，叶柄短或无柄，叶色浓绿且油亮有光泽。

剑叶龙血树（*D. marginata* Lam.）：茎细长；叶狭长剑形，无柄，老叶常悬垂状，新叶向上伸展，叶灰绿色，边缘紫红色。

富贵竹（*D. sanderiana* Sander.）：叶边缘白色或黄色，叶柄较长。常称为金边富贵竹。绿叶富贵竹（'Virescens'）为其栽培品种。

百合竹（*D. reflexa* Lam.）：灌木或小乔木，高达 6～9m。

柬埔寨龙血树（*D. cambodiana* Pierre et Gagn.）：叶集生茎端，带状披针形，有光泽，略扭曲，基部抱茎，无柄；花乳白色。

46. 凤尾兰（彩图 5-23）

学名：*Yucca gloriosa* L.

科属：百合科、丝兰属

常用别名：凤尾丝兰、菠萝花

形态及观赏特征：常绿灌木。茎通常不分枝或分枝很少。叶片剑形，顶端尖硬，螺旋状密生于茎上；叶质较硬，有白粉，边缘光滑或老时有少数白丝。圆锥花序高 1m 多；花朵杯状，下垂，花瓣 6 片；花乳白色，常带紫晕；6 月、10 月两次开花。蒴果椭圆状卵形，不开裂。

原产地及习性：原产北美东部和东南部。温暖地区广泛露地栽培。喜温暖湿润和阳光充足环境，较耐寒，北京小气候良好处可露地应用。对土壤要求不严。较耐湿。耐空气污染。

繁殖方式：常用分株、扦插繁殖。

园林应用：凤尾兰枝叶常年浓绿，开花时花茎高耸挺立，白花繁密下垂，姿态优美。可孤植、对植、列植或片植，亦可布置在花坛中心、池畔、台坡和建筑物附近。

同属常见植物：

千手兰（*Y. aloifolia* L.）：单干。叶剑形，质较厚。花奶油白色，染紫晕，花期晚夏。

丝兰（*Y. smalliana* Fern.）：叶丛生，较硬直，线状披针形，边缘有卷曲白丝。花白色，下垂，花期 6 ~ 7（8）月。

二、落叶阔叶类灌木

1. 紫玉兰

学名：*Magnolia liliflora* Desr.

科属：木兰科、木兰属

常用别名：木兰、辛夷、木笔

形态及观赏特征：落叶大灌木，高达 3 ~ 5m。小枝紫褐色。叶椭圆形或倒卵状椭圆形；先端急渐尖或渐尖，基部楔形并稍下延。花大，花瓣 6 片，外面紫色，里面近白色；萼片小，3 枚，披针形，绿色。春天（4 月）叶前开花。

原产地及习性：原产我国中部。现各地广为栽培。较耐寒；喜光；喜肥沃、湿润而排水良好的土壤；根肉质，怕积水。

繁殖方式：分株、压条繁殖。

园林应用：紫玉兰栽培历史悠久，为庭院珍贵花木之一。花蕾形大如笔头，故有"木笔"之称。宜配植于庭院室前，或丛植于草地边缘；还可作嫁接玉兰的砧木。

2. 蜡梅

学名：*Chimonanthus praecox* Link

科属：蜡梅科、蜡梅属

常用别名：黄梅、黄梅花

形态及观赏特征：落叶灌木，高达 3m。枝、茎成方形。叶椭圆状卵形至卵状披针形，顶端渐尖，基部圆形或阔楔形，全缘；表面深绿粗糙，背面淡绿。花单朵腋生；蜡黄色，具芳香，有光泽，似蜡质。花期 11 月至翌年 3 月。

原产地及习性：原产我国中部。黄河流域以南地区均有栽培。北京小气候好处可栽培。喜光，但亦略耐阴。较耐寒。对土质要求不严。耐旱。耐修剪，发根能力强。

繁殖方式：播种、嫁接、扦插、分株繁殖。

园林应用：蜡梅是我国特产的传统名贵观赏花木，有着悠久的栽培历史和丰富的蜡梅文化。蜡梅香气别具一格，色香兼备，冬季开花，花期悠长，可在公园的假山、湖畔群植或者片植，或在建筑、山石、桥旁配置；也可以在草坪中点缀、孤植形成小品；亦可作盆景材料和插花。

常见栽培品种及变种有**'素心'**蜡梅（*C. praecox* 'Concolor'）：花较小，内部花被无紫褐色条纹。**'磬口'**蜡梅（*C. praecox* 'Grandiflorus'）：花较大，直径 3 ～ 3.5cm，花被近圆形，纯黄色，香气较淡。**狗牙蜡梅**（var. *intermedium Mak.*）：花小、香淡，花瓣狭长而尖，作砧木用。

3. 夏蜡梅

学名：*Sinocalycanthus chinensis* Cheng et S.Y.Chang

科属：蜡梅科、夏蜡梅属

常用别名：牡丹木、大叶柴

形态及观赏特征：落叶灌木，高达 3m。单叶对生，卵状椭圆形至倒卵圆形，近全缘或具不明显细齿。单花顶生，花瓣白色，边带紫红色，无香气。花期 5 月中、下旬。

原产地及习性：本种于 20 世纪 50 年代在浙江昌化、天台海拔 600 ～ 800m 处发现。喜阴。喜温暖湿润气候及排水良好的沙壤土。不耐干旱瘠薄，但比较耐寒。

繁殖方式：播种繁殖。

园林应用：夏蜡梅先花后叶，花朵洁白硕大，宜在假山、湖畔群植或者片植，或在建筑、山石、桥旁配置；也可作盆景和插花材料。

4. 小檗

学名：*Berberis thunbergii* DC.

科属：小檗科、小檗属

常用别名：日本小檗

形态及观赏特征：落叶灌木，高 2 ～ 3m。小枝红褐色，具刺，刺通常不分叉。叶簇生，倒卵形或至匙形，全缘。花小，单生或数朵簇生，黄色。浆果椭圆形，熟时鲜红色。花期 5 月；果熟期 9 月。

图 5-24 '紫叶'小檗

原产地及习性：原产日本及我国陕西秦岭一带，现我国南北各大城市均有栽培。适应性强。喜光，也稍耐阴。耐干旱瘠薄，对土壤要求不严，但以在肥沃而排水良好的沙质壤土中生长最好。耐修剪。

繁殖方式：播种、扦插繁殖。

园林应用：小檗枝叶繁茂，春季黄花满树，入秋叶色变红，果熟红艳可爱，是良好的观叶、观果树种。可作观赏刺篱，也可植于池畔、石旁、墙隅或林缘。

同属常见植物：

'**紫叶**'小檗（*B. thunbergii* 'Atropurpurea'）（图 5-24）：在阳光充足的情况下，叶常年紫红色。为北方最常见之常年异色叶灌木之一，可作篱植、色块、色带等，亦可修剪成球形。自然式丛植效果也很好。

5. 牡丹（彩图 5-25）

学名：*Paeonia suffruticosa* Andr.

科属：芍药科、芍药属

常用别名：木芍药、花王、富贵花

形态及观赏特征：落叶灌木，高可达 2m。2～3 回羽状复叶；小叶阔卵形至卵状长椭圆形，先端通常 3～5 裂。花大，单生枝顶；花型多样；色彩丰富，有粉、黄、白、紫、豆绿等色及复色。花期 4 月下旬至 5 月上旬。

原产地及习性：原产我国北部及中部。甘肃、陕西、河南和四川等地均有自然分布，秦岭山中也有野生。今各地均有栽培。喜光，但忌曝晒，侧方遮荫下生长最好；不耐酷热，较耐寒。要求疏松、肥沃、排水良好的中性壤土或沙壤土，忌黏重土壤或低湿处栽植。

繁殖方式：常用分株、扦插和嫁接法繁殖，也可用播种繁殖。

园林应用：牡丹是我国特有的木本名贵花卉，栽培历史非常悠久，自古以来，受到无数文人墨客的吟诵。"国色朝酣酒，天香夜染衣"（唐·李正封）。"落尽残红始吐芳，佳名唤作百花王。竞夸天下无双艳，独立人间第一香"（五代·皮日休）。"倾国姿容别，多开富贵家。临轩一赏后，轻薄万千花"（宋·汪洙）。这些诗句将牡丹花的国色天香、雍容华贵、富丽端庄描绘得淋漓尽致，使得牡丹有了"花中之王"的美称，长期以来被人们当做富贵吉祥、繁荣兴旺的象征。牡丹品种繁多，有适合用于中原、西北、西南及江南各地的品种群，尤以中原牡丹品种丰富。常在古典园林和居民院落中筑花台种植；也可在公园和风景区建立专类园观赏。自然式孤植、丛植或片植均相宜，也适于布置花境、花带及

图 5-26 木槿
(a) 木槿整株；
(b) 木槿花

盆栽观赏。通过催延花期，可以使其四季开花，满足人们日常生活和节假日的特殊需求。

6. 木槿（图 5-26）

学名：*Hibiscus syriacus* L.

科属：锦葵科、木槿属

常用别名：木槿花、篱槿、朝开暮落花

形态及观赏特征：落叶灌木或小乔木，高达 6m。叶互生，卵形或菱状卵形；先端常 3 裂，裂缘缺裂状，基部楔形或圆形，叶缘锯齿。花单生叶腋，具短柄；花大，钟形，单瓣或重瓣，有白、红、淡紫等色。蒴果长圆形，密生星状绒毛。花期 7 ~ 10 月；果期 9 ~ 11 月。

原产地及习性：原产中国、印度、叙利亚。中国自东北南部至华南各地均有栽培，尤以长江流域为多。喜光，稍耐阴。喜温暖湿润气候，抗寒性较弱，北方地区栽培需保护越冬。对土壤要求不严；耐水湿，耐旱。

繁殖方式：播种、扦插、压条繁殖。

园林应用：木槿开花达百日之久，满树繁英，是夏季开花的主要树种之一。可孤植、丛植、列植或作花篱、绿篱。木槿对烟尘和有毒气体的抵抗力很强，可在工矿区大量栽植，是优良的环保树种之一。

同属常见植物：

木芙蓉（*H. mutabilis* L.）（彩图 5-27）：小乔木或落叶灌木，高 2 ~ 5m。在长江以北冬季地上部分冻死，春天自根部萌发新枝呈灌木状。小枝密生绒毛。

叶大，卵圆形，掌状 3 ～ 5 (7) 裂，基部心形，缘有浅钝齿，两面有星状绒毛。花大，单生枝端叶腋，花初为粉红色，后变紫红色，一日即萎（图 5-27b）。花期 9 ～ 11 月。栽培品种类型变化较多。

7. 杜鹃花

学名：*Rhododendron simsii* Planch.

科属：杜鹃花科、杜鹃花属

常用别名：映山红、山踯躅

形态及观赏特征：落叶或半常绿灌木，高约 2m。枝叶花果均密被棕褐色、扁平的糙伏毛。叶卵状椭圆形，顶端尖，基部楔形。花 2 ～ 6 朵簇生于枝端；花萼 5 裂，裂片椭圆状卵形；花冠鲜红或深红色，宽漏斗状，5 裂，片内面有深红色斑点。蒴果卵圆形。花期 4 ～ 6 月。

原产地及习性：广布于长江流域各省。喜半阴；喜温凉湿润环境，怕空气干燥，怕水涝。喜欢酸性土壤，在钙质土中生长不良；可作为酸性土的指示植物。

繁殖方式：可用播种、扦插、嫁接及压条等方法繁殖。

园林应用：杜鹃花枝繁叶茂，绮丽多姿，萌发力强，是优良的观赏花灌木。在园林中最宜在林缘、溪边、池畔及岩石旁成丛成片栽植，也可于疏林下散植，或作地被植物。杜鹃花耐修剪，是良好的花篱材料。不同种类的杜鹃配置成杜鹃专类园也极具特色。

同属常见植物：

满山红（*R. mariesii* Hemsl. et Wils）：落叶灌木，高 1 ～ 3m。小枝轮状着生。叶卵形或长卵形，花玫瑰红带紫色，常成对着生枝顶。蒴果圆柱形。花期 4 月；果熟期 8 月。

图 5-28 迎红杜鹃

迎红杜鹃（*R. mucronulatum* Turcz.）（图 5-28）：落叶或半常绿灌木，高达 2.5m。叶长椭圆状披针形，先端尖。花冠漏斗形，淡紫红色。3 ～ 4 月叶前开花。

8. 老鸦柿

学名：*Diospyros rhombifolia* Hemsl.

科属：柿树科、柿树属

常用别名：山柿子、野山柿、野柿子

形态及观赏特征：落叶灌木，高达 2 ～ 4m，枝有刺。叶卵状菱形至倒卵形。花白色，单生叶腋；宿存萼片椭圆形或披针形。浆果卵球形；顶端有小突尖，有柔毛；熟时红色，有蜡质及光泽。花期 4 月；果期 10 月。

原产地及习性：产我国东部。常野生于山坡灌丛或林缘。喜光，也较耐阴。适生于疏松肥沃、排水良好的中性或微酸性壤土。适应性强，萌发力强，耐修剪。

繁殖方式：常用播种繁殖。

园林应用：老鸦柿秋季红果挂满枝头，鲜艳悦目；春季芽苞上有浓密的银褐色茸毛，整个树冠披盖银装，别具一格。宜植于庭院观赏，或作绿篱。

9. 小花溲疏

学名：*Deutzia parviflora* Bunge

科属：八仙花科、溲疏属

形态及观赏特征：落叶灌木，高 1 ～ 2m。叶片卵状椭圆形至狭卵状椭圆形，边缘具细密的锯齿，两面疏生星状毛。伞房花序，具多花；花小，花冠白色。蒴果近球形。花期 5 ～ 6 月。

原产地及习性：主要产于我国东北及华北。朝鲜也有分布，北京各区县山区常见。现在北方园林中多有栽培观赏。喜光，也稍耐阴。耐寒性较强。

繁殖方式：可用播种和分株法繁殖。

园林应用：小花溲疏花朵虽小，但花朵繁密，花色素雅，且花期正值花少的初夏，栽培于庭院中观赏甚为美丽。

同属常见植物：

溲疏（*D. crenata* Sieb. et Zucc.）：花白色或外带粉红色，花期 5 ～ 6 月。

大花溲疏（*D. grandiflora* Bunge）：花白色，较大，花期 4 月中下旬。

10. 八仙花（彩图 5-29）

学名：*Hydrangea macrophylla* Ser.

科属：八仙花科、八仙花属

常用别名：阴绣球、绣球花、草绣球、紫绣球

形态及观赏特征：落叶灌木，高 3 ～ 4m。小枝粗壮，无毛，皮孔明显。叶大而对生，椭圆形或倒卵形；有光泽；边缘具钝锯齿。伞房花序顶生，近球形；每一簇花中央为可孕的两性花，呈扁平状；外缘为不孕花，每朵具有扩大的萼片 4 枚，呈花瓣状；亦有花序中部几乎全为不育花，花序近球形者；花粉红色、蓝色或白色。花期 6 ～ 7 月。

原产地及习性：原产我国长江流域及其以南各地。朝鲜及日本也有分布。现全国各地均有栽培。喜温暖湿润的半阴环境；不耐寒。要求肥沃、疏松、排水良好的沙壤土，不耐涝。花色与土壤酸碱度关系较大，酸性土种植的花多蓝色，碱性土种植的花为红色。

繁殖方式：用扦插、分株及压条法繁殖。

园林应用：八仙花株形端整，叶形秀丽，花团锦簇，花大色美，花期

较长，是一种既适宜庭院栽培，又适宜盆栽观赏的理想花木。园林中可配置于林下、路缘及建筑物背面。

同属常见植物：

圆锥八仙花（*H. paniculata* Sieb.）：又名水亚木。落叶灌木或小乔。花白色，开后变淡紫色。花期 8 ～ 9 月。

'大花'圆锥八仙花（*H. paniculata* 'Grandiflora'）：又称圆锥绣球或大花水亚木。圆锥花序全部或大部分为大形不育花组成，开花持久，花由白色渐变浅粉红色。

11. 太平花（彩图 5-30）

学名：*Philadelphus pekinensis* Rupr.

科属：八仙花科、山梅花属

常用别名：京山梅花

形态及观赏特征：丛生灌木，高 2 ～ 3m。树皮栗褐色，呈薄片状剥落。叶卵形、卵状长椭圆形；基部三出脉；先端渐尖；边缘疏生细锯齿。花 5 ～ 7（9）朵成总状花序；花瓣 4，乳白色；有香气。蒴果近球形或倒圆锥形。花期 5 ～ 6 月；果熟期 9 ～ 10 月。

原产地及习性：产于中国北部及西部。辽宁、内蒙古、河北、山西、四川等省区和北京山地均有野生。朝鲜亦有分布，现各地庭园常有栽培。喜光；较耐寒。喜湿润肥沃而排水良好的壤土；耐干旱，怕水湿。

繁殖方式：可用扦插、播种、分株、压条等方法繁殖。

园林应用：太平花在我国的栽培历史悠久。宋仁宗时就栽植于宫庭，仁宗赐名"天平瑞圣花"。其枝叶繁茂，花朵秀丽，有芳香，非常适宜在古典园林中应用，植于假山旁或点缀以山石；亦可植于草地、林缘、园路拐角和建筑物前。

同属常见植物：

山梅花（*P. incanus* Koehne）：花乳白色，芳香。花萼外密生灰白色柔毛。花期 5 ～ 7 月。产我国中部。

12. 贴梗海棠

学名：*Chaenomeles speciosa* Nakai

科属：蔷薇科、木瓜属

常用别名：皱皮木瓜、铁干海棠

形态及观赏特征：落叶灌木。高可达 2m。老枝有刺。叶卵形至椭圆形，先端尖；缘有锐齿；托叶大，肾形或者半圆形。花 3 ～ 5 朵簇生于二年生枝上；花梗极短；花瓣 5；花白色、粉红色或者朱红色。梨果卵形或者近球形；黄色或黄绿色；有香气。花期 3 ～ 4 月；果期 9 ～ 10 月。

原产地及习性：原产于我国东部、中部及西南部。缅甸亦有分布。喜光。喜温暖，但有一定的耐寒能力。喜排水良好的肥沃湿润壤土，在低洼积水处生长不良。

繁殖方式：常用分株、压条、嫁接等方法繁殖。

园林应用：贴梗海棠春天开花，花多而密，朱红衬托嫩绿，绰约可爱；秋天黄果芳香，是良好的观花、观果树种，为园林中的重要花木。其适合栽植于庭院、路边、花坛、草坪、水边及围墙、假山等处；亦可密植作围篱，颇为美观。

同属常见植物：

日本贴梗海棠（*C. japonica* Lindl.）：高通常不及 1m。二年生枝有黑褐色疣状突起。花砖红色（彩图 5-31）。

13. 平枝栒子

学名：*Contoneaster horizontalis* Decne.

科属：蔷薇科、栒子属

常用别名：铺地蜈蚣、小叶栒子、矮红子

形态及观赏特征：半常绿或落叶匍匐灌木。株高约 50cm，冠幅达 2m。枝条水平开张成整齐 2 列状。叶小，厚革质，近圆形或宽椭圆形，先端急尖，基部楔形，全缘。花小，无柄，粉红色。果近球形，鲜红色，经冬不落。花期 5 ~ 6 月；果期 9 ~ 12 月。

原产地及习性：产于我国湖南、湖北、陕西、甘肃、四川、贵州和云南等省。较耐寒，北京及以南地区均可露地越冬。喜光，但也耐半阴。对土壤要求不严，在肥沃且通透性好的沙壤土中生长最好。较耐干旱。

繁殖方式：播种、扦插繁殖，但以扦插繁殖为主。

园林应用：平枝栒子春天小花秀丽，掩映绿叶之中；入秋红果累累，经冬不落秋色叶鲜红艳丽，既可观叶、观花又可赏果，是不可多得的园林绿化材料。常丛植于斜坡、岩石园、水池旁或山石旁，或散植于草坪上。亦可用作绿篱或地被景观。可制作盆景，果枝可用于插花。

同属常见植物：

多花栒子（*C. multiflorus* Bunge）：亦名水栒子。小枝细长而拱形。花白色。花期 5 ~ 6 月。果红色。

14. 白鹃梅（彩图 5-32）

学名：*Exochorda racemosa* Rehd.

科属：蔷薇科、白鹃梅属

常用别名：金瓜果、茧子花

形态及观赏特征：落叶灌木，高 3 ~ 5m。全株无毛。叶椭圆形或倒卵状椭圆形；全缘或上部有疏齿，先端钝或具短尖。总状花序；花 6 ~ 10 朵；花白色。蒴果倒卵形。花期 4 ~ 5 月；果期 8 ~ 9 月。

原产地及习性：原产中国。河南、浙江、江苏、江西等地均有分布。性强健，耐寒，喜光，稍耐阴。耐干旱瘠薄土壤。萌芽力强。

繁殖方式：可分株、扦插、播种繁殖，分株成活容易。

园林应用：白鹃梅树姿优美，春季白花如雪似梅，洁白无瑕，叶色翠绿，是美丽的观赏树种。宜在草坪、林缘、路边或山石旁等处栽植；桥畔、亭前配置亦有优良的景观效果。老树古桩还是制作树桩盆景的良好材料。

15. 棣棠（彩图 5-33）

学名：*Kerria japonica* DC.

科属：蔷薇科、棣棠属

常用别名：地棠、黄榆叶梅

形态及观赏特征：落叶丛生小灌木，高 1 ~ 2m。小枝鲜绿色，光滑，有棱。单叶互生；叶卵形至卵状椭圆形，顶端长尖，基部楔形或近圆形；边缘有锐重锯齿。花金黄色。瘦果黑色。花期 4 ~ 5 月；果期 7 ~ 8 月。

原产地及习性：产于河南、湖北、湖南、江西、浙江、江苏、四川、云南、广东等省。日本也有分布。喜温暖的气候，耐寒性不强；较耐阴。对土壤要求不严；耐旱力较差。

繁殖方式：多用扦插和分株繁殖。

园林应用：棣棠枝条碧绿，花色艳丽，是既可观枝又可赏花的优良植物。可丛植于水畔、坡地、林缘及草坪边缘，栽植作花径、花篱，或与假山配植，景观效果极佳。

16. 榆叶梅（彩图 5-34）

学名：*Prunus triloba* Lindl.

科属：蔷薇科、李属

常用别名：榆梅、小桃红、榆叶鸾枝

形态及观赏特征：落叶灌木，有矮主干，高 3 ~ 5m。叶宽椭圆形至倒卵形，先端尖，有时 3 裂；边缘有不等的粗重锯齿。花粉红色；常 1 ~ 2 朵生于叶腋。有单瓣、半重瓣、重瓣及红花重瓣等品种。核果近球形；红色。花期 4 月；果期 7 月。

原产地及习性：原产中国北部。华北及东北地区多有栽培。喜光；耐寒。对土壤的要求不严，喜中性至微碱性、肥沃、疏松的沙壤土；耐旱，不耐水涝。

繁殖方式：可用嫁接或播种繁殖。

园林应用：榆叶梅枝叶茂密，花繁色艳，且品种丰富，是我国北方春季园林中的重要观花灌木。宜植于公园草地、路边，或庭园中的墙角、池畔等处；孤植、丛植或列植为花篱景观极佳；也可盆栽或作切花。

同属常见植物：

紫叶矮樱（*P. × cristena*）：落叶灌木，高 1.5 ~ 2.5m，小枝和叶均紫红色；花粉红色。生长慢，耐修剪。可作色带、色块及丛植、群植，亦可用于彩叶篱。

郁李（*P. japonica* Thunb.）：高达 1.5m，花粉红色近白色，果深红色。

麦李（*P. glandulosa* Thunb.）：高 1.5 ~ 2m，花粉红色近白色，径 1.5 ~ 2cm，果红色，秋色叶红艳绚丽。

17. 现代月季（彩图 5-35）

学名：*Rosa hybrida* Hort

科属：蔷薇科、蔷薇属

常用别名：杂种月季

形态及观赏特征：现代月季是我国的香水月季、月季和七姊妹等输入欧洲后，在 19 世纪上半叶与当地及西亚的多种蔷薇属植物杂交并且长期选育而成的杂种月季品种群。灌木或藤本。叶较厚、较大且表面有光泽。花形丰富，复瓣至重瓣；淡香至浓香。连续开花，以 5 ~ 6 月及 9 ~ 10 月为盛花期。

原产地及习性：较耐寒。喜光。喜富含有机质、通气良好、pH 值为 6.5 ~ 6.8 的微酸性土壤；较耐旱，最忌积水。生性强健，适应性强，抗污染。

繁殖方式：以嫁接、扦插及组织培养繁殖为主。

园林应用：我国是月季的故乡，月季在我国的栽培历史非常悠久。其花容秀美，芳香馥郁，四时常开，深受人们喜爱，被评为我国十大名花之一，有"花中皇后"的美称。从古至今，月季得到了无数文人墨客的赞美。杨万里《月季花》："只道花无十日红，此花无日不春风。一尖已剥胭脂笔，四破犹包翡翠茸。另有香超桃李外，更同梅斗雪霜中。折来喜作新年看，忘却今晨是季冬。"将月季的色香姿韵及四季常开的特点写了出来。月季的应用非常广泛，可布置花坛、花境，点缀草坪；也可构成内容丰富的月季专类园；亦用以构成庭园的主景和衬景。此外，月季还可盆栽观赏，且是世界最著名的切花。

现代月季品种极多，数以万计。主要有以下几个系统：

杂种长春月季（Hybrid Perpetual Roses）：植株高大，枝条粗壮。叶大而厚，常呈暗绿色，无光泽。花大型，复瓣至重瓣，多为紫、红、粉红、白等色，一季至两季（春、秋）花。宜布置于花坛或丛植于庭院。

杂种香水月季（Hybrid Tea Roses）：是目前栽培最广、品种最多的一类。花多少有芳香，花大而色、形丰富，除白、黄、粉红、大红、紫红外，并有各种朱红、橙黄、双色、变色等，生长季花开不绝。

丰花月季（Floribunda Roses）：株高中型、整齐。有成团成簇开放的中型花朵，花色丰富，连续开花，花期长。最宜成丛、成片、成群布置于花坛、花带、花缘等。

壮花月季（Grandiflora Roses）：植株强健，生长较高，能开出成群的大型花朵，四季开花。

微型月季（Miniature Roses）：植株特别矮小，一般不及30cm。枝叶细小，花小，花径1.5cm左右，重瓣，花色丰富，可四季开花。宜作花坛、花带或盆栽观赏。

藤本月季（Climbing Roses）：枝条长，蔓性或攀援，包括杂种光叶蔷薇群和从其他类群中芽变成的藤本品种。宜布置各类花篱、花架、花墙、花门等。

地被月季（Ground Cover Roses）：藤本，枝蔓贴地生长。

18. 玫瑰（图5-36）

学名：*Rosa rugosa* Thunb.

科属：蔷薇科、蔷薇属

常用别名：刺玫花

形态及观赏特征：落叶灌木，茎丛生，高达2m。茎直立，密生刚毛与锐刺。奇数羽状复叶，小叶5～9枚；椭圆形或椭圆状倒卵形；边缘有锯齿，叶多皱；表面深绿色，背面稍白粉色；网状脉明显，有柔毛；托叶附着于总柄上。花单生或数朵簇生，玫红色；浓香。盛花期4～5月。

原产地及习性：玫瑰原产我国北部，山东、辽宁等地居多。现各地多有栽培。耐寒。喜光。对土壤要求不严，但在排水良好的中性及微酸性土壤中生长最好。耐旱稍耐涝和盐碱。

繁殖方式：多用播种、分株、扦插进行繁殖。

(a)

(b)

图5-36 玫瑰
(a) 玫瑰整株；(b) 玫瑰花

园林应用：玫瑰花叶秀丽，花香浓烈，沁人心脾，且开花时间长，是园林中优美的香花灌木。最宜作花篱、花境及坡地栽植。玫瑰花还可提炼高级香精或作香料用。

19. 黄刺玫（彩图 5-37）

学名：*Rosa xanthina* Lindl.

科属：蔷薇科、蔷薇属

常用别名：刺玖花、黄刺梅、刺玫花

形态及观赏特征：落叶灌木，茎丛生，高 1 ～ 3m。小枝褐色或褐红色；具皮刺。奇数羽状复叶；小叶常 7 ～ 13 枚，近圆形或椭圆形，边缘有锯齿。花单生，单瓣或半重瓣；黄色。果球形；红褐色。花期 4 ～ 5 月；果期 7 ～ 8 月。

原产地及习性：原产我国东北、华北至西北。朝鲜也有分布。耐寒力强。喜光，稍耐阴。对土壤要求不严，在盐碱土中也能生长。耐干旱和瘠薄，不耐水涝。少病虫害。

繁殖方式：可分株、压条繁殖，以扦插繁殖为主。

园林应用：黄刺玫开花时一片金黄，鲜艳夺目，且花期较长，是北方春季重要的观赏花木。园林中可丛植于路缘、草坪，或者作花篱兼刺篱，均可形成良好的景观。

同属常见植物：

报春刺玫（*R. primula* Boulenger）：小枝细，有多数宽大而扁平的直刺。叶背有腺点，揉碎后有香味。花淡黄至黄白色。果暗红色。

20. 珍珠梅（彩图 5-38）

学名：*Sorbaria kirilowii* Maxim.

科属：蔷薇科、珍珠梅属

常用别名：吉氏珍珠梅、华北珍珠梅

形态及观赏特征：灌木，茎丛生。高达 2 ～ 3m。枝条开展；小枝圆柱形；幼时绿色，老时红褐色。奇数羽状复叶，具小叶片 13 ～ 21 枚，对生，披针形至长圆披针形，边缘有尖锐重锯齿。圆锥花序顶生，大而密集；花小而白色，蕾时如珍珠。蓇葖果长圆柱形。花期 6 ～ 7 月；果期 9 ～ 10 月。

原产地及习性：产河北、河南、山东、山西、甘肃、青海、内蒙古。华北各地常见栽培供观赏。耐寒。耐阴。对土壤要求不严。萌蘖性强，生长迅速，耐修剪。

繁殖方式：可播种、扦插及分株繁殖。

园林应用：珍珠梅花叶清秀美丽，花期正值少花的夏季，洁白的颜色正可

为炎热夏季增添凉爽之感，并且性喜阴，非常适合在建筑背阴处种植，列植、丛植均有良好的效果。

同属常见植物：

东北珍珠梅（*S. sorbifolia* (Linn.) A.Br.）：原产亚洲北部。我国东北地区常见栽培。花期比珍珠梅晚。

21. 珍珠花（彩图 5-39）

学名：*Spiraea thunbergii* Sieb.

科属：蔷薇科、绣线菊属

常用别名：喷雪花、珍珠绣线菊

形态及观赏特征：落叶灌木，高可达 1.5m。枝纤细而密生，开展并拱曲。单叶互生，叶柄短或近无柄；叶线状披针形，先端渐尖，边缘有钝锯齿；两面无毛。伞形花序，具 3~5 朵花，无总梗；花小，白色，蕾时如珍珠。花期 3~4 月。

原产地及习性：原产中国和日本。主要分布于浙江、江西、云南等省，华北地区亦有栽培。生长健壮。喜阳光、温暖的环境；有一定的耐寒性。喜湿润而排水良好的土壤。

繁殖方式：多用分株繁殖，也可扦插及播种繁殖。

园林应用：珍珠花植株清盈，白花繁密如雪，为优良观花灌木。可丛植于池畔、坡地、路旁、崖边，或树丛、草坪边缘，颇具雅趣。此外，珍珠花还是作切花的优良材料。

同属常见植物：

粉花绣线菊（*S. japonica* L.f.）：亦名日本绣线菊。花粉红色。花期 6~7 月。

'金山'绣线菊（*S.* × *bumalda* 'Gold Mound'）：由粉花绣线菊与其白花绣线菊（*S. albiflora*）杂交育成。新叶金黄色，夏季渐变黄绿色；花粉红色。

图 5-40 '金焰'绣线菊

'金焰'绣线菊（*S.* × *bumalda* 'Gold Flame'）（图 5-40）：春天叶有红有绿，夏天全为绿色，秋天变铜红色；花粉红色。

笑靥花（*S. prunifolia* Sieb. et Zucc.）：枝细长；叶小，卵圆或椭圆形；花小而白色，重瓣。花期 4~5 月。

三桠绣线菊（*S. trilobata* L.）：小枝细长而开展；叶近圆形，常 3 裂；花小白色，花期 5~6 月。

菱叶绣线菊（*S.* × *vonhouttei* Zab.）：叶菱状卵形至菱状倒卵形；花纯白色，花期 5~6 月。

22. 金凤花（彩图5-41）

学名：*Caesalpinia pulcherrima* Sw.

科属：苏木科、云实属

常用别名：黄金凤、洋金凤

形态及观赏特征：落叶灌木或小乔木，高可达5m。枝有疏刺。2回偶数羽状复叶，羽片4～10对；每羽片具小叶7～11对，小叶柄很短。总状花序顶生或腋生；花瓣圆形，具长柄；橙黄色或黄色；花丝长而红色，高出花冠。荚果黑色。花期8月。

原产地及习性：原产热带美洲。世界热带地区广为栽培，我国华南地区多有应用。不耐寒。喜温暖湿润和较强的阳光。喜排水良好、富含腐殖质、微酸性的土壤。

繁殖方式：通常用播种繁殖。

园林应用：金凤花颜色鲜艳，花形美丽，似蝴蝶翩翩起舞，是热带地区优良的观花植物。常植于路边、草坪等地，或植于庭院观赏。

23. 双荚决明

学名：*Cassia bicapsularis* L.

科属：苏木科、决明属

常用别名：金边黄槐

形态及观赏特征：落叶或半常绿蔓性灌木，高达3.5m。羽状复叶，小叶3～5对，倒卵形至长椭圆形，先端圆钝，叶面灰绿色，叶缘金黄色；第1～2对小叶间有凸起的腺体。伞房状总状花序；花金黄色；花期9月至翌年1月。细荚果圆柱形；种子褐黑色。

原产地及习性：原产热带美洲。我国台湾及华南地区有栽培。喜光及高温湿润气候，亦耐干旱和瘠薄土壤。萌芽力强，较抗风、抗病虫害及烟尘。喜微酸性土壤。

繁殖方式：扦插、播种繁殖。

园林应用：双荚决明花色金黄，灿烂夺目，常散植、丛植于林缘、草坪等处或盆栽观赏。

24. 散沫花

学名：*Lawsonia inermis* L.

科属：千屈菜科、散沫花属

常用别名：指甲花、香桂

形态及观赏特征：半常绿大灌木，高3～5m。小枝略呈四棱形，通常有刺。叶对生；狭椭圆形或倒卵形；无毛，具短柄。圆锥花序顶生；花小，径达 0.6cm，花瓣 4，边缘内卷；白色、玫瑰红或朱砂红色，具芳香。种子近圆锥形。花期夏季。

原产地及习性：原产非洲北部、亚洲西南部、澳大利亚等地。我国海南、广东、广西、云南南部均有栽培。喜温暖，极不耐寒；喜阳光充足而湿润的环境。适于在肥沃、疏松的土壤中栽培。

繁殖方式：可用播种、扦插繁殖。

园林应用：散沫花花极芳香，是园林中优秀的芳香树种，可栽植于庭院观赏；花可提取香料；叶可作为红色染料。

25. 红瑞木（彩图 5-42）

学名：*Cornus alba* L.

科属：山茱萸科、山茱萸属

常用别名：红梗木、凉子木

形态及观赏特征：落叶灌木，枝丛生，高可达 3m。老干暗红色，枝条血红色。单叶对生，卵形至椭圆形；秋天变红。聚伞花序顶生；花小；花乳白色。核果斜卵圆形，熟时白色或略带蓝色。花期 5 ~ 6 月；果期 8 ~ 10 月。

原产地及习性：产于我国东北、华北、西北、华东等地。朝鲜半岛及俄罗斯也有分布。喜光，也耐半阴。耐寒。耐湿，喜略湿润土壤。

繁殖方式：可播种、扦插和压条繁殖。

园林应用：红瑞木枝条终年鲜红，春夏花朵洁白，入秋后树叶红艳，果熟后小果洁白晶莹，是很好的观干、观花、观叶和观果植物。适宜于园林中丛植、群植于草坪、路边、角隅等处，与常绿植物相间种植，冬季雪后形成红绿白相映之效果，尤为美观。

26. 黄栌

学名：*Cotinus coggygria* Scop. var. *cinerea* Engl.

科属：漆树科、黄栌属

常用别名：红叶

形态及观赏特征：落叶灌木或小乔木，高达 8m。单叶互生，卵圆形至倒卵形，全缘；先端圆或微凹；叶两面或背面有灰色柔毛。花杂性，小而黄色；顶生圆锥花序，有柔毛；果序上有许多伸长成紫色羽毛状的不孕花梗。核果小，肾形。花期 4 ~ 5 月；果期 6 ~ 7 月。

原产地及习性：产山东、河北、河南、湖北西部及四川。多生于海拔 700 ~ 1600m 的半阴而干燥的山地。欧洲东南部也有分布。耐寒。喜光，也耐半阴。耐干旱瘠薄和碱性土壤，但不耐水湿。以深厚、肥沃而排水良好的沙质壤土生长良好。

繁殖方式：以播种繁殖为主。

园林应用：黄栌秋季霜叶红艳可爱，著名的北京香山"红叶"即为该种，每值深秋，层林尽染，游人云集。初夏花后有淡紫色羽毛状的伸长花梗宿存树梢很久，成片栽植时，远望宛如万缕罗纱缭绕林间，故英文名有"烟树"（smoke-tree）之称。宜丛植于草坪、土丘或山坡；混植于其他树群，尤其是常绿树群中，能为园林增添秋色；还可营造大面积的风景林，或作荒山造林先锋树种。其正种 Cotinus coggygria Scop. 产南欧，有栽培变种**紫叶黄栌**（'Purpureus'），**美国红栌**（'Rogel Purple'）、**金叶黄栌**（'Golden Spirit'）我国已有引种，叶常年紫红色和金黄色。

27. 小紫珠（彩图 5-43）

学名：*Callicarpa dichotoma* K.Koch

科属：马鞭草科、紫珠属

常用别名：白棠子树

形态及观赏特征：落叶灌木，高达 1 ~ 2m。小枝纤细，带紫红色。单叶对生，倒卵形或披针形，顶端急尖，边缘仅上半部疏生锯齿；背面无毛，密生细小黄色腺点。聚伞花序；花萼杯状；花冠淡紫红色。核果球形；蓝紫色。花期 5 ~ 6 月；果期 7 ~ 11 月。

原产地及习性：产中国东部及中南部。北京有栽培。耐寒。喜光稍耐阴；喜肥沃湿润土壤；耐干旱瘠薄。生长势强。

繁殖方式：播种、扦插繁殖。

园林应用：小紫珠入秋紫果布满树冠，色美有光泽，似粒粒珍珠，是美丽的秋季观果树种，园林中宜丛植、片植于林缘、路旁草地、水边等处，果、枝可作切花。

同属常见植物：

紫珠（*C. japonica* Thunb.）：叶倒卵形至椭圆形，端急尖或长尾尖，缘自基部起有细锯齿；两面通常无毛。花冠白色或淡紫色。果球形，紫色。花期 6 ~ 7 月；果期 8 ~ 10 月。

28. 海州常山（图 5-44）

学名：*Clerodendrum trichotomum* Thunb.

科属：马鞭草科、赪桐属

常用别名：臭梧桐、泡花桐

形态及观赏特征：落叶直立灌木或小乔木，高达 3 ~ 8m。单叶对生，叶卵圆形至三角状卵形；先端渐尖，基部多截形；全缘或有波状齿。伞房状聚伞花序着生顶部或腋间；花萼紫红色，5 深裂至基部；花冠细长筒状，顶

图 5—44 海州常山
(a) 海州常山整株；
(b) 海州常山白花

(a)　　　　　　　　　　　(b)

端 5 裂；白色或带粉红色。核果球状，蓝紫色；并衬以红色大形宿存萼片。花果期 6 ～ 11 月。

原产地及习性：产于我国华北、华东、中南和西南各省。日本、朝鲜和菲律宾也有分布。喜阳光，也稍耐阴。较耐寒。喜湿润土壤。适应性强。

繁殖方式：多以播种、扦插、分株等方法进行繁殖。

园林应用：海州常山植株繁茂，花序大，整个花序可同时出现红色花萼、白色花冠和蓝紫色果实，色彩丰富，花果美丽，花果期长，花后花萼宿存，经久不落，是非常优美的观赏花木。宜栽植在庭院、山坡、路旁或者溪边；丛植、孤植均相宜。

同属常见植物：

赪桐（*C. japonicum* Sweet）：花萼大，红色，花冠鲜红色。花果期 5 ～ 11 月。原产我国长江以南各省；印度、马来西亚和日本均有分布。

29. 醉鱼草

学名：*Buddleja lindleyana* Fort. ex Lindl.

科属：马钱科、醉鱼草属

常用别名：闹鱼花、鱼尾草

形态及观赏特征：落叶灌木，高 1 ～ 2m。小枝具四棱，略有翅。单叶对生；阔披针形、卵状披针形至长卵形；全缘，稀有疏波状齿。穗状花序顶生，偏向一侧；花冠紫色，稍弯曲。蒴果长圆形。花期 6 ～ 8 月；果期 10 月。

原产地及习性：产于我国长江以南各省区。日本亦有分布。喜温暖气候，稍耐寒。喜光，也能耐阴。耐旱，不耐水湿。在排水良好、湿润肥沃的壤土上生长旺盛。根部萌芽力很强。

繁殖方式：可播种、扦插或分株繁殖。

园林应用：醉鱼草枝叶婆娑，花朵繁茂，芳香幽雅，是夏季优良的观花植物。适宜栽植于坡地、墙隅，或作中型绿篱，或在空旷草地丛植；但不可植于池畔，以免花叶落水，毒害鱼类。

(a)　　　　　　　　　　　　　　　　　　　(b)

同属常见植物：

大叶醉鱼草（*B. davidii* Franch.）：叶对生，长卵状披针形；顶生狭长圆锥花序，花玫瑰紫至淡蓝紫色，喉部橙黄色，也有红色、暗红色、白色及斑叶等品种，芳香，花期 6～9 月（图 5-45）。

互叶醉鱼草（*B. alternifolia* Maxim）：单叶互生，狭披针形；花密集簇生于上年生枝的叶腋，花冠鲜紫红色或蓝紫色，芳香，花期 5～7 月。

白花醉鱼草（*B. asiatica* Lour.）：产亚洲南部及东南部幼枝、花及叶背密生灰色或淡黄色短绒毛。叶对生，披针形或狭披针形。总状或圆锥花序顶生或腋生，花冠白色，花期 10 月至翌年 2 月。

图 5-45　大叶醉鱼草
(a) 大叶醉鱼草整株；
(b) 大叶醉鱼草的花

30．金叶莸

学名：*Caryopteris × clandonensis* 'Worcester Gold'

科属：马鞭草科、莸属

形态及观赏特征：落叶灌木，高约 1m。为莸和蒙古莸的杂交种。叶卵状披针形，鹅黄色。花蓝紫色，聚伞花序再组成伞房状复花序、花期夏末、可持续 2～3 个月，花、叶均芳香。

原产地及习性：原种均产于中国，由国外杂交成功再引入我国。喜光、耐寒、耐旱，宜于在华北、西北园林中应用。

繁殖方式：扦插，播种苗有 50% 保持杂交种鹅黄色叶、种子众多。

园林应用：丛植、群植或用作色带、色块、彩叶篱。

31. 连翘（彩图 5-46）

学名：*Forsythia suspensa* Vahl

科属：木犀科、连翘属

常用别名：黄金条、黄寿丹、黄绶带

形态及观赏特征：落叶灌木，高可达 3m。枝开展，拱形下垂；小枝黄褐色，稍有棱，髓中空。单叶或 3 小叶，对生，卵形或椭圆状卵形。花冠裂片 4，亮黄色，先叶开放。蒴果卵球形。花期 4 ～ 5 月；果期 10 月。

原产地及习性：原产我国北部和中部地区。现各地广为栽培。耐寒。喜光，耐半阴。适合于深厚肥沃的钙质土壤。耐干旱贫瘠，怕涝。

繁殖方式：可用播种、扦插、压条和分株法繁殖，以扦插繁殖为主。

园林应用：连翘早春金黄色花先叶开放，满枝金黄，艳丽可爱，是早春优良的观花灌木。适植于草地、亭阶、墙隅、篱下，或路边；也宜于溪边、池畔、岩石、假山下栽种；还可作花篱或护堤树栽植。

同属常见植物：

金钟花（*F. viridissima* Lindl.）：叶全部为单叶，枝具片状髓，花金黄色。主产我国长江流域。

32. 迎春（彩图 5-47）

学名：*Jasminum nudiflorum* Lindl.

科属：木犀科、茉莉属

常用别名：金腰带

形态及观赏特征：落叶灌木，高 2 ～ 3（5）m。小枝细长拱形；绿色；具四棱。叶对生；小叶 3 枚，卵形至长椭圆形。花单生；花冠裂片 6；先叶开放。通常不结果。花期 2 ～ 4 月。

原产地及习性：原产我国北部、西北、西南各地。山东、山西、陕西、河南、湖北、四川和福建等省均有分布。现各地多有栽培。较耐寒，北京可露地栽培。性喜光，稍耐阴。对土壤要求不严，耐碱。喜湿润，也耐干旱，怕涝，除洼地外均可栽植。

繁殖方式：扦插、压条、分株繁殖。

园林应用：迎春植株铺散，冬季绿枝婆娑，初春黄花可爱，是早春园林中美丽的花灌木。可植于河畔、水滨、石隙、崖边等；也可栽植于路旁、山坡及花台，或作花篱，也可作切花插瓶。

同属常见植物：

云南黄馨（*J. mesnyi* Hance）：亦名南迎春。半常绿灌木；花单生于具总苞状单叶之小枝端，花黄色，较迎春花大，花期 4 月。长江流域及其以南有应用。

33. 小叶女贞

学名：*Ligustrum quihoui* Carr.

科属：木犀科、女贞属

常用别名：小叶冬青、小叶水蜡树、小白蜡、楝青

形态及观赏特征：落叶或半常绿灌木，高达 2～3m。小枝幼时有毛。叶常倒卵状椭圆形，先端钝，基部楔形；无毛。花冠裂片与筒部等长，近无花梗；成细长圆锥花序，花白色，芳香。核果宽椭圆形，紫黑色。花期 7～9 月。

原产地及习性：原产我国中部及西南部。较耐寒，北京可露地栽植。喜光，稍耐阴。对二氧化硫、氯等毒气有较好的抗性。性强健，耐修剪，萌芽力强。

繁殖方式：可播种、扦插和分株繁殖，以播种繁殖为主。

园林应用：小叶女贞枝叶紧密、圆整，常用作绿篱栽植；可栽植于庭院观赏；其抗多种有毒气体，是优良的抗污染植物材料；亦可作桂花、丁香等的砧木。

同属常见植物：

水蜡（*L. obtusifolium* Sieb et Zucc.）（图 5-48*a*）：小枝有柔毛；叶长椭圆形，至少背面有短柔毛；花冠筒较裂片长（图 5-48*b*），花药伸出，与花冠裂片近等长，萼及花梗具柔毛。花期 6～7 月。枝叶密生，落叶晚，耐修剪，是良好的绿篱材料。

金叶女贞（*L. × vicaryi* Hort.）：金边卵叶女贞与欧洲女贞的杂交种（图 5-49）。叶卵状椭圆形，嫩叶黄色，后渐变为黄绿色。常用作绿篱，观赏其金黄色的嫩叶，但必须栽植于阳光充足处才能发挥其观叶的效果。

(*a*)

(*b*)

图 5-48 水蜡
(*a*) 水蜡整株；(*b*) 水蜡的花

34. 紫丁香

学名：*Syringa oblata* Lindl.

科属：木犀科、丁香属

常用别名：丁香、华北紫丁香

形态及观赏特征：落叶灌木或小乔木，高可达 4～5m。枝粗壮。叶薄革质或厚纸质；圆卵形，端锐尖，基心形、截形至宽楔形，全缘。圆锥花序，花紫堇色，先端 4 钝裂，有芳香；花萼钟状，有 4 齿。蒴果长卵形。花期 4～5 月；果期 9～10 月。

图 5-49 金叶女贞

原产地及习性：我国秦岭地区为分布中心，东北南部、华北、西北及四川等地都有分布。有较强的耐寒性，不耐高温。喜光，不耐阴。对土壤要求不严，除强酸性土外，在各类土壤中均能正常生长。耐干旱瘠薄，忌低洼积水。萌蘖力强。抗污染性强，也具有滞粉尘的能力，分泌的丁香酚能杀灭细菌。

繁殖方式：播种、分株、压条、嫁接、扦插繁殖。

园林应用：丁香姿态丰满而秀丽，花序硕大繁茂，又具芳香，是园林绿化中极富盛名的观赏树种之一，可孤植、丛植、列植于庭园、路旁、草坪等处，亦是工厂绿化、四旁绿化及保健林的优良树种。

同属常见植物：

白丁香（*S. oblata* 'Alba'）：叶较小，背面微有柔毛，花枝上的叶常无毛。花白色。

裂叶丁香（*S. laciniata* Mill.）：叶大部分或全部羽状全裂（夏天长出的叶常不裂）。圆锥花序侧生；花淡紫色，花期 4 ~ 5 月。

蓝丁香（*S. meyeri* Schneid.）（彩图 5-50）：叶表面光滑，背面基部脉上有毛。圆锥花序较紧密；花萼暗紫色；花冠蓝紫色，筒细长，裂片稍开展，先端向内勾；花期 4 ~ 5 月。

小叶丁香（*S. microphylla* Diels.）（图 5-51）：叶卵圆形，长 1 ~ 4 cm。圆锥花序较松散；花细小，淡紫红色；花期 4 ~ 5 月及 9 月。

波斯丁香（*S.* × *persica* L.）：叶披针形或卵状披针形，全缘，偶有 3 裂或羽裂，叶柄具狭翅。圆锥花序疏散，花冠淡紫色，筒细长，成疏散之圆锥花序；花期 5 月。

欧洲丁香（*S. vulgaris* L.）（图 5-52）：叶卵形，长大于宽，质较厚。花序长 10 ~ 20cm，花冠淡紫色，花药着生花冠筒喉部稍下，园艺品种很多，常见的有白花、蓝花、紫花、堇紫花、重瓣白花等。花期 5 月，比紫丁香稍晚。

图 5-51 小叶丁香

(a)

(b)

图 5-52 欧洲丁香

(a) 欧洲丁香整株；(b) 欧洲丁香的花

图 5-53　糯米条
(a) 糯米条整株；
(b) 糯米条的花

(a)　　　　　　　　　　　　　　(b)

35. 糯米条（图 5-53）

学名：*Abelia chinensis* R.Br.

科属：忍冬科、六道木属

常用别名：茶条树

形态及观赏特征：落叶灌木，高可达 2m。幼枝红褐色，小枝皮撕裂状。叶卵形或卵状椭圆形，对生，边缘具疏浅齿；叶背中脉基部密被柔毛。圆锥状聚伞花序顶生或腋生，花粉红色或白色，具香味；花冠漏斗状，白色至粉红色，花后宿存的萼片变红。瘦果，顶端有宿存萼片。花期 7 ~ 9 月；果期 10 月。

原产地及习性：原产长江以南中低山地。有一定耐寒性，北京可露地越冬。喜凉爽湿润环境。喜光，稍耐阴。对土壤要求不严，以肥沃的中性土最适宜。耐瘠薄、干旱。

繁殖方式：常用播种和扦插繁殖。

园林应用：糯米条枝条柔软，树姿婆娑；开花时，白色小花密集梢端，洁莹可爱，甚为美丽。适宜栽植于池畔、路边、墙隅、草坪和林下边缘；可群植或列植；也可修剪成花篱。

同属常见植物：

六道木（*A. biflora* Turcz.）：枝有明显的 6 条沟棱。花成对着生于小枝端，淡黄色。花期 5 月。

大花六道木（*A. × grandiflora* Rehd.）：花呈松散的顶生圆锥花序。花冠白色或略带红晕；花萼粉红色。花期 7 月至晚秋。

36. 猬实（彩图 5-54）

学名：*Kolkwitzia amabilis* Graebn.

科属：忍冬科、猬实属

形态及观赏特征：落叶灌木，高可达 3m。干皮呈薄片状剥落。叶对生；

卵形至卵状椭圆形，叶端渐尖。伞房状聚伞花序顶生；小花梗具2花，2花萼筒紧贴；花粉红色至紫色，喉部黄色，花冠钟状，裂片5。核果卵形，2个合生；果实密被毛刺，形如刺猬，因此得名。花期5月；果期8～9月。

原产地及习性：为我国特产。主要分布在中部至西北部，现国内外庭院均有栽培观赏。有一定的耐寒力，北京地区露地可以越冬。喜光，稍耐阴。喜欢排水良好、肥沃土壤，也有一定的耐干旱瘠薄能力。

繁殖方式：播种、分株、扦插繁殖。

园林应用：猬实着花繁密，花色粉艳，果实可爱，是良好的观花、观果灌木。植于草坪、角隅、路边、屋侧及假山石旁，均可以形成良好的园林景观；也可作盆栽或者切花用。

37. 金银木

学名：*Lonicera macckii* Maxim.

科属：忍冬科、忍冬属

常用别名：金银忍冬

形态及观赏特征：落叶灌木或小乔木，常丛生；株形圆满，高可达6m。小枝中空，嫩枝有柔毛。单叶对生；叶呈卵状椭圆形至披针形；先端渐尖，叶两面疏生柔毛。花成对腋生；有淡香；花开之时初为白色，后变为黄色，故得名。浆果球形亮红色。花期5～6月；果期8～10月。

原产地及习性：分布较为广泛，我国南北各省均有；朝鲜和日本有分布。有较强的适应力。喜光，稍耐阴。耐寒。对土壤要求不严，但以在深厚肥沃的土壤中生长最为旺盛；耐旱。

繁殖方式：常用播种和扦插法繁殖。

园林应用：金银木花果并美，春末夏初花开满枝，金银相映，清雅芳香，引来蜂飞蝶绕；金秋时节红果累累，艳丽可人，为鸟儿提供了美食，且果实经霜不落，甚至可与早来的瑞雪红白相映，是非常好的观花、观果树种（彩图5-55）。常丛植于草坪、山坡、林缘、路边，或点缀于建筑周围，观花赏果两相宜。在美化环境的同时，营造了良好的生态环境。老桩还可制作盆景。

同属常见植物：

鞑靼忍冬（*L. tatarica* L.）：亦名新疆忍冬。花芳香，粉红、红或白色。浆果红色，常合生。花期5～6（7）月；果7～8月成熟。

蓝靛果忍冬（*L. caerulea* L. *var. edulis* Turcz.）：产东北、西北、内蒙古。花冠黄白色。果长椭圆形，长约1.5cm，蓝色或蓝黑色，稍具白粉，可食。花期5～6月，果8～9月成熟。

38．接骨木

学名：*Sambucus willamsii* Hance

科属：忍冬科、接骨木属

常用别名：公道老、扦扦活

形态及观赏特征：落叶灌木或小乔木，高可达 6m。树皮淡灰褐色，老枝有皮孔。奇数羽状复叶，对生；小叶 5 ～ 11 枚，椭圆形至长圆状披针形；先端尖至渐尖，边缘有锯齿；揉碎有异味。圆锥状聚伞花序顶生；花小，白色至淡黄色。核果浆果状，红色或蓝紫色。花期 4 ～ 5 月；果 7 ～ 9 月成熟。

原产地及习性：产中国东北、华北、西北各省。朝鲜半岛、日本也有分布。较耐寒。喜光。喜肥沃疏松、湿润的土壤。耐旱，忌水涝。抗污染性强。

繁殖方式：播种、分株、扦插繁殖。

园林应用：接骨木枝叶茂密，初夏白花满树，入秋红果累累，是良好的观花、观果植物。宜植于草坪、林缘或水边；亦可用作城市及工厂防护林。

同属常见植物：

西洋接骨木（*S. nigra* L.）：小枝髓心白色；小叶（3）5 ～ 7 枚，有尖锯齿；花黄白色，有臭味，成 5 叉分枝的扁平状聚伞花序，花期 5 ～ 6 月；核果亮黑色，9 ～ 10 月果熟。有金叶（'Aurea'）、金边（'Aureo-marginata'）、银边（'Albo-marginata'）、裂叶（'Laciniata'）等栽培变种，我国亦有引种。

39．天目琼花（彩图 5-56）

学名：*Viburnum sargentii* Koehne

科属：忍冬科、荚蒾属

常用别名：鸡树条荚蒾、佛头花、并头花

形态及观赏特征：落叶灌木，高可达 3 ～ 4m。树皮深纵裂，略带木栓质。小枝具明显皮孔。叶广卵形至卵圆形；常 3 裂，边缘有不整齐的锯齿；掌状 3 出脉。聚散花序复伞形，有白色大型不孕边花，花冠乳白色，花药常为紫色。核果近球形；红色。花期 5 ～ 6 月；果期 9 ～ 10 月。

原产地及习性：原产中国，发现于浙江天目山地区。在我国东北南部、华北至长江流域均有分布。现各地园林中常有栽培。耐寒。喜光又耐阴。对土壤要求不严，微酸性及中性土壤都能生长。根系发达，移植容易成活。

繁殖方式：播种、分株和扦插繁殖。

园林应用：天目琼花开花时花序大而美丽，结实后红果累累，是春观花、秋观果的优良植物。常植于草坪、路缘观赏。又因其耐阴，亦是建筑背面的良好绿化树种。

同属常见植物：

香荚蒾（*V. farreri* Stearn）（图 5-57）：花蕾时粉红色，开后白色，芳香。

图 5-57 香荚蒾
(a) 香荚蒾整株；
(b) 香荚蒾的花

(a)
(b)

果紫红色。花期 4 ~ 5 月；果期 8 ~ 9 月。

欧洲琼花（*V. opulus* L.）：花序有大型白色不育边花，花药黄色。果红色半透明状。花期 5 ~ 6 月；果期 8 ~ 9 月。秋叶红艳。

木本绣球（*V. macrocephalum* Fort.）：花序几乎为大型白色不育花,形如绣球,自春至夏开花不绝。

琼花（*V. macrocephalum* f. *keteleeri* Rehd.）：花序中央为两性的可育花，仅边缘有大型白色不育花。核果球形，先红后黑。花期 4 月；果期 9 ~ 10 月。

40. 锦带花（图 5-58）

学名：*Weigela florida* A. DC.

科属：忍冬科、锦带花属

常用别名：五色海棠、山脂麻

形态及观赏特征：落叶小灌木，高 1 ~ 3m。单叶对生，阔椭圆形至卵圆形。花成聚伞花序着生在枝梢顶端或叶腋；花冠漏斗状钟形，端 5 裂（图 5-58b）；初为白色或粉红色，后变为深红色；萼片 5 裂，下半部合生。蒴果柱状。花期 4 ~ 5（6）月。

原产地及习性：原产我国东北、华北、华南各省。前苏联、日本、朝鲜也有分布。耐寒。喜光，耐半阴。对土壤要求不严，在肥沃、湿润、深厚的沙壤土中生长尤为健壮。不耐涝。萌芽力强，生长迅速。

图 5-58 锦带花
(a) 锦带花整株；
(b) 锦带花的花

(a)
(b)

繁殖方式：常用扦插、分株繁殖，也可播种、压条繁殖。

园林应用：锦带花枝条柔长，花团锦簇，花色多变，花期又长，灿若锦带，是东北、华北地区重要的观花灌木之一。园林中常植于角隅、湖畔；也可在林缘、树丛边植作自然式花篱、花丛，点缀在山石旁或山坡上；其对氯化氢抗性较强，还是良好的抗污染植物。花枝可供瓶插。

常见栽培品种有**'红王子'锦带**（*W. florida* 'Red Prince'）（图 5-59）：亦名红花锦带花。花鲜红色，繁密，观赏价值高。可丛植、群植或作花篱。**'花叶'锦带**（*W. florida* 'Variegata'）（图 5-60）：叶边淡黄白色，花粉红色。兼具观花与叶。

同属常见植物：

海仙花（*W. coraeensis* Thunb.）（图 5-61）：花初开时黄白色，后渐变紫红色，花萼片线形，裂达基部。花期 5 ~ 6 月。耐寒性不如锦带花。北京可露地越冬。

图 5-59 '红王子'锦带

图 5-60 '花叶'锦带

(a)

(b)

图 5-61 海仙花
(a) 海仙花整株；(b) 海仙花的花

思考题

1. 灌木的分类有哪些？依据是什么？
2. 常用园林观花的灌木有哪些？举例说明。
3. 常用园林观果的灌木有哪些？举例说明。

本章参考文献

[1] 张天麟 . 园林树木 1200 种 [M]. 北京：中国建筑工业出版社，2004.

[2] 陈有民主编 . 园林树木学 [M]. 北京：中国林业出版社，1990.

[3] 邱国金 . 园林植物 [M]. 北京：中国农业出版社，2001.

[4] 刘仁林 . 园林植物学 [M]. 北京：中国科学技术出版社，2003.

[5] 陈植 . 观赏树木学 [M]. 北京：中国林业出版社，1984.

[6] 张丽兵译 . 国际植物命名法规（维也纳法规）[M]. 北京：科学出版社，2007.

[7] 中国科学院中国植物志编辑委员会 . 中国植物志 [M]. 北京：科学出版社，1973 ～ 2002.

第六章 园林树木——藤本类

　　摘要：藤本类是能缠绕或者攀附他物向上生长的木本植物，依据其攀援习性的不同可分为缠绕类、卷须类、吸附类及钩攀类藤本。在园林绿化中，木质藤本可用于篱垣棚架的装饰美化、建筑设施的垂直绿化、作为地被覆盖地面以及点缀假山与装饰树干等；部分木质藤本还有很好的固持土壤、护坡、护堤的作用；观赏性强的木质藤本也是制作盆景的优良材料。本章重点介绍我国风景园林建设中常用的常绿及落叶木质藤本植物。

木质藤本是一类生活型十分特殊的植物，不能单独直立，需借助于其他植物或支持物的支持才能生长到一定高度，占据一定的生长空间。其多样化的攀援方式包括缠绕式、吸附式、卷须类和钩攀类等。木质藤本在园林中应用广泛，可用于休憩棚架的装饰美化、建筑设施的垂直绿化，也可作为地被植物覆盖地面以及点缀假山与装饰树干等；部分木质藤本还有很好的固持土壤、护坡、护堤的作用；观赏性强的木质藤本也是制作盆景的优良材料。本章重点介绍我国园林建设中常用的常绿及落叶木质藤本植物。

第一节　常绿藤本类

1. 鹰爪花

学名：*Artabotrys hexapetalus* (L.f.) Bhand.

科属：番荔枝科、鹰爪花属

常用别名：鹰爪兰

形态及观赏特征：常绿攀援灌木。单叶互生，叶纸质，长圆形或阔披针形。花较大，1～2朵生于钩状总花梗上，淡绿色或淡黄色，芳香；花瓣6，2轮，长圆状披针形，长3～4.5cm。萼片3，卵形，基部合生，绿色；花期5～8月。

原产地及习性：产亚洲南部，我国华南各地有栽培。性强健。喜温暖、湿润气候；喜光，也耐阴；喜疏松肥沃、排水良好的土壤。

繁殖方式：以播种繁殖为主，也可用扦插或高压法进行繁殖。

园林应用：因其花似鹰爪而得名。花形奇特，花香浓郁，花期颇长，是花架、花墙的好材料，也可盆栽观赏。

2. 薜荔

学名：*Ficus pumila* L.

科属：桑科、榕属

常用别名：凉粉树、木莲、冰粉子

形态及观赏特征：常绿攀援或匍匐藤本。以不定根攀援于墙壁或树上。全株含乳汁，小枝有棕色绒毛。叶二型，营养枝上的叶小而薄，卵状心形，基部斜；花枝上的叶较大而近革质，卵状椭圆形，全缘；叶柄短粗。果梨形或倒卵形，长约5cm。花果期5～8月。

原产地及习性：产我国华东、中南及西南地区。喜温暖，不耐寒；喜湿润，也耐干旱；喜含腐殖质的酸性土。

繁殖方式：播种、扦插或嫁接繁殖。

园林应用：薜荔叶质厚，深绿发亮，寒冬不凋。园林中宜将其攀援于岩坡、山石、墙垣和树上，郁郁葱葱，可增强自然情趣。成熟果可食用。果、根、枝均可入药。有小叶（'Minima'）及斑叶（'Variegata'）之栽培品种。

同属常见植物：

爱玉子（*F. pumila* L. var. *awkeotsang* (Makino) Corner）：叶长椭圆状卵形，长 7 ~ 12cm，宽 3 ~ 5cm，背面密被锈色柔毛。榕果长圆形。产台湾、福建、浙江。

3. 叶子花（图 6-1）

图 6-1　叶子花的花

学名：*Bougainvillea spectabilis* Willd.

科属：紫茉莉科、叶子花属

常用别名：三角梅、三角花、毛宝巾、九重葛

形态及观赏特征：常绿攀援藤本。枝叶密生柔毛，具弯刺。单叶互生，全缘，卵形，有柄，密被绒毛。花 3 朵顶生，细小，黄绿色，各具有 1 大型鲜红色叶状苞片。我国华南多于冬春季开花，长江流域及以北盆栽常于 6 ~ 12 月开花。

原产地及习性：原产南美热带地区。现世界各地广泛栽培。我国华南及西南园林中多有应用。喜温暖，耐高温，不耐寒；喜阳光充足；喜湿润，怕干燥，对水分的需要量较大。

繁殖方式：常用扦插、压条、嫁接和组培繁殖。

园林应用：三角花的苞片大而美丽，鲜艳似花，色彩多变，品种繁多，给人以奔放、热烈的感受。在南方常作绿篱及修剪造型、坡地、围墙的覆盖或棚架攀援材料，北方多用于盆栽观赏以及花坛中心花材，还可作盆景。

同属常见植物：

光叶子花（*B. glabra* Choisy）：与叶子花极为相似，茎粗壮，枝下垂，枝叶无毛或疏生柔毛，苞片紫色或洋红色。花期 3~12 月。

4. 珊瑚藤

学名：*Antigonon leptopus* Hook. et Arn.

科属：蓼科、珊瑚藤属

常用别名：连理藤

形态及观赏特征：常绿半木质藤本，温度不足处为落叶。地下块根肥厚。单叶互生，箭形至矩圆状卵形，全缘，基部心形。总状花序生于顶端或上部叶腋，花序轴顶端延伸成卷须状；花两性，花被裂片 5，桃红色。瘦果三棱形，包藏于扩大而纸质的宿存花被内。花期 3 ~ 12 月。果期冬季。

原产地及习性：原产墨西哥及中美。我国华南地区有栽培。喜光；喜温暖湿润气候；以在肥沃的微酸性土中生长为佳。

繁殖方式：播种及压条繁殖。

园林应用：在热带地区四季常绿，着花繁茂而美丽，是优良的垂直绿化植物，用以美化棚架、墙垣，效果极佳；也可盆栽观赏。

常见栽培品种有 **'白花' 珊瑚藤**（*A. leptopus* 'Album'）：花白色。

5. 常春油麻藤

学名：*Mucuna sempervirens* Hemsl.

科属：蝶形花科、黧豆属

常用别名：常绿油麻藤、牛马藤、棉麻藤

形态及观赏特征：常绿大型木质藤本。长可达 25m。三出复叶互生，革质，顶生小叶卵状椭圆形，侧生小叶斜卵形。总状花序常生于老茎上，长 10 ~ 36cm，每节上有 3 花；花暗紫，蜡质，有臭味。荚果木质长带形，长约 40cm。花期 4 ~ 5 月；果期 8 ~ 10 月。

原产地及习性：原产四川、贵州、云南、秦岭南坡、湖北、浙江、江西、湖南、福建、广东、广西。日本也有分布。喜温暖；耐阴；喜排水良好土壤；喜湿润，也耐干旱。

繁殖方式：扦插繁殖。

园林应用：常春油麻藤翠绿葱郁，浓荫覆盖，开花时一串串花序宛如紫色宝石，是美丽的棚架及垂直绿化材料，也可用于岩坡、悬崖绿化。全株可供药用。

同属常见植物：

白花油麻藤（*M. birdwoodiana* Tutch）：常绿大藤本。总状花序，长 20 ~ 38cm；花白色或绿白色。荚果木质，条形，长 30 ~ 45cm，沿背、腹缝线各具 3 ~ 5mm 宽木栓翅。产于我国南部。花序繁密而美丽，花形奇特，形如成串的鸟雀，因而又名禾雀花。在我国华南地区广泛用于庭院棚架绿化。

6. 扶芳藤

学名：*Euonymus fortunei*（Turcz.）Hand.-Mazz.

科属：卫矛科、卫矛属

形态及观赏特征：常绿藤本。茎借助不定根匍匐或攀援。叶对生，薄革质，椭圆形，稀为矩圆状倒卵形，边缘齿浅不明显。聚伞花序具长梗，顶端 3 ~ 4 次分枝，每枝由多数短梗花组成球状小聚伞，分枝中央有一单花；花小，白绿色。蒴果黄红色，近球形；种子有橙红色假种皮。花期 5 ~ 6 月；果期 10 月。

原产地及习性：原产中国江苏、浙江、安徽、江西、湖北、湖南、四川、陕西等省。日本、朝鲜半岛也有分布。适应性强。喜温暖，较耐寒；喜阴湿环境。对土壤的要求不高，耐瘠薄；耐干旱。

繁殖方式：扦插、播种、压条繁殖。

园林应用：扶芳藤叶色浓绿，在气候寒冷地区入秋后叶色变红。常用于点缀园庭粉墙、山岩、石壁，亦可用作林下地被或护坡。

同属常见植物：

爬行卫矛（*E. fortunei* var. *radicans* Rehd.）：叶较小，长椭圆形，先端较钝，叶缘锯齿明显，背面叶脉不明显。用途同扶芳藤。其栽培变种**花叶爬行卫矛**（'Gracilis'）：叶似爬行卫矛，但有白色、黄色或粉色的边缘；可盆栽观赏。

7. 洋常春藤

学名：*Hedera helix* L.

科属：五加科、常春藤属

形态及观赏特征：常绿木质藤本。借气生根攀援。单叶互生，全缘，营养枝上叶 3 ~ 5 浅裂；花果枝上的叶无裂或卵状菱形。伞形花序顶生，小花黄白色。核果球形，浆果状，径 6mm，熟时黑色。花期 7 ~ 8 月；果翌年 4 ~ 5 月成熟。

原产地及习性：原产欧洲南部、亚洲西部、非洲。国内外普遍栽植。耐阴；较耐寒，北京小气候良好处可以露地过冬；对土壤和水分要求不严，但以中性或者酸性土壤为好。

繁殖方式：扦插或者压条繁殖。

园林应用：洋常春藤叶形美丽，风姿优雅，为观叶植物之上品。我国南方地区可露地栽植，用以装点假山、岩石，或在建筑阴面作垂直绿化材料，也可作地被或绿篱；华北地区可选小气候良好的稍阴环境栽植。也可室内盆养，是垂吊栽植的良好材料，其枝蔓还可用于插花。其变种和栽培种较多，主要有金边（'Aureo-variegata'）、银边（'Silves Queen'）、斑叶（'Argenteo-variegata'）、金心（'Goldheart'）、彩叶（'Discolor'）、三色（'Tricolor'）等花叶品种，观赏效果极佳。

同属常见植物：

中华常春藤（*H. nepalensis* K.Koch var. *sinensis* (Tobl.) Rehd.）：常绿藤本。营养枝上的叶片为三角状卵形，全缘或 3 裂；花果枝上的叶子椭圆状卵形或卵状披针形，全缘。伞形花序单生或 2 ~ 7 顶生；花淡绿白色，芳香。果球形，径 1cm，熟时红色或黄色。花期 8 ~ 9 月，果翌年 3 月成熟。园林用途同洋常春藤。

8. 软枝黄蝉

学名：*Allamanda cathartica* L.

科属：夹竹桃科、黄蝉属

常用别名：黄莺

形态及观赏特征：常绿藤状灌木。株高达 4m。枝条软，弯垂，具白色乳汁。叶近无柄，3 ~ 4 片轮生，偶对生，倒卵状披针形或长椭圆形。花腋生，花冠漏斗形，五裂，金黄色；冠筒细长，基部不膨大，长 7 ~ 11cm，径 5 ~ 7cm。蒴果球形，具长刺，黑色。花期 7 ~ 9（10）月；果期 10 ~ 12 月。

原产地及习性：原产巴西及圭那亚。我国华南各省区及台湾省常见栽培，长江以北多盆栽。喜高温多湿环境，生长适温 22 ~ 30℃，不耐寒。喜光。

繁殖方式：扦插繁殖。

园林应用：软枝黄蝉枝条柔软，枝条自然匍匐。花大而色艳，极具观赏价值。常应用于庭园美化、围篱美化、花廊花架、建筑基础绿化、驳岸、斜坡绿化等，但其树皮、叶、种子、花及乳汁均有毒，故不宜用于儿童活动区。

同属常见植物：

大花软枝黄蝉（'Grandiflora'）：花径达 10 ~ 14cm。

紫蝉花（*A. blanchetii* A. DC.）：蔓性灌木，花淡紫色至桃红色，花期春末至秋。

9. 络石（图 6-2）

学名：*Trachelospermum jasminoides* Lem.

科属：夹竹桃科、络石属

常用别名：万字茉莉、白花藤

形态及观赏特征：常绿木质藤本。借气生根攀援，具乳汁。茎赤褐色。单叶对生，椭圆形或宽倒卵形，全缘，革质。二歧聚伞花序顶生或腋生；花白色，芳香；花冠高脚碟状，裂片 5，开展并右旋，形如风车。花期 5 ~ 7 月。

原产地及习性：原产我国东南部。黄河流域以南各地均有分布。喜温暖湿润气候，耐寒性不强；喜光，也较耐阴。耐干旱，忌水湿；在排水良好、微酸性的阴湿土壤中生长良好。

繁殖方式：压条、扦插、播种繁殖。

园林应用：络石四季常青，花朵洁白芳香，暖地可用作地被植物，还可植于庭园，使其攀爬于墙垣、山石、廊架，效果颇佳。北方可盆栽观赏。

图 6-2　络石

同属常见植物：

石血（*T. jasminoides* (Lindl.) Lem. var. *heterophyllum* Tsiang）：亦名狭叶络石。常绿木质藤本。极耐阴；喜温暖湿润环境。园林用途同络石。

10. 龙吐珠

学名：*Clerodendrum thomsonae* Balf.

科属：马鞭草科、赪桐属

常用别名：白萼赪桐、麒麟吐珠

形态及观赏特征：常绿攀援状灌木。株高 2 ～ 5m。枝条细柔下垂。叶片纸质，对生，长圆形，长 4 ～ 10cm。聚伞形花序腋生或假顶生，二歧分枝；花萼膨大白色，基部合生，顶端 5 深裂；花冠深红色，雄蕊及花柱长而突出。核果球形，外果皮光亮，棕黑色。花期长，6 ～ 11 月。

原产地及习性：原产非洲西部。我国南方各地广泛栽培。喜阳光，但不宜烈日曝晒，较耐阴；喜温暖，不耐寒。较喜肥，以肥沃、疏松、排水良好的微酸性沙壤土为宜；不耐水湿。

繁殖方式：以扦插繁殖为主，也可播种繁殖。

园林应用：花开时红色的花冠从白色的萼片中伸出，色彩鲜艳，花形奇特，开花繁茂，宜布置篱垣或作垂吊盆花观赏，全株可入药。

同属常见植物：

红花龙吐珠（*C. splendens* G. Don）：花冠、花萼鲜红色。花萼持久不凋，红艳美观。

11. 蔓马缨丹

学名：*Lantana montevidensis* Briq.

科属：马鞭草科、马缨丹属

形态及观赏特征：常绿蔓性灌木。枝下垂铺散或蔓状，被柔毛。单叶对生，卵形，揉碎后有强烈的气味，边缘有粗齿。头状花序，直径约 2.5cm，具长总花梗；花淡紫红色；苞片阔卵形，长不超过花冠管的中部。花期为全年，以春夏为盛。

原产地及习性：原产美洲热带地区。我国华南地区广泛栽培。喜阳；喜温暖，不耐寒；喜肥沃、疏松的沙质壤土；喜湿润，也耐干旱。

繁殖方式：播种、扦插繁殖。

园林应用：蔓马缨丹花朵美丽，也可集中栽植作开花地被，或与山石、驳岸、建筑墙角搭配，柔化线条。根、叶、花可入药。

12. 大花老鸦嘴

学名：*Thunbergia grandiflora* Roxb.

科属：爵床科、山牵牛属

常用别名：大邓伯花、木邓伯花

形态及观赏特征：常绿大藤本。株可高达 7m 以上，攀援性极强，全体被粗毛。单叶对生，三角状卵圆形或心形，5 ～ 7 浅裂，基部心形，具长柄。总状花序下垂；花大，花冠漏斗状，径 9 ～ 16cm，稍 2 唇形 5 裂，初期蓝色，后逐渐变淡，末期近白色。蒴果具喙，长约 3cm。花期全年，夏秋两季最盛。

原产地及习性：原产孟加拉及印度北部地区。现广泛种植于热带和亚热带各地。性强健。喜阳光充足；喜高温；喜富含腐殖质、肥沃的壤土或沙质土；喜湿润及通风良好。

繁殖方式：扦插繁殖。

园林应用：大花老鸦嘴因蒴果开裂时似乌鸦嘴而得名。植株粗壮，覆盖面积大，花朵繁密，成串下垂且花期长，是大型棚架、建筑墙面及篱垣垂直绿化的好材料。

13. 炮仗花（彩图 6-3）

学名：*Pyrostegia venusta* (Ker-Gawl.) Miers

科属：紫葳科、炮仗藤属

常用别名：黄鳝藤

形态及观赏特征：常绿藤本。茎粗壮，长达 8m，小枝有 6 ~ 8 纵棱。三出复叶对生，其中顶生小叶常变为 3 分叉的卷须，以攀附他物，小叶卵形至卵状椭圆形，全缘。顶生圆锥状聚伞花序，下垂；花冠筒状，长约 4 ~ 6cm，橙黄色至橙红色。蒴果线形，扁平，有纵肋；种子具翅。花期 1 ~ 6 月。

原产地及习性：原产美洲巴西和巴拉圭。全世界温暖地区常见栽培。我国广东、海南、广西、福建、台湾、云南等均有栽培。喜光；喜温暖；喜肥沃的沙质土壤；喜湿润。

繁殖方式：常用扦插及压条进行繁殖。

园林应用：炮仗花因花列成串，累累下垂，状如炮仗而得名。花橙红茂密，极为鲜艳。花期长，在我国南方花期适值元旦、圣诞、新春等中外佳节，增加节日气氛，确属应景时花。园林中常用作装点墙垣、绿廊、棚架、山石等的垂直绿化材料。

14. 蒜香藤

学名：*Saritaea magnifica* Dug.

科属：紫葳科、蒜香藤属

常用别名：紫铃藤

形态及观赏特征：常绿藤本，以卷须攀援，花、叶在搓揉之后，会有浓烈的大蒜香味。茎长 2 ~ 4m，枝条披垂，具卷须和肿大的节。复叶对生，小叶 2 片，椭圆形，浓绿有光泽，全缘；叶柄木质。聚伞花序腋生或顶生，花冠漏斗形，先端 5 裂，花初开时粉红色或粉紫色，后渐变淡。蒴果扁平，长线形。花期全年。

原产地及习性：原产南美洲的圭亚那和巴西。喜光；喜温暖湿润气候，不耐寒；喜疏松、肥沃、排水良好的微酸性沙质壤土。

繁殖方式：播种、扦插、压条繁殖。

园林应用：蒜香藤花色多变，盛花时花团锦簇，格外引人注目，可地栽使其攀附于篱笆、围墙、棚架之上，也可盆栽观赏。

15. 金银花（图6-4）

学名：*Lonicera japonica* Thunb.

科属：忍冬科、忍冬属

常用别名：忍冬

形态及观赏特征：半常绿缠绕藤本。茎褐色，幼嫩枝条绿色。单叶对生，叶卵圆形，有短柄，两面无毛。花成对生于叶腋；苞片2，卵形，叶状；花2唇形，花冠长3～4cm，外有柔毛，花冠管略长于裂片，由白变为黄色，清香。浆果，成熟时黑色。花期4～6月；果期10～11月。

原产地及习性：常分布于温带和亚热带地区，南北均产。中国南北各省均有分布，北起辽宁，西至陕西，南达湖南，西南至云南、贵州。性强健，适应性强。喜光，也耐阴；耐寒；对土壤要求不严，酸碱土壤均能生长；耐旱及水湿。根系发达，萌蘖力强，茎着地即能生根。

繁殖方式：播种、分株、压条、扦插繁殖均可。

园林应用：金银花藤蔓缭绕，夏花不绝，黄白相映，清香宜人，冬叶微红，是色香俱备的藤本植物。可用于篱垣、花架、花廊等作垂直绿化；或附在山石上、植于沟边、爬于山坡、用作地被，也富有自然情趣。花期长且具芳香，又值盛夏酷暑开放，是庭园布置夏景的极好材料；又因植株轻盈，是美化屋顶花园的好树种。老桩作盆景，姿态古雅。花蕾、茎枝入药，同时也是优良的蜜源植物。有紫叶（'Purpurea'）、斑叶（'Variegata'）等栽培品种。

图6-4 金银花
(a) 金银花茎蔓；
(b) 金银花的花

(a)   (b)

同属常见植物：

华南忍冬（*L. confusa*（Sweet）DC.）：又称山金银。半常绿藤本。幼枝、叶柄、总花梗、苞片、小苞片和萼筒均密被灰黄色卷曲短柔毛。产华南地区。其他同金银花。

16. 绿萝

学名：*Scindapsus aureun*（Linden et André）Bunting

科属：天南星科、绿萝属

常用别名：黄金葛

形态及观赏特征：大型常绿藤本植物。茎节处生有气根。叶卵心形至长卵形，浓绿色或镶有黄白色不规则的斑点或斑块。因肥水条件不同，叶大小差异较大。

原产地及习性：原产中、南美热带雨林地区。现世界各地都有栽培。喜温暖湿润气候，不耐寒；喜阴，不耐强光直射；喜肥沃、疏松排水良好的酸性土，喜高空气湿度，不耐旱和干燥。

繁殖方式：扦插为主。

园林应用：绿萝枝繁叶茂，终年常绿，耐阴性好，热带亚热带地区绿化崖壁、树干，可攀援数十米之高，北方普遍用作室内观叶植物。

17. 龟背竹

学名：*Monstera deliciosa* Liebm.

科属：天南星科、龟背竹属

常用别名：蓬莱蕉、铁丝兰、电线兰、穿孔喜林芋

形态及观赏特征：常绿攀援藤本。茎粗壮，绿色，借助气生根攀附，长3～6m；节显著。叶互生，厚革质，暗绿色或绿色；幼叶心脏形，无穿孔，长大后叶呈矩圆形，具不规则羽状深裂，自叶缘至叶脉附近孔裂，如龟甲图案。肉穗花序近圆柱形，长17.5～20cm，淡黄色；佛焰苞厚革质，宽卵形，长20～25cm，苍白带黄色。浆果，淡黄色。花期8～9月；果于翌年花期后成熟。

原产地及习性：原产墨西哥。福建、广东、云南栽培于露地，其余地区多栽植于温室。喜阴，忌阳光直射；喜温暖，不耐寒；对土壤要求不甚严格，在肥沃、富含腐殖质的沙质壤土中生长良好；喜湿润，忌干燥。

繁殖方式：扦插和播种繁殖。

园林应用：龟背竹株形优美，叶片形状奇特，叶色浓绿，且富有光泽，整株观赏效果较好。园林中可用于装点大型棚架、山石、崖壁等处。盆栽置于宾馆、饭店大厅及室内花园的水池边和大树下，颇具热带风光。

18. 春羽

学名：*Philodendron selloum* Koch

科属：天南星科、喜林芋属

常用别名：羽裂喜林芋、羽裂蔓绿绒、春芋

形态及观赏特征：常绿攀援藤本。茎粗壮直立，上有明显叶痕，密生气根。叶聚生于茎顶，大型；叶色浓绿有光泽，呈革质；叶柄长约 40～50cm；幼叶三角形，不裂或浅裂，后变为广心形，基部楔形，羽状深裂，裂片有不规则缺刻；基部叶片较大，缺刻较多。肉穗花序，单性花，无花被，总梗甚短；佛焰苞绿色，宿存性。浆果白色至橘黄色。花期 3～5 月。

原产地及习性：原产巴西、巴拉圭等地。现世界各地广泛栽培。生长缓慢。对光线的要求不严格，极耐阴暗；喜高温，不耐寒；喜沙质土壤；喜湿。

繁殖方式：以分株繁殖为主，也可扦插或播种繁育。

园林应用：春羽株形优美，叶片巨大，观赏效果好，园林中用于装点山石、崖壁、驳岸等处。华南将其布置室内，富热带雨林气氛。液汁有毒。

同属常见植物：

心叶蔓绿绒（*P. oxycardium* Bunt.）：多年生常绿藤本。茎细长，呈蔓性，能生长气根，攀附他物生长，叶互生，全缘，叶色浓绿。肉穗花序单性花，无花被，总梗甚短。原产巴西、西印度群岛。优良室内盆栽观叶植物，也可用于垂直绿化。

第二节　落叶藤本类

1. 铁线莲

学名：*Clematis florida* Thunb.

科属：毛茛科、铁线莲属

形态及观赏特征：落叶或半常绿藤本。2 回 3 出复叶对生；小叶狭卵形至披针形，长约 2～5cm。花单生于叶腋，具 2 叶状苞片；花瓣状萼片 6 枚，长达 3cm，淡黄白色或白色。瘦果倒卵形，扁平。花期 5～6 月。

原产地及习性：原产长江中下游至华南地区，分布于广西、广东、湖南、江西等省。日本、欧洲有栽培。喜向阳；耐寒性不强，寒地需植于避风处；喜肥沃、疏松、排水良好的壤土及石灰质壤土。

繁殖方式：播种、压条、嫁接、分株或扦插繁殖均可。

园林应用：铁线莲花大而雅致、花繁期久、开花场面壮观，是优良的棚架植物，可用于点缀墙篱、花架、花柱、拱门、凉亭，也可散植观赏，或盆栽布置阳台、窗台和室内盆架等。但本科繁殖较困难，所以园林中还未大量应用。

同属常见植物：

转子莲（*C. patens* Morr. et Decne.）：羽状复叶，小叶常3枚，稀5枚；小叶柄常扭曲。单花顶生，无苞片；花大，直径8～14cm；花瓣状萼片6～9枚，白色或浅黄色。瘦果卵形,宿存花柱长3～3.5cm,被金黄色长柔毛。花期5～6月；果期6～7月。产于我国山东东部、辽宁东部。日本、朝鲜也有分布。花大而美丽，是点缀庭园、装饰围篱、廊架、阳台的优良植物材料。

2. 野蔷薇

学名：*Rosa multiflora* Thunb.

科属：蔷薇科、蔷薇属

常用别名：蔷薇、多花蔷薇

形态及观赏特征：落叶灌木或藤本。株高1～2m。枝细长，上升或蔓生，有皮刺。奇数羽状复叶互生；小叶5～9枚，倒卵状圆形至矩圆形；叶柄和叶轴常有腺毛；托叶大部附着于叶柄上，先端裂片成披针形，边缘篦齿状分裂并有腺毛。伞房花序圆锥状，花多，直径2～3cm，花白色，芳香。果球形至卵形，直径6mm，红褐色。花期5～6月；果期7～9月。

原产地及习性：主产江苏、山东、河南等省。日本、朝鲜习见。性强健。耐寒；喜光，耐半阴；对土壤要求不严格，适生于背风向阳、排水、通风良好的地方；耐旱，也耐水湿。

繁殖方式：以扦插繁殖为主，也可嫁接、压条、分株繁殖等。

园林应用：野蔷薇花洁白如雪，红果点点，甚为美丽。可栽植作花篱，同时也是嫁接月季、蔷薇类的砧木。果实可酿酒，花、果、根、茎都供药用。变种和栽培变种很多，园林应用时可搭配使用。

同属常见植物：

粉团蔷薇（var. *cathayensis* Rehd. et Wils.）：又名粉花蔷薇。花较大，径3～4cm，单瓣，粉红至玫瑰红色，数朵至20多朵成伞房花序；果红色。

七姊妹（'Platyphylla'）：亦名十姊妹。叶、花均较大，重瓣，深粉红色；6～9朵聚生成伞房花序。

荷花蔷薇（'Carnea'）：亦名粉花七姊妹。花重瓣，淡粉色，多朵簇生。

白玉棠（'Albo-plena'）：枝上刺较少，花白色，重瓣，多朵聚生。

3. 紫藤（彩图6-5）

学名：*Wisteria sinensis*（Sims）Sweet

科属：蝶形花科、紫藤属

常用别名：藤萝、朱藤

形态及观赏特征：落叶大型攀援藤本。茎左旋，缠绕于他物而攀援上升。

枝较粗壮。奇数羽状复叶互生，小叶 7 ~ 13 枚，卵形或卵状披针形，先端渐尖，基部圆形或宽楔形；总状花序侧生，下垂，长 15 ~ 30cm。花冠紫色或深紫色，长达 2cm，芳香。荚果扁，长条形，长 10 ~ 20cm，密生黄色绒毛。花期 4 ~ 5 月，于叶前或与叶同时开放。

原产地及习性：分布于我国河北、河南、山西、贵州、广西、云南、辽宁、内蒙古、山东等省区，全国各地广泛栽培。对气候及土壤的适应性强。喜光；较耐寒；喜深厚、肥沃而排水良好的土壤；有一定的耐干旱、瘠薄和水湿的能力。

繁殖方式：以播种、分株、压条、扦插、嫁接等法繁殖。

园林应用：我国著名的观花藤本，栽培历史悠久，远自唐代已有记载。紫藤枝干苍老遒劲，枝繁叶茂；花朵密集，华丽而优雅。我国古典园林中对其格外偏爱，多用于棚架或与山石搭配，自有一番情趣。紫藤枝叶茂密，庇荫效果强；花大色美，芳香怡人，是优良的棚架、门廊、山面绿化材料；亦可与枯树搭配形成古树幽花的美妙景观；也可修剪成灌木状，还可制成盆景和盆栽供室内装饰。嫩叶及花可食用，茎皮、花及种子可入药。

同属常见植物：

多花紫藤（*W. floribunda*（Willd.）DC.）：落叶藤本。茎枝较细，为右旋性。小叶 13 ~ 19 枚，卵形、卵状长椭圆形或披针形。总状花序，长 30 ~ 50cm，多发自去年生长枝的腋芽；花紫色或蓝紫色，芳香，长约 1.5cm。荚果大而扁平、密生细毛。花期 5 月上旬。原产日本。我国华北、华中有栽培。本种花叶同时开放。园林用途同紫藤。

4. 使君子

学名：*Quisqualis indica* L.

科属：使君子科、使君子属

常用别名：舀求子、四君子

形态及观赏特征：落叶藤本。茎蔓长 3 ~ 8m。单叶对生，薄纸质，矩圆形、椭圆形至卵形；表面光滑，背面有时疏生锈色柔毛。短穗状花序顶生，下垂，组成伞房花序式；萼筒绿色，细管状；花瓣 5 枚，长 1.5 ~ 2cm，花色由白逐渐变淡红直至红色，具香气。果近橄榄核状，熟时黑色，有五棱。花期 5 ~ 9 月；果期 6 ~ 10 月。

原产地及习性：原产马来西亚、菲律宾、印度、缅甸及我国华南地区。喜阳光充足；喜温暖，忌寒，喜土壤肥沃和背风环境；喜湿，忌涝。

繁殖方式：可用播种、分株、枝插、压条和根插等方法繁殖。

园林应用：使君子花轻盈优雅，为优良观赏藤本，园林中应用于棚架、墙垣等绿化。种子为著名的儿科良药。

5. 南蛇藤

学名：*Celastrus orbiculatus* Thunb.

科属：卫矛科、南蛇藤属

常用别名：蔓性落霜红、南蛇风

形态及观赏特征：落叶藤本。蔓长达 12m。单叶互生，叶形变化较大，近圆形至倒卵形或长圆状倒卵形，边缘有细钝锯齿。聚伞花序腋生，间有顶生，成圆锥状而与叶对生；花序长 1 ~ 3cm，小花 1 ~ 3 朵；花黄绿色，雌雄异株，偶有同株。蒴果近球形，棕黄色；种子外被有橙红色、肉质假种皮。花期 5 ~ 6 月；果期 7 ~ 10 月。

原产地及习性：原产我国东北、华北、西北至长江流域。朝鲜、日本也有分布。喜阳，稍耐阴；耐寒；喜肥沃、湿润而排水良好的土壤；亦耐旱。

繁殖方式：播种、扦插或压条均可。

园林应用：南蛇藤春夏叶色油绿，生机盎然，秋季叶片经霜变红或黄，叶落后蒴果裂开露出鲜红的假种皮，颇有趣味。可用作棚架、墙垣、岩壁的攀援绿化材料，亦可植于溪河、池塘岸边，映成倒影，也很别致。

6. 爬山虎

学名：*Parthenocissus tricuspidata* (Sieb. et Zucc.) Planch.

科属：葡萄科、爬山虎属

常用别名：爬墙虎、地锦

形态及观赏特征：落叶藤本。卷须短，多分枝，顶端有吸盘。单叶对生，花枝上的叶宽卵形，通常 3 裂，或下部枝上的叶分裂成 3 小叶，幼枝上的叶较小，常不分裂。聚伞花序通常着生于两叶之间的短枝上，长 4 ~ 8cm；花瓣 5 数，顶端反折。浆果小球形，熟时蓝黑色。花期 6 月；果期 9 ~ 10 月。

原产地及习性：产我国东北南部、河北、华东、华中、西南及华南各地。日本亦有分布。喜阴湿；对土壤和气候适应性强。

繁殖方式：以播种、压条和扦插等方法进行繁殖。

园林应用：爬山虎攀援能力强，叶色浓绿，入秋叶色变红或橙黄色。园林中多攀援于岩石、大树或墙壁上，常栽培作墙面绿化用。茎、根可入药；果可酿酒。

同属常见植物：

五叶地锦（*P. quinquefolia* (L.) Planch.）（图 6-6）：落叶藤本。小枝圆柱形，借总状卷须分枝端的黏性吸盘攀援。叶为掌状 5 小叶，小叶倒卵圆形，边缘有粗锯齿。圆锥状多歧聚伞花序假顶生，长 8 ~ 20cm；花瓣 5 枚，长椭圆形。浆果球形。花期 6 ~ 7 月；果期 8 ~ 10 月。原产美国。华北及东北地区有栽培，在北京能旺盛生长。攀援能力较爬山虎弱，常与爬山虎混合栽植。秋色叶红，是很好的垂直绿化和地面覆盖材料。

图 6-6　五叶地锦
(a) 五叶地锦茎蔓；
(b) 五叶地锦的花

(a)　　　　　　　　　　　　　　　(b)

7. 凌霄

学名：*Campsis grandiflora* (Thunb.) Schum.

科属：紫葳科、凌霄属

常用别名：紫葳、女葳花

形态及观赏特征：落叶攀援藤本。茎较粗壮，长约 10m，茎节具气生根，借此攀援。奇数羽状复叶对生，小叶 7 ~ 11 枚，中卵形至长卵形，叶缘具粗锯齿数对。顶生疏散短圆锥花序；花萼钟形，分裂至中部；花大型，漏斗状，短而阔，长约 5cm，内侧鲜红色，外面橘红色；花萼绿色，有 5 条纵棱。蒴果长条形，豆荚状。花期 7 ~ 8 月；果期 9 ~ 11 月。

原产地及习性：主产我国中部。各地多有栽培，日本也有分布。喜光，略耐阴；喜温暖，较耐寒；喜背风向阳的肥沃、湿润土壤；耐干旱，忌积水。萌芽力强。

繁殖方式：常用扦插或压条及分根繁殖。

园林应用：凌霄据李时珍云"附木而上，高达数丈，故曰凌霄"而得名。其攀援力强，花大色艳，花期长，入夏后朵朵红花缀于绿叶中次第开放，十分美丽，宜用于棚架、墙垣和廊柱，亦可与假山搭配。茎、花、叶可入药，但花粉有毒，伤眼，应用时须加以注意。

同属常见植物：

美国凌霄（*C. radicans* (L.) Seem.）（彩图 6-7）：圆锥花序；花冠漏斗形，暗红色，外面橙黄色。花萼棕红色，无纵棱。蒴果长圆柱形，直或稍弯。花期 7 ~ 9 月；果期 10 月。原产美国西南部。我国各地常见栽培。

思考题

1. 藤本的分类有哪些？依据是什么？

2. 园林中常用于垂直绿化的藤本类植物有哪些？举例说明。

3. 园林中可用于地被的藤本类植物有哪些？举例说明。

本章参考文献

[1] 蔡永立，宋永昌.中国亚热带东部藤本植物的多样性 [J].武汉植物学研究 .2002, 18（5）：390-396.

[2] 中国农业百科全书编辑委员会观赏园艺卷编辑委员会.中国农业百科全书 观赏园 艺卷 [M].北京：农业出版社，1996.

[3] 李景侠，康永祥.观赏植物学 [M].北京：中国林业出版社，2005.

[4] 邱国金.园林植物 [M].北京：中国农业出版社，2001.

[5] 中国科学院中国植物志编辑委员会.中国植物志 [M].北京：科学出版社， 1973 ~ 2002.

[6] 陈有民.园林树木学 [M].北京：中国林业出版社，1990.

[7] 张天麟.园林树木 1200 种 [M].北京：中国建筑工业出版社，2005.

[8] 张丽兵译.国际植物命名法规（维也纳法规）[M].北京：科学出版社，2007.

第七章　竹类植物

　　摘要：观赏竹类是禾本科竹亚科的一大类可供人们观赏并具有较高经济价值的植物，大部分为木本，也有少量草本种类。竹类植物的再生性很强，其地下茎称为竹鞭，地上部分为竹秆，有显著的节，节与节之间的茎中空。根据地下茎的不同，竹类植物可分为单轴散生型、合轴丛生型、复轴混生型三大类。本章重点介绍我国风景园林建设中常用的竹类植物。

竹子为禾本科竹亚科植物。全球已知有竹子 65 属约 1250 种，我国约有 35 属 400 余种，北起秦岭、汉水，南至海南岛，东起台湾，西至西藏，均有竹林分布。作为世界上竹类资源最为丰富的国家，我国对竹子的栽培和利用有着悠久的历史。在浙江余姚河姆渡遗址出土了距今已有 7000 年历史的原始社会竹制品。关于竹的文字记载颇多，最早在《诗经》的《卫风·竹竿》篇中就有："籊籊竹竿，以钓于淇"的记载，即用竹竿在淇水边钓鱼。我国第一部关于竹子的专著《竹谱》于公元 265 年由晋人戴凯之写成，记述了 70 余种竹的性状和产地。元代李衎的《竹谱详录》更详细地记载了 300 余种竹类。此后关于竹子的记载屡见不鲜。古往今来，竹子曾被无数诗人、画家称颂，是高风亮节、刚直不阿的象征，具有深厚的文化内涵。

竹类植物由地上和地下两部分组成，地上部分包括竹秆（有显著的竹节，节间中空）、竹枝、竹叶、竹笋（芽），为箨叶包裹，箨叶具箨舌、箨耳等，地下部分包括地下茎（俗称竹鞭）、秆柄（俗称螺丝钉）、秆基（竹秆入土生根部分）、竹根等。根据地下茎的不同，竹类植物可分为单轴散生型、合轴丛生型、复轴混生型三大类。各类生长性状不同，也形成不同的观赏特点及园林景观。

一、单轴散生型观赏竹类

单轴散生型竹子具有真正横向生长的地下茎（竹鞭），竹秆在地面呈散生状。在观赏竹类中，单轴散生型竹类品种占有较大比重，如著名的紫竹、斑竹、早园竹、金镶玉竹、罗汉竹（人面竹）、黄纹竹、黄秆乌哺鸡竹、毛竹等都属于此类型。该类竹子最宜布置竹径、竹林或丛植、群植，欣赏其挺拔的竹秆及婆娑的枝叶。

二、合轴丛生型观赏竹类

合轴丛生型竹类地下无横向生长的竹鞭，竹秆在地面呈丛生状。优良的丛生观赏竹类有孝顺竹、凤尾竹、小琴丝竹、观音竹、小佛肚竹、大佛肚竹、黄金间碧玉竹等。该类竹子可孤植、对植、群植，布置于庭园入口处等，大型种类还可形成林荫广场。

三、复轴混生型观赏竹类

复轴混生型竹类既有横走地下的竹鞭，又有肥大短缩的合轴型地下茎，竹秆在地面分布较紧密，呈散生状（环境条件较好时）或丛生状（环境条件不良时）。优良的混生型观赏竹类有箬竹、茶秆竹、长叶苦竹、矢竹、四季竹、斑苦竹等。

1. 孝顺竹（图 7-1）

学名：*Bambusa multiplex* (Lour.) Raeusch.

图 7-1 孝顺竹

科属：禾本科、孝顺竹属

常用别名：慈孝竹、凤凰竹、蓬莱竹

形态及观赏特征：灌木型丛生竹，地下茎合轴丛生。竹秆密集生长，秆高
2～7m，径 1～3cm，绿色，老时变黄。节间圆柱形，幼时微被白粉，上部
有棕色小刺毛，老时则光滑无毛。分枝自秆基部第二或第三节即开始，数枝乃
至多枝簇生，末级小枝具 5～12 叶，排成两列。叶质薄，叶片线状披针形或
披针形，顶端渐尖，表面深绿色，背面粉白色。笋期 6～9 月。

原产地及习性：原产中国、东南亚及日本。我国华南、西南直至长江流域
都有分布。是丛生竹中分布最广、适应性最强的竹种之一。喜温暖湿润气候及
排水良好、湿润的土壤。

繁殖方式：移植母竹（分篼栽植）为主，亦可埋篼、埋秆、埋节繁殖。

园林应用：孝顺竹竹笋围母竹而长，由此得名。其竹秆丛生，四季青翠，
姿态秀美，宜于宅院、草坪角隅、建筑物前或河岸种植；若配置于假山旁侧，
竹石相映，更富情趣。

主要栽培种有**凤尾竹**（*B. multiplex* 'Fernleaf'）：秆高约 1～2m，径不
超过 1cm。叶片长 1.7～5cm，宽 3～8mm，通常以十多枚生于一小枝上，形
似羽状复叶。分布于长江流域以南各省区。常植于庭园或盆栽观赏。

同属常见植物：

粉单竹（*B. chungii* McClure）：秆直立或近直立，顶端略弯，高 8～10m，
最高达 16～18m，幼时有显著白蜡粉。节间黄绿色圆柱形，长一般 50cm 左右，

图 7-3 佛肚竹

最长可达 1m 或过之。秆的分枝高，常自第八节开始，数枝乃至多枝簇生，彼此粗细近相等，无毛，被蜡粉，末级小枝大都具叶 7 枚。叶片长达 20cm，宽 3.5cm。笋期 6 ~ 8 月。是南方地区常见的经济竹种，竹韧而软，是编织筐、席等器具的好材料（彩图 7-2）。

慈竹（*B. omeiensis* Chia et Fung）：秆高 5 ~ 10cm，径 3 ~ 6cm，梢端细长作弧形，秆壁薄。节间圆筒形，长 15 ~ 30cm，表面贴生小刺毛，脱落后留下小疣点。分枝半轮生状簇生，末级小枝具数叶乃至多叶。叶片窄披针形，长 10 ~ 30cm，宽 1 ~ 3cm。本种广泛分布于我国西南各省。喜温暖湿润气候及深厚肥沃土壤。枝叶秀丽，宜植于庭院观赏，也可用于制作竹索、农具。

佛肚竹（*B. ventricosa* McClure）（图 7-3）：灌木状丛生竹。秆有正常秆和畸形秆两种。正常秆高 8 ~ 10m，节间圆筒形，长 30cm 左右；畸形秆高 30 ~ 50cm，节间短，长仅 2 ~ 3cm，呈瓶状膨大。每节分枝 1 ~ 3 枚，小枝具叶 7 ~ 13 片。叶片线状披针形至披针形，长 9 ~ 18cm，宽 1 ~ 2cm，上面无毛，下面密被短柔毛。笋期 7 ~ 9 月。我国广东特产，南方各地均有栽培。好生于温暖湿润之地。佛肚竹形态特殊，别具风格，常植于庭院或盆栽观赏，制作丛林式等各种盆景更具有很高的观赏价值。

大佛肚竹（*B. vulgaris* Schrad. 'Wamin'）：秆丛生，绿色，高 2 ~ 5m。下部各节间极为短缩，并在各节间的基部肿胀。华南以及浙江、福建、台湾等省的庭园中有栽培。用途同佛肚竹。

黄金间碧玉竹（*B. vulgaris* 'Vittata'）：秆鲜黄色，有显著绿色纵条纹多条。

2. 毛竹（彩图 7-4）

学名：*Phyllostachys edulis* (Carr.) H. de Leh.

科属：禾本科、刚竹属

常用别名：孟宗竹、猫头竹、南竹

形态及观赏特征：单轴散生型，有地下横走根茎。秆高达 20m，径可达 20cm。幼秆密被细柔毛及厚白粉，老秆无毛并由绿色逐渐变为黄绿色。枝叶 2 列状排列，每小枝保留 2 ~ 3 叶。叶较小，披针形，长 4 ~ 11cm。一年出笋两次，冬至前后出冬笋，清明前后出春笋，可供食用。

原产地及习性：原产中国。分布自秦岭、汉水流域至长江流域以南和台湾省，黄河流域也有多处栽培。喜温暖湿润气候，在深厚、肥沃、排水良好的酸性土壤上生长良好。

繁殖方式：播种、分株、埋鞭等法繁殖。

园林应用：毛竹主要用于营建风景竹林。园林中亦可植于水边、园路两侧、墙前、建筑角隅等处，形成美丽的景观。其材质坚韧，富弹性，大量用于建筑、农具、家具及生活用品制作。鞭、根、箨、枝、筹等均可制作工艺品。

同属常见植物：

黄槽竹（*P. aureosulcata* McClure）：秆高达 9m，径 4cm，绿色无毛，具黄色凹沟槽。秆环略隆起与箨环同高。原产中国。北京、河南、安徽、江苏、浙江有分布。喜光，喜温暖湿润气候，亦较耐寒。秆色优美，常植庭园观赏。

桂竹（*P. bambusoides* Sieb. et Zucc.）：秆高达 18m，径达 14cm。中部节间长达 40cm，绿色无毛，无白粉，秆环和箨环均隆起。叶长椭圆状披针形，长 7 ~ 15cm，宽 1.5 ~ 2.5cm，背面粉绿色。笋期 6 月。产黄河流域及其以南各地，从武夷山脉向西经五岭山脉至西南各省区均可见野生的竹株。适应性强。阳性；喜温暖湿润气候，稍耐寒；耐盐碱。为优良绿化树种。竹秆可供建筑、棚架或其他农具用，亦可编晒席、篓等。笋可食。有一栽培变种斑竹（'Tanakae'），因竹秆上有棕褐色斑块而颇具观赏价值。

粉绿竹（*P. glauca* McClure）：秆高可达 10m，径 4 ~ 5cm。中部节间长 30 ~ 40cm。末级小枝具 1 ~ 3 叶。叶片披针形，长 10 ~ 15cm，宽 1.2 ~ 2cm。产江苏、浙江等省。常成片配植。

红哺鸡竹（*P. iridescens* C.Y.Yao et S.Y.Chen）：秆高 6 ~ 12m，径 4 ~ 7cm。幼秆被白粉，一、二年生的秆逐渐出现黄绿色纵条纹，老秆则无条纹。中部节间长 17 ~ 24cm，秆环中等发达。末级小枝具 3 ~ 4 叶；叶片长 10 ~ 17cm，宽 1.2 ~ 2cm。笋期 4 月中、下旬。产江苏、浙江。春季笋壳鲜红褐色，颇为美丽，是优良的观赏竹种。亦可用于制作农具。

紫竹（*P. nigra* (Lodd. ex Limdl.) Munro）：秆高 3 ~ 8m。秆幼时淡绿色，密被细绒毛，有白粉，1 年后渐变为棕紫色至紫黑色。中部节间长 25 ~ 30cm。末级小枝具 2 ~ 3 叶。叶长 7 ~ 10cm，宽 1 ~ 1.5cm。笋期 4 月下旬。原产中国，各地均有栽培。适应性强。耐阴；耐寒；对土壤的要求不高，但以疏松、肥沃的微酸性土壤为好；稍耐水湿。紫竹紫色的竹秆与绿色的叶片交互相映，十分别致，自古以来广泛配植于庭园。亦可盆栽观赏。

早园竹（*P. propinqua* McClure）：秆高 4 ~ 10m，径 3 ~ 5cm。节间短而均匀，长约 20cm；新秆绿色，密被白粉，基部节间常具淡绿黄色的纵条纹。末级小枝具 2 ~ 3 叶。叶长 7 ~ 16cm，宽 1 ~ 2cm。笋期 4 ~ 5 月。适应性强。耐寒；在湿润、肥沃的土壤上生长较好，轻盐碱地、沙土、低洼地亦能生长。早园竹是最抗寒的竹种之一，华北地区多用此种。常植于路边、水岸、建筑周围或草地边缘。亦具有庇荫、防护、保持水土等多种用途。

金竹（*P. sulphurea* (Carr.) A. et C.Riviere）：秆高 6 ~ 10m，径达 5cm。

秆金黄色，表面呈猪皮毛孔状；节下具白粉，分枝以下的秆环不明显。每小枝具叶 2 ~ 6 枚，叶长 6 ~ 15cm，宽 1 ~ 2cm。原产我国，江浙一带庭园中栽培供观赏，是名贵的观赏竹种。

3. 箭竹

学名：*Sinarundinaria intida* (Mitf. ex Stapf.) Naleai

科属：禾本科、箭竹属

常用别名：法氏竹、华橘竹、龙头竹

形态及观赏特征：散生竹。秆高 1.5 ~ 5m，径 1 ~ 1.5cm。幼秆绿色，被白粉。基部节间长 3 ~ 5cm，中部节间长约 20cm，圆筒形，每节 3 ~ 5 分枝。小枝具 3 ~ 5 叶；叶片披针形，长 5 ~ 10cm，宽 0.5 ~ 1cm。

原产地及习性：产湖北、湖南西部和四川、贵州东部，多生于海拔 1000 ~ 2800m 的山地。适应性强。耐阴；耐寒；耐干旱瘠薄土壤。

繁殖方式：根部萌发竹笋或播种繁殖。

园林应用：笋可食用，枝叶是大熊猫的主要食料之一；也可植于庭园观赏。

4. 菲白竹（图 7-5）

学名：*Sasa fortunei* (Van Houtte) Fiori

科属：禾本科、赤竹属

形态及观赏特征：低矮竹种，地下茎复轴混生；秆纤细，高 10 ~ 30cm。节间圆筒形，细而短小，光滑无毛；秆不分枝或每节仅分 1 枝。小枝具 4 ~ 7 叶。叶鞘无毛；叶片狭披针形，长 6 ~ 15cm，宽 8 ~ 14mm，两面被白色柔毛，叶面常有黄白色纵条纹。

原产地及习性：原产日本，我国华东地区有栽培。耐阴性较强，喜温暖湿润气候。

繁殖方式：分株繁殖。

园林应用：植株低矮，叶片秀美，可用作地被、绿篱或与山石相配，是庭院绿化中美丽的观叶竹类，还可用于制作盆景。

同属常见植物：

菲黄竹（*S. auricona* E.G.Camus）（图 7-6）：高达 1.2m。叶长 10 ~ 20cm，叶片上具黄色宽纵条纹。

5. 箬竹（图 7-7）

学名：*Indocalamus tessellatus* (Munro) Keng f.

科属：禾本科、箬竹属

图 7-5 菲白竹

图 7-6 菲黄竹

图 7-7 箬竹

常用别名：箬竹

形态及观赏特征：矮生竹种，秆散生或丛生；秆高 0.75 ~ 2m，纤细，每节 1 ~ 3 分枝，分枝与主秆近等粗。节间长约 25cm，圆筒形，分枝一侧基部略扁，节下方有红棕色贴秆的毛环。小枝具 2 ~ 4 叶。叶片长 20 ~ 45cm，宽 4 ~ 11cm，下表面灰绿色，小横脉明显，形成方格状，叶缘具细锯齿。笋期 5 月。

原产地及习性：产长江流域各地。喜温暖湿润气候，较耐寒。耐半荫，喜疏松肥沃土壤。

繁殖方式：分株繁殖。

园林应用：植株低矮，株形丰满，抗寒性强，是园林中常用的地被竹类。可丛植、片植，亦可与山石搭配或作基础栽植。其叶大质薄，可用于制作防雨用品或包粽子。

同属常见植物：

阔叶箬竹（*I. latifolius* (Keng) McClure）：秆高达 2m，径 0.5 ~ 1.5cm。节间长 5 ~ 22cm，被微毛，节下尤为明显，每节多一分枝，分枝直立。每小枝具 1 ~ 3 叶。叶片长圆状披针形，长 10 ~ 40cm，宽 2 ~ 9cm，表面无毛，背面灰绿色，略生微毛，小横脉明显，形成方格形，叶缘生有小刺毛。

6. 鹅毛竹

学名：*Shibataea chinensis* Nakai

常用别名：五叶世、鹅毛竹

形态及观赏特征：秆高仅 1m 左右，径 3 ~ 4mm。节间无毛而有光泽，秆环明显隆起，秆箨背部无毛，每节具 3 ~ 6 枝，长仅 0.5 ~ 3cm，具宿存膜质枝箨。无箨耳；箨舌顶端截形或凸起，上缘着生短纤毛；箨片小，斜披针形。每枝仅具 1 ~ 2 叶。叶片长卵形，长 2.5 ~ 18cm，宽 0.6 ~ 3.5cm，上表面深绿色，两面无毛，具明显小横脉。笋期 5 ~ 6 月。

原产地及习性：产我国东南沿海各省。浙江、福建天然分布。日本西南部也有分布。喜温暖湿润气候，不耐寒；喜光，亦较耐阴。

繁殖方式：分株繁殖。

园林应用：植于庭园观赏或作地被。亦可用于制作盆景。

同属常见植物：

倭竹（*S. kumasasa* （Zoll. et Steud.） Mak.）：与鹅毛竹的主要区别点是：秆箨背面有柔毛，叶背疏生柔毛，叶之小横脉不明显。

思考题

1. 竹类的分类有哪些？依据是什么？
2. 园林中常用的竹类植物有哪些？举例说明。
3. 竹类植物的园林用途有哪些？举例说明。

第八章 棕榈类植物

摘要： 棕榈类为棕榈科常绿乔木或灌木。该类植物树干圆柱形，叶簇生于干顶，羽状或掌状裂深达中下部。根据叶的分裂方式可分为扇叶类（掌叶类）和羽叶类棕榈。棕榈类植物大多喜高温、高湿的热带、亚热带环境，但不同种类的耐寒、耐旱性有差异，除陆生外，还有生于海边浅水中的种类。棕榈类植物形态独特，独具热带风光，在园林中常用作独赏树、行道树、庭荫树等。本章重点介绍我国风景园林建设中常用的棕榈类植物。

全世界棕榈科植物约有 220 余属、2700 余种，广泛分布于热带、亚热带地区，以美洲和亚洲的热带地区为其分布中心。中国原产约 20 余属、70 多种，以云南、广西、广东、海南和台湾等省区为多，长江流域也有分布。棕榈类植物为常绿乔木、灌木或藤本。多直立单干，不分枝；坚挺大叶聚生干顶。叶掌状或羽状分裂，多具长柄，叶柄基部常扩大成一纤维状鞘。花小而多，两性或单性，雌雄同株或异株，密生于叶丛或叶鞘束下方的肉穗花序，常为大型佛焰苞所包被。浆果、核果或坚果，外果皮常呈纤维状。根据叶的分裂方式，可分为：①扇叶类（掌叶类），叶掌状分裂，全形似扇，其中乔木有棕榈、蒲葵等，灌木有棕竹等。②羽叶类，叶羽状分裂如羽毛状，种类比扇叶类更多。其中乔木有椰子、鱼尾葵、桄榔、槟榔、王棕、假槟榔、油棕等，灌木有山槟榔等，藤本有省藤、黄藤等。除以上陆生种类外，还有生于海边浅水中的水椰等。棕榈类植物大多喜高温、高湿的热带、亚热带环境，但不同种类的耐寒、耐旱性有差异。该类植物树形奇特，可观姿、观干、观叶、观花及观果，是重要的景观植物，许多种类也具有油料、果用、纤维等经济价值。

1. 假槟榔（彩图 8-1）

学名：*Archontophoenix alexandrae* H.Wendl. et Drude

科属：棕榈科、假槟榔属

常用别名：亚历山大椰子

形态及观赏特征：常绿乔木。株高达 20m。干幼时绿色，老时灰白，单生，光滑，茎干具阶梯状环纹，基部膨大。叶簇生于干顶，羽状全裂，下垂，裂片排列于叶轴两侧，线状披针形，表面绿色，背面灰绿色，有白粉。肉穗花序生于叶鞘束下，花单性同株。果球形或椭圆状球形，红色。花期 4 月；果期 4 ~ 7 月。

原产地及习性：原产于澳大利亚东部。我国福建、台湾、广东、海南、广西、云南有栽培。喜温暖、潮湿、阳光充足。要求肥沃、排水良好的土壤。

繁殖方式：播种繁殖。

园林应用：华南常丛植于庭园或作行道树。优美的树冠及具规则的叶痕环的茎干、鲜红的果穗是其主要的观赏特征。

2. 槟榔

学名：*Areca catecthu* L.

科属：棕榈科、槟榔属

常用别名：仁频、宾门

形态及观赏特征：常绿乔木。株高可达 30m。茎干修长，光滑，具明显环状叶痕。羽状复叶集生顶端，长 1.3 ~ 2m；羽片多数，长 30 ~ 60cm，宽 10 ~ 12cm，上部羽片合生；柄基扩大，抱茎。雌雄同株，肉穗花序，花序着生于最下一叶的叶基部、花白色、芳香。果长卵圆形，橙色或红色。春季开花，秋冬果熟。

原产地及习性：原产马来西亚、印度、缅甸、越南、菲律宾等地。我国广西、云南、福建、台湾、海南、广东等地有分布。喜高温、高湿及阳光充足。喜疏松、富含腐殖质的土壤。

繁殖方式：播种繁殖。

园林应用：树形优美，叶态轻盈，常盆栽供观赏。宜群植作行道树及园景树。在西双版纳，槟榔果是财富和吉祥的象征，古时曾被人们当做货币使用，同时又是青年男女的爱情信物，缔结婚约不可缺少的聘礼，其种子和果实亦供药用，所以是群众广泛栽培的经济和观赏树种。

同属常见植物：

三药槟榔（*A. triandra* Roxb.）：常绿丛生灌木。株高 4 ~ 7m。干具环状叶痕，绿色，光滑似竹。叶羽状全裂，约 17 对羽片，顶端一对合生；叶柄长 10cm 或更长，叶端尖而有齿或浅裂。花序和花与槟榔相似，但雄花更小。果实比槟榔小，顶端突起，熟时深红色。产印度及马来半岛等亚洲热带地区。我国华南地区有栽培。

3. 皇后葵

学名：*Arecastrum romanzoffianum* (Cham.) Becc.

科属：棕榈科、金山葵属

常用别名：金山葵、山葵

形态及观赏特征：常绿乔木。株高达 15m。干直立灰色，中上部稍膨大，光滑有环纹。叶羽状全裂，裂片呈线状披针形，先端浅 2 裂，叶柄和叶轴背面被灰色可脱落的秕状绒毛。肉穗花序圆锥状分枝，生于下部叶腋间，雌雄同株；花单性，淡绿色。花期夏季；果期 11 月至翌年 3 月。

原产地及习性：原产巴西、阿根廷、玻利维亚。中国海南、台湾、云南、广西、广东有分布。喜光，稍耐阴；喜温暖、湿润的环境；要求土层深厚、土质疏松、排水良好的土壤。病虫害发生少。

繁殖方式：播种繁殖。

园林应用：皇后葵树干挺拔，簇生在顶上的叶片，犹如松散的羽毛，酷似皇后头上的冠饰。在南方通常种植作行道树、园景树，亦可作海岸、水滨绿化材料。在北方幼树大盆栽植，可用于展厅、会议室、候车室等处陈列，为优美的观叶盆景。在美国夏威夷，人们喜欢用皇后葵的种子来制作项链。

4. 鱼尾葵

学名：*Caryota ochlandra* Hance

科属：棕榈科、鱼尾葵属

常用别名：孔雀椰子、假桃榔

形态及观赏特征：常绿乔木。株高约20m。茎干直立不分枝，具有环状叶痕。叶大型，2回羽状复叶，聚生干端，小叶鱼尾状半菱形，基部楔形，叶缘有不规则的锯齿。佛焰苞及花序无糠秕状的鳞秕，圆锥状肉穗花序下垂，长达2～3m。浆果球形，径1.5～2cm，果熟后淡红色。花期5～7月；果期8～11月。

原产地及习性：原产亚洲热带、亚热带及大洋洲。我国海南、台湾、福建、广东、广西、云南均有栽培。喜光，耐阴；喜温暖、湿润；喜酸性土。根系浅，茎干忌曝晒。

繁殖方式：播种繁殖。

园林应用：鱼尾葵茎秆挺直，叶片翠绿，花色鲜黄，果实如圆珠成串，适于用作行道树和庭荫树或群植于草地、水边，形成壮观的景色。

同属常见植物：

短穗鱼尾葵（*C. mitis* Lour.）（图8-2）：植株较矮，树干丛生，5～9m。干竹节状，近地面处有棕褐色肉质气根。叶长3～4m，2回羽状全裂，大小、形状如鱼尾葵。佛焰苞及花序被糠秕状鳞秕，肉穗花序短而稠密，长仅25～60cm；雄花萼片倒卵形，花瓣狭长圆形，淡绿色。果球形，熟时紫红色。花期4～6月；果期8～11月。园林中常对植、丛植或作基础栽植，亦是北方最常用的室内大型盆栽植物。

董棕（*C. urens* L.）：常绿乔木，株高10～25m。树干中下部常膨大如瓶状，具环状叶痕。大型羽状复叶聚生于顶部，长达数米小叶斜折扇状，叶柄粗壮，叶鞘、叶柄及叶轴上被黑褐色糠秕状鳞片。圆锥状穗状花序密集下垂，自然条件下寿命约40～60年。浆果状核果，圆球形或扁球形，熟时深红色。花期6～10月；果期5～10月。董棕树形奇特，巨大叶片集生形成如华盖状树冠，园林中最宜孤植于开阔草地。本种为国家二级保护植物。

5. 散尾葵（图8-3）

学名：*Chrysalidocarpus lutescens* H.Wendl.

科属：棕榈科、散尾葵属

常用别名：黄椰子

形态及观赏特征：常绿丛生灌木或小乔木。株高3～5m。茎干光滑，有环纹，基部略膨大。叶丛生，羽状全裂，长约1.5m；羽片披针形，2列，黄绿色，表面有蜡质白粉；叶柄及叶轴光滑，黄绿色，上面具凹槽。圆锥花序，花小，金黄色。花期5月。

原产地及习性：原产马达加斯加。广州、深圳、台湾等地有栽植。喜半阴；喜温暖、潮湿，耐寒性不强；适宜疏松、排水良好、肥沃的土壤。

图 8-2 短穗鱼尾葵

图 8-3 散尾葵

繁殖方式：播种或分株繁殖。

园林应用：枝叶茂密，四季常青。叶清幽雅致，酷似椰子，同时茎和叶柄又有竹子般刚劲的风韵，叶尾向四面展开，姿态潇洒，叶柄及茎干呈金黄色，观赏价值较高。在南方的庭院中，多丛植于草地、宅旁。在北方地区主要用于盆栽，是布置客厅、餐厅、会议室的高档观叶植物；还可作切叶。

6. 椰子（图 8-4）

学名：*Cocos nucifera* L.

科属：棕榈科、椰子属

常用别名：可可椰子

图 8-4 椰子

形态及观赏特征：常绿乔木。株高 15 ~ 30m。茎干粗壮，具环状叶痕。叶羽状全裂集生干端，长 3 ~ 7m，羽片外向，折叠；叶柄粗壮，基部有网状褐色棕皮。花单性同序，花序腋生。果卵球状或近球形，长约 15 ~ 25cm。花期秋季。

原产地及习性：主产东南亚及太平洋诸岛，在中国海南、台湾和云南南部有栽培。喜光；喜高温、湿润环境；耐盐，不耐干旱，喜海滨和河岸的深厚冲积土；抗风力强。

繁殖方式：播种繁殖。

园林应用：椰子树形优美，最具热带风情。在南方可作庭园树和行道树或植于水边及海滨，形成倒影，尤为美观。在北方作温室栽培。亦是重要果树。

7. 油棕

学名：*Elaeis guineensis* Jacq.

科属：棕榈科、油棕属

常用别名：油椰子

形态及观赏特征：常绿乔木。株高达 10m，径达 50cm。羽状复叶簇生于茎顶，长 3 ~ 6cm；羽片外向折叠，线状披针形，长 70 ~ 80cm，宽 2 ~ 4cm，故软，基部外折，下部退化成针刺状。肉穗花序着生于叶腋；花单性，雌雄同株异序。核果熟时黄褐色。春季开花，秋季果熟。

原产地及习性：原产热带非洲。中国分布在海南岛南部、西北部和西双版纳。喜高温、多雨、强光照。喜土壤肥沃环境。

繁殖方式：播种繁殖。

园林应用：油棕树形雄伟，在南方可作庭园树和行道树。其果实和种子均可榨油，是热带高产油料树种，有"世界油王"之称。

8. 酒瓶椰子

学名：*Hyophorbe lagenicaulis* H.E.Moore

科属：棕榈科、酒瓶椰子属

形态及观赏特征：茎干高达 2m，上部细，中、下部膨大如酒瓶。羽状复叶簇生于茎顶，小叶长 45cm，宽约 5cm，排成 2 列。穗状花序，花小，淡绿色。果实椭圆形，朱红色。花期 8 月；果期翌年 3 ~ 4 月。

原产地及习性：原产毛里求斯的罗德岛。中国台湾、广西、广东等地有栽培。喜高温、多湿的热带气候。要求排水良好、湿润、肥沃的壤土。

繁殖方式：播种繁殖。

园林应用：其茎干形如酒瓶，奇特有趣，具有较高的观赏价值，适于庭院或室内栽培观赏。

同属常见植物：

棍棒椰子（*H. verschaffeltii* H.Wendl.）：茎干高达 6m，基部和顶部较细，中部粗大，如棍棒。羽状复叶，长达 2m；小叶长 75cm，宽约 2.5cm，排成两列。用途同酒瓶椰子。

9. 蒲葵（图 8-5）

学名：*Livistona chinensis* (Jacq.) R. Br. ex Mart.

科属：棕榈科、蒲葵属

常用别名：扇叶葵

形态及观赏特征：常绿乔木。株高可达 20m。干棕灰色，有环纹和纵裂纹，基部常膨大。叶大，扇形，有折叠，先端 2 裂，柔软下垂。叶柄长 1～2m，下部两侧有下弯的短刺。肉穗花序腋生，花小，黄绿色，无柄。核果椭圆形，黑紫色。春夏开花，11月果熟。

图 8-5 蒲葵

原产地及习性：原产中国，广东、广西、福建、台湾等省区均有栽培。喜光，亦耐阴；喜温暖湿润；喜肥沃、湿润的黏性土壤。

繁殖方式：播种繁殖。

园林应用：蒲葵挺拔雄伟，树冠如伞。南方可丛植或列植于草地、广场，亦是极佳的行道树及园景树，也可用作厂区绿化树种。北方多盆栽观赏。

10. 长叶刺葵（图 8-6）

学名：*Phoenix canariensis* Hort. ex Chabaud

科属：棕榈科、刺葵属

常用别名：加拿利海枣、加拿利刺葵

形态及观赏特征：常绿乔木。株高可达 10～15m。干单生，径可达 90cm。羽状复叶大型，长达 5～6m，呈弓状弯曲，集生于茎端，基部小叶成针刺状，叶柄短，基部的叶鞘残存在干茎上，形成稀疏的纤维状棕片。肉穗花序从叶间抽出，多分枝，长约 2m。果实卵状球形，橙黄色，有光泽。花期 4～5 月和 10～11 月；果期 7～8 月和翌年春季。

原产地及习性：原产非洲西岸的加拿利岛。我国广东、广西、福建、台湾等省区有栽培。喜光，耐半阴；耐酷热。在肥沃的土壤中生长迅速，耐盐碱，耐贫瘠。极抗风。

繁殖方式：播种繁殖。

图 8-6　长叶刺葵

园林应用：株形挺拔，富有热带风韵，南方可孤植、丛植或列植，北方多盆栽用于暖季点缀街道、广场或作室内观赏。

同属常见植物：

枣椰子（*P. dactylifera* L.）：常绿乔木。高达 35m，基部老时有萌蘖产生。羽状复叶，上部的叶斜升，下部的叶下垂，形成一个较为稀疏的头状树冠；小叶条状披针形，硬直，基部小叶成针刺状，有白粉。雌雄异株，果如枣。

软叶刺葵（*P. roebelenii* O' Brien.）：常绿灌木。株高 1～3m。单干或丛生，干上有三角状叶柄基，小叶柔软，2 列，近对生，基生小叶刺状。干上宿存舌状叶柄残体。

银海枣（*P. sylvestris* Roxb.）（彩图 8-7）：常绿乔木，高达 16m。羽状复叶，银灰色；叶密集成半球形树冠；羽片剑形。

11. 棕竹

学名：*Rhapis excelsa* (Thunb.) Henry ex Rehd.

科属：棕榈科、棕竹属

常用别名：观音竹、虎散竹

形态及观赏特征：丛生灌木。株高 2～3m。茎干直立，纤细如手指，不分枝，有叶节，包以有褐色网状纤维的叶鞘。叶集生茎顶，掌状，深裂几达基部，有裂片 3～12 枚，长 20～25cm，宽 1～2cm；叶柄细长，约

8 ～ 20cm。肉穗花序腋生；花小，淡黄色，极多，单性，雌雄异株。花期
4 ～ 5 月。浆果球形，种子球形。

原产地及习性：原产我国广东、云南等地，日本也有。喜半阴，畏烈日；
喜温暖、潮湿、通风良好的环境，稍耐寒，可耐 0℃左右低温。

繁殖方式：播种和分株繁殖。

园林应用：棕竹株形紧密秀丽、株丛挺拔、叶形清秀、叶色浓绿而有
光泽，既有热带风韵，又有竹的潇洒园林中可对植、丛植或群植于庭院、草地、
园路旁，是基础栽植的好材料。它甚耐阴，为重要的室内观叶植物。

常见栽培品种有**花叶棕竹**（*R. excelsa* 'Variegata'）：叶有黄色条纹。

同属常见植物：

矮棕竹（*R. humilis* Bl.）：常绿丛生灌木。株高 1.5 ～ 3m。干细而有节，
色绿如竹。叶似棕榈而小，掌状 7 ～ 20 深裂；叶柄顶端小戟突常三角形。花
淡黄色。

12. 棕榈（图 8-8）

学名：*Trachycarpus fortunei* (Hook.f.) H.Wendl.

科属：棕榈科、棕榈属

常用别名：棕树

形态及观赏特征：常绿小乔木。株高 3 ～ 8m。植株直立。老叶鞘基
纤维状，包被杆上。叶片圆扇形，有狭长皱折，掌裂至中部，裂片硬直，但
先端常下垂，顶端浅 2 裂，叶柄长，两边有细齿。圆锥花序，鲜黄色，单性异

图 8-8　棕榈

株。核果球形或长椭圆形。花期 4 ~ 5 月；果期 10 ~ 12 月。

原产地及习性：原产中国、日本、印度。我国陕西、广东、广西、云南、西藏、上海和浙江有分布。耐庇荫；喜温暖；喜肥沃、湿润、排水良好的土壤，稍耐盐碱；耐旱，耐湿。对烟尘、二氧化硫、氟化氢等有毒气体的抗性较强。

繁殖方式：播种繁殖。

园林应用：棕榈树干挺拔，叶形如扇，清姿优雅，翠影婆娑，颇具热带风光韵味。在南方宜对植、列植于庭前路边、建筑物旁，或者群植池边与庭园中。在北方盆栽观赏。棕榈对有毒气体抗性强，适用于空气污染区种植。

13. 老人葵

学名：*Washingtonia filifera* H. Wendl.

科属：棕榈科、丝葵属

常用别名：丝葵、加州蒲葵

形态及观赏特征：常绿乔木，高达 25m。树干基部径可达 1m 以上，顶端稍细，被覆许多下垂的枯叶，去除枯叶可见明显的纵向裂缝和不太明显的环状叶痕。叶大型，掌状深裂，直径达 1.8m，裂片边缘具垂挂的纤维丝。肉穗花序大型，弓状下垂，长于叶；花两性，几无梗。核果球形，亮黑色。花期 7 月。

原产地及习性：原产美国西南部的加利福尼亚和亚利桑那及墨西哥。我国华南地区有引种。适应性较强。喜光；喜温暖湿润，亦较耐寒，忌高温高湿；较耐干旱、瘠薄。

繁殖方式：播种繁殖。

园林应用：老叶干枯后垂而不落，远看似老翁胡须，故名老人葵。本种是美丽的风景树，可植于庭院观赏，也常用作行道树，可营造出绮丽多姿的热带、亚热带风光。

思考题

1. 棕榈类的分类有哪些？依据是什么？
2. 园林中常用的棕榈类植物有哪些？举例说明。

第九章

园林花卉——一、二年生花卉

摘要：园林花卉是指适用于园林和环境绿化、美化，且具有一定观赏性的草本植物。园林花卉种类繁多、形态各异，按照生活周期和地下部分形态特征可分为一、二年生花卉、宿根花卉及球根花卉，其他还有水生花卉、攀援及蔓性花卉、蕨类植物、仙人掌和多浆类植物等。一、二年生花卉生命周期短，种类丰富，观赏性强，便于布置，是园林中花坛、花带、地被等景观的重要材料。本章重点介绍我国风景园林建设中常用的一、二年生花卉。

一、二年生花卉是指整个生活史在一个或两个生长季内完成的草本花卉。主要分为三大类：一年生花卉、二年生花卉以及多年生作一、二年生栽培的花卉。

一年生花卉，又称春播花卉，春季播种，夏秋开花，冬天来临时死亡，喜温暖气候，如雁来红、万寿菊、百日草等。二年生花卉，又称秋播花卉，秋季播种，翌年春天开花，炎夏到来时死亡，耐寒性较强，需经春化作用才能成花，如紫罗兰、毛地黄等。既可作一年生栽培又可作二年生栽培的花卉春播、秋播均能成花，如翠菊、香雪球、霞草等。然而，这个划分并不是绝对的，根据栽培地的气候特点及立地条件的不同，同种植物的栽培类型会有所不同。例如，在温暖地区生长的二年生花卉栽植到寒冷的地区只能作一年生栽培。还有一些原产温暖地区的多年生植物因其多年生性状不强、或易于繁殖或栽植于北方寒冷地区不能越冬或夏季炎热地区难以越夏而常作一、二年栽培，如五色苋、雏菊、石竹等。

一、二年生花卉种类繁多，形态各异。有的株丛矮小紧凑，有的高大直立，还有的呈蔓性攀援状。大多以观花为主，也有如银边翠、羽衣甘蓝、彩叶草等以观叶为主的花卉，还有少量观果的种类。

大多数一、二年生花卉开花快，花色丰富而艳丽，花期长，装饰效果强，因此常用于布置花坛、花境、花丛、花带等。一、二年生花卉因其株形整齐、色彩鲜艳，是五一、十一等节日花坛的主体材料，可烘托出节日的热烈气氛。也可与宿根、球根花卉及低矮灌木搭配种植于园林中，丰富园林景观的季相变化。一些蔓性藤本植物可用于篱垣及棚架绿化，某些种类还可作切花。

1. 五色苋 （图 9-1）

学名：*Alternanthera bettzickiana* (Regel) Nichols.

科属：苋科、虾钳菜属

常用别名：五色草、红绿草

形态及观赏特征：多年生草本常作一年生栽培。茎直立或斜出，呈密丛状。叶对生，全缘；叶纤细，常具彩斑或异色；叶柄较长。常用绿色叶品种'小叶绿'和褐红色品种'小叶黑'。'小叶绿'茎斜出，叶较狭，嫩绿或略具黄斑；'小叶黑'茎直立，叶三角状卵形，呈茶褐至绿褐色。

原产地及习性：分布于热带、亚热带地区。我国西南至东南有野生。喜温暖湿润，畏寒；性喜阳光充足，略耐阴；喜高燥的沙质土壤；不耐干旱和水涝。

繁殖方式：扦插繁殖。

园林应用：五色苋植株低矮，耐修剪，分枝性强，品种颜色各异，最适用于模纹花坛，可表现平面或立体的造型，或利用不同的色彩配置成各种花纹、图案、文字等；也可用于花坛和花境边缘及岩石园。

图 9-1　五色苋
图 9-2　三色苋

2. 三色苋（图 9-2）

学名：*Amaranthus tricolor* L.

科属：苋科、苋属

常用别名：雁来红、老来少

形态及观赏特征：一年生草本。株高 100 ～ 150cm。茎直立，分枝少。叶大，卵状披针形；基部暗紫色，入秋顶叶或整株叶变为红、橙及黄色，为主要观赏部位。穗状花序集生于叶腋，花小，不明显。胞果近卵形，盖裂。主要观叶期为 8 ～ 10 月。

原产地及习性：原产亚洲及美洲热带。不耐寒；喜阳光充足；喜疏松、肥沃、排水良好的土壤，耐盐碱；喜干燥，忌湿热和积水。

繁殖方式：播种繁殖。

园林应用：三色苋植株高大，秋季枝叶艳丽，宜自然丛植、片植于坡地或作花境背景材料；也可种植于院落角隅或作基础栽植点缀。

3. 雏菊（彩图 9-3）

学名：*Bellis perennis* L.

科属：菊科、雏菊属

常用别名：春菊、延命菊

形态及观赏特征：多年生草本常作二年生栽培。植株矮小，株高 7 ～ 20cm。全株具毛。叶基生，匙形。花葶自叶丛中抽生；头状花序单生；花径 3 ～ 5cm；舌状花多为白、粉、紫、洒金色等，管状花黄色。瘦果。花期 4 ～ 6 月。

原产地及习性：原产欧洲。我国各地均有栽培。喜冷凉，不耐炎热；喜全日照；对土壤要求不严，适植于疏松、肥沃、湿润、排水良好的土壤上；不耐水湿。

繁殖方式：播种、分株或扦插繁殖。

园林应用：雏菊植株娇小玲珑，叶色翠绿，花色丰富，是重要的春季花卉，既可用作盛花花坛的主体材料，也可与春季开花的球根花卉种植在林缘及路旁，是优良的镶边花卉；还可盆栽观赏。

4. 羽衣甘蓝

学名：*Brassica oleracea* var. *acephala* L. f. *tricolor* Hort.

科属：十字花科、芸薹属

常用别名：叶牡丹、彩叶甘蓝

形态及观赏特征：二年生草本。株高 30 ~ 50cm。茎直立，无分枝，基部木质化。叶基生，矩圆状倒卵形，宽大；叶色丰富，有白色、黄色、红色、紫红色及灰绿色，为主要观赏部位，主要观叶期为冬季。总状花序顶生，具小花 20 ~ 40 朵，花黄色；开花时总状花序高可达 1.2m。角果。花期 4 ~ 5 月。

原产地及习性：原产欧洲。喜冷凉，较耐寒，忌高温多湿；喜阳光充足；喜疏松、肥沃的沙质壤土。

繁殖方式：播种繁殖。

园林应用：羽衣甘蓝植株低矮，叶形多变，叶色鲜艳，四季可观，是花坛应用的好材料。在我国华中以南地区能露地越冬，是冬季花坛的常用材料；也可盆栽观赏。

5. 金盏菊

学名：*Calendula officinalis* L.

科属：菊科、金盏菊属

常用别名：金盏花、黄金盏

形态及观赏特征：二年生草本。株高 50 ~ 60cm。全株被毛，有气味。叶互生，长圆至长圆状倒卵形，全缘或有不明显锯齿；基部抱茎。头状花序单生；花径 4 ~ 5cm；舌状花与管状花均为黄色。瘦果。花期 4 ~ 6 月。栽培品种花色有白色、浅黄色及橘红色；花型也有单瓣和重瓣类型。

原产地及习性：原产地中海、中欧及加拿利群岛至伊朗一带。性强健。喜冷凉，忌炎热，较耐寒；喜阳光充足；对土壤要求不严，以疏松、肥沃、排水良好、略含石灰质的壤土为好，耐瘠薄。

繁殖方式：播种繁殖。

园林应用：金盏菊叶色浓密，花色亮丽，花型各异，在早春时节开放，直到夏初，是春季花坛常用花材。可作花坛主体或镶边材料，也可盆栽观赏或作切花。

6. 翠菊（彩图 9-4）

学名：*Callistephus chinensis* (L.) Nees.

科属：菊科、翠菊属

常用别名：江西腊、七月菊、蓝菊

形态及观赏特征：一、二年生草本。株高 20 ~ 100cm。茎直立，上部多分枝。叶互生，卵形至长椭圆形，有粗钝锯齿；上部叶无柄，下部叶有柄。头状花序单生枝顶；花径 5 ~ 8cm；舌状花蓝紫色，管状花黄色。瘦果。春播花期 7 ~ 10 月，秋播花期 5 ~ 6 月。栽培品种花径 3 ~ 15cm；花色丰富，有紫、蓝、白、黄、橙、红等色，深浅不一。

原产地及习性：原产我国东北、华北、四川及云南等地。在世界各国广泛栽培。耐寒性不强，不喜酷热；喜阳光充足；忌涝，喜肥沃的沙质壤土。浅根性。

繁殖方式：播种繁殖。

园林应用：翠菊花色丰富，花期长，是春、秋两季重要的园林花卉。矮生品种可用作花坛的边缘材料，也适宜盆栽观赏；中、高型品种可用作花坛主体材料，亦可在花境中作背景；高型品种则是良好的切花材料。

7. 风铃草

学名：*Campanula medium* L.

科属：桔梗科、风铃草属

常用别名：钟花、吊钟花、瓦筒花

形态及观赏特征：二年生草本。株高 30 ~ 120cm。茎直立而粗壮，少分枝。基生叶多数，卵状披针形；茎生叶对生，披针状矩形。总状花序顶生；花冠膨大，钟状或坛状，有 5 浅裂；直径 2 ~ 3cm；花色有白、蓝、紫以及淡桃红色等。蒴果。花期 4 ~ 6 月。

原产地及习性：原产南欧。喜冷凉，忌干热；喜光；不择土壤，喜疏松、肥沃且排水良好的壤土，在中性或碱性土中均能生长良好。

繁殖方式：以播种繁殖为主，也可分株繁殖。

园林应用：风铃草植株高大，花型独特，色彩明艳，为春夏园林中常用花卉。矮生品种常作花坛材料；中、高型品种可用作花境背景或于林缘丛植，充满野趣；高型品种还可作切花。

8. 鸡冠花（彩图 9-5）

学名：*Celosia cristata* L.

科属：苋科、青葙属

常用别名：鸡冠头、红鸡冠

　　形态及观赏特征：一年生草本。株高 15 ~ 120cm。茎粗壮，直立，光滑，具棱，少分枝。叶互生，卵状至线状变化不一。穗状花序顶生，肉质，常扁平皱褶如鸡冠，具丝绒般光泽；中下部密生小花，成干膜质状；花序有深红、鲜红、橙黄、黄、白等色。胞果。花期 8 ~ 10 月。叶色与花色常有相关性。

　　原产地及习性：原产东亚、南亚的亚热带和热带地区。喜阳光充足；喜炎热，不耐寒，怕霜冻；喜疏松、肥沃、排水良好的土壤，不耐瘠薄；喜干燥，耐旱，忌积水。

　　繁殖方式：播种繁殖。

　　园林应用：鸡冠花的品种多，株型有高、中、矮三种；花型有鸡冠状、火炬状、绒球状、羽毛状、扇面状等；花色有鲜红色、橙黄色、暗红色、紫色、白色、红黄相杂色等；叶色有深红色、翠绿色、黄绿色、红绿色等。观赏价值高，是园林中常用的观赏花卉。矮型及中型品种可用于花坛和盆栽观赏；高型品种可用于花境和切花，也可制成干花，经久不凋。

9. 醉蝶花（彩图 9-6）

　　学名：*Cleome spinosa* L.

　　科属：白花菜科、白花菜属

　　常用别名：西洋白花菜、凤蝶草

　　形态及观赏特征：一年生草本。株高 60 ~ 120cm。植株有强烈的气味。掌状复叶，小叶 5 ~ 7 枚。总状花序顶生；花由底部向上层层开放；花瓣披针形向外反卷，雄蕊特长；花瓣呈白色到紫色。蒴果。花期 6 ~ 9 月。

　　原产地及习性：原产美洲热带。喜阳光充足、温暖干燥的环境；适宜生长在排水良好、疏松、肥沃的土壤上。可自播繁衍。

　　繁殖方式：播种繁殖。

　　园林应用：醉蝶花的奇特之处在于花序上的花蕾都是由内而外次第开放，雄蕊长长地伸出花冠外，而且花色先淡白转为淡红，最后呈现粉白色，像翩翩飞舞的粉蝶，非常美丽。其常用于布置花坛、花境或于路边、林缘成片栽植；亦可作切花观赏。

10. 蛇目菊

　　学名：*Coreopsis tinctoria* Nutt.

　　科属：菊科、金鸡菊属

　　常用别名：小波斯菊、两色金鸡菊

　　形态及观赏特征：一年生草本。株高 60 ~ 80cm。茎光滑，多分枝。叶对生，基部叶有长柄，2 ~ 3 回羽状深裂，裂片呈披针形；上部叶无柄或有翅柄。头状花序着生在纤细的枝条顶部，多数聚成松散的聚伞花序状，具长梗；

舌状花黄色，基部或中下部红褐色；管状花紫褐色。瘦果。花期 6 ～ 8 月。

原产地及习性：原产北美中西部。喜凉爽，耐寒，不耐炎热；喜阳光，耐半阴；不择土壤，耐干旱瘠薄。

繁殖方式：以播种繁殖为主，也可扦插繁殖。

园林应用：蛇目菊花枝优美，茎叶翠绿，着花繁密，花色明亮，是夏秋常用的园林花卉。矮型种可作花坛、花境边缘材料；高型种可作花境主体或丛植及大面积片植，形成极富野趣的美丽景观。

11. 波斯菊（图 9-7）

学名：*Cosmos bipinnatus* Cav.

科属：菊科、秋英属

常用别名：大波斯菊、秋英

形态及观赏特征：一年生草本。株高 120 ～ 200cm。茎纤细，直立，分枝较多。单叶对生，2 回羽状全裂，裂片狭线形，全缘无齿。头状花序顶生或腋生，花梗细长；花径 5 ～ 8cm；舌状花大，花瓣尖端呈齿状，有白、粉及深红色；管状花黄色。瘦果。花期 9 ～ 10 月。

原产地及习性：原产墨西哥及南美洲。不耐寒，怕霜冻，忌酷热；喜阳光，耐半阴；不择土壤，但肥水过多易引起开花不良，耐干旱瘠薄。可自播繁衍。

繁殖方式：播种、扦插繁殖。

园林应用：波斯菊植株高而纤细，花色淡雅，自播繁衍能力强，能大面积自然逸生，是秋季重要的地被花卉。在园林中，最宜大面积植于空地或林缘，或丛植于篱边、园路两侧，充满野趣；也可作切花。株型紧凑、花大的品种亦可作花坛、花境用材。

图 9-7　波斯菊

12. 硫华菊（图 9-8）

学名：*Cosmos sulphureus* Cav.

科属：菊科、秋英属

常用别名：黄波斯菊、硫黄菊

形态及观赏特征：一年生草本。株高 100 ～ 200cm。叶 2 回羽状深裂。头状花序着生于枝顶；舌状花由纯黄、金黄至橙黄连续变化，管状花呈黄色至褐红色。瘦果。花期 6 ～ 8 月。

原产地及习性：原产墨西哥。性强健，易栽培。喜阳光，耐半阴；不耐寒，怕霜冻，忌酷热；不择土壤。可自播繁衍。

繁殖方式：播种繁殖。

园林应用：硫华菊枝叶纤细，花色明艳，具有自播繁衍能力，适

图 9-8　硫华菊

合用作花境、野花组合及地被花卉材料；或丛植、片植于草坪及林缘，亦充满野趣。株形低矮紧凑、花朵较密的矮生品种，可用于布置花坛及作切花。

13. 石竹

学名：*Dianthus chinensis* L.

科属：石竹科、石竹属

常用别名：中国石竹

形态及观赏特征：多年生草本常作一、二年生栽培。株高 30 ~ 50cm。茎簇生，直立。叶对生，线状披针形，基部抱茎。花单生枝顶或数朵组成聚伞花序；花瓣 5 枚，先端有锯齿；花径 2 ~ 3cm；花色白色至粉红色；稍有香气。花期 5 ~ 9 月。

原产地及习性：原产我国，在东北、西北及长江流域山区均有分布。喜凉爽，耐寒性强，喜日光充足；不择土壤，既喜肥，也耐瘠薄。

繁殖方式：播种繁殖。

园林应用：石竹花朵繁密，花色艳丽，栽培管理简易，是园林中常用花卉。可广泛用作花坛、花境及镶边材料，也可种植于岩石园；亦是优良的切花。

同属常见植物：

须苞石竹（*D. barbatus* L.）（彩图 9-9）：株高 60 ~ 70cm。茎直立，分枝少。叶较宽。花小而多；密集成聚伞花序；花色丰富。

14. 花菱草（图 9-10）

学名：*Eschscholtzia californica* Cham.

科属：罂粟科、花菱草属

常用别名：金英花、人参花

形态及观赏特征：多年生草本常作二年生栽培。株高 30 ~ 60cm。全株被白粉，呈灰绿色。叶多基生，茎上有少量互生叶，多回 3 出羽状深裂，裂片线形至长圆形，似柏树叶。花单生于枝顶，具长梗；花瓣 4 枚，外缘波皱；花径 5 ~ 7cm；花色黄至橙黄色。蒴果。花期 4 ~ 6 月。花朵晴天开放，阴天或夜晚闭合。栽培品种花色丰富，有乳白、淡黄、橙、桂红、猩红、玫红、青铜、浅粉及紫褐色等。

原产地及习性：原产美国加利福尼亚州。耐寒力较强，喜冷凉干燥，不耐湿热；喜阳光充足；宜植于排水良好、疏松的土壤上；根肉质，怕涝。可自播繁衍。

繁殖方式：播种繁殖。

图 9-10 花菱草

园林应用：花菱草枝叶疏散轻盈，花瓣丝质，鲜艳夺目，是良好的花带、花境和盆栽材料；亦可用于草坪丛植及覆盖坡地。

15. 银边翠

学名：*Euphorbia marginata* Pursh.

科属：大戟科、大戟属

常用别名：高山积雪、象牙白

形态及观赏特征：一年生草本。株高 50～70cm。全株具柔毛，茎、叶具乳汁，有毒。茎直立，上部叉状分枝。单叶互生，茎顶端的叶轮生，卵形或椭圆状披针形；边缘或全叶白色。花小，白色。蒴果。花期 6～9 月。

原产地及习性：原产北美南部。喜温暖，不耐寒；喜阳光充足；喜疏松、肥沃土壤；耐干旱，忌涝。可自播繁衍。

繁殖方式：播种繁殖。

园林应用：银边翠叶色翠白相映，宛如层层积雪覆盖，是重要的观赏部位，常自然式栽植于林缘作地被或丛植于篱边、路旁，亦可作切花。

16. 千日红（图 9-11）

学名：*Gomphrena globosa* L.

科属：苋科、千日红属

常用别名：千年红、火球花

形态及观赏特征：一年生草本。株高 40～60cm。全株具灰色长毛。茎直立，上部多分枝。叶对生，叶片长圆形至椭圆状披针形，全缘。头状花序圆球形，常 1～3 个簇生于长总梗顶端；花小而密生；苞片膜质，有光泽，紫红色。花期 7～10 月。栽培品种苞片颜色丰富，有深红、淡红、堇紫、金黄及白色等。

原产地及习性：原产亚洲热带。性强健。喜阳光充足；喜炎热干燥，不耐寒；不择土壤，宜肥沃、疏松土壤。

繁殖方式：播种繁殖。

园林应用：千日红膜质苞片色彩艳丽，具有光泽，经久不调，是天然的干花材料；亦可布置于花坛、花境或盆栽观赏。

17. 凤仙花

学名：*Impatiens balsamina* L.

科属：凤仙花科、凤仙花属

常用别名：指甲花、小桃红

形态及观赏特征：一年生草本。株高 60～80cm。茎肉质，节部膨大，有柔毛或近于光滑；浅绿或红褐色，常与花色相关。叶互生，披针形，顶端渐尖，

图 9-11　千日红　　　　　　　图 9-12　非洲凤仙

边缘有锐齿，基部楔形；叶柄两侧具腺体。花大，单朵或数朵簇生于上部叶腋，或呈总状花序状；花瓣 5 枚，两两对称，侧生 4 片，两两结合；花萼具后伸之距，花瓣状；花色有红、白及雪青等色，纯色或具各式条纹和斑点。蒴果。花期 6 ～ 9 月。

原产地及习性：原产中国、印度及马来西亚。耐热，不耐寒；喜阳光；适生于疏松、肥沃的酸性土壤中，但在瘠薄土壤中亦能正常生长；忌湿。

繁殖方式：播种繁殖。

园林应用：凤仙花在我国栽培历史悠久，深得广大人民喜爱，园艺品种多，花型多样，花色丰富，是花坛、花丛、花境应用的好材料。矮型品种宜用于布置花坛；高型品种可应用于花境，或丛植点缀于路边及庭院。

同属常见植物：

新几内亚凤仙（*I. hawkeri* W.Bull）：多年生草本常作一年生栽培。株高 25 ～ 30cm。茎肉质，光滑，分枝多，茎节突出。叶互生，叶色黄绿至深绿色。花单生或数朵成伞房花序，花柄长。花期 6 ～ 8 月。盆栽或布置花坛、花带。

非洲凤仙（苏氏凤仙 *I. walleriana* Hook.f.）（图 9-12）：多年生草本常作一年生栽培。茎多汁，光滑，节间膨大，多分枝，在株顶呈平面开展。叶互生，卵形，边缘钝锯齿状。花腋生，1 ～ 3 朵，花形扁平，花色丰富。花期 7 ～ 10 月。我国南北各地普遍用于花坛、地被等。也可盆栽观赏。

18. 地肤

学名：*Kochia scoparia* (L.) Schrad.

科属：藜科、地肤属

常用别名：扫帚草

形态及观赏特征：一年生草本。株高 100 ～ 150cm。茎直立，多分枝，株形紧密，呈卵圆形至球形。叶片线形或披针形，草绿色，秋季变为暗红色。花小，单生或簇生叶腋。胞果。主要观赏株形及叶色，花不为观赏重点。

原产地及习性：原产于欧洲、亚洲中部和南部地区。喜温暖，耐炎热，不耐寒；喜光；对土壤要求不严，耐干旱、瘠薄和盐碱。

繁殖方式：播种繁殖。

园林应用：地肤新叶嫩绿纤细，入秋叶色逐渐泛红，观赏期长；宜在坡地、草坪自然式散植也可用作花坛的中心材料，或成行栽植作短期绿篱。

19. 香雪球（彩图 9-13）

学名：*Lobularia maritima* (L.) Desv.

科属：十字花科、香雪球属

常用别名：小白花、庭荠

形态及观赏特征：多年生草本常作一年生栽培。植株矮小，株高 15～30cm。茎匍生而多分枝。叶互生，披针形。总状花序顶生，小花密集成球状；有白、淡紫、深紫及紫红等色；春秋均可开花；具微香。角果。花期 3～6 月。

原产地及习性：原产地中海地区及加拿利群岛。喜阳光充足，亦稍耐阴；喜冷凉干燥的气候，不耐寒冷和炎热；喜疏松、排水良好的土壤，也耐干旱瘠薄；对海边盐碱空气也有一定适应性。忌积水。

繁殖方式：播种或扦插繁殖。

园林应用：香雪球植株低矮，着花繁密，芳香而清雅，是优美的岩石园花卉，也是布置花坛、花境边缘的优良花卉。是良好的蜜源植物，可与其他蜜源植物共同种植，吸引蜜蜂等昆虫，别具趣味。

20. 紫罗兰

学名：*Matthiola incana* (L.) R.Br.

科属：十字花科、紫罗兰属

常用别名：草桂花、草紫罗兰

形态及观赏特征：多年生草本常作二年生栽培。株高 20～60cm。全株具灰色星状柔毛。茎直立，多分枝，基部稍木质化。叶互生，叶面宽大，长椭圆形或倒披针形，先端圆钝，灰蓝绿色。总状花序顶生或腋生；花有紫红、淡红、淡黄、白等；具香气。花期 3～5 月。

原产地及习性：原产地中海及加拿利群岛。喜夏季凉爽、冬季温暖，忌燥热；喜阳光充足，亦耐半阴；喜疏松、肥沃、土层深厚、排水良好的土壤。

繁殖方式：播种繁殖。

园林应用：紫罗兰花朵繁密，花色艳丽，香气浓郁，花期长，是春季花坛、花境的主要材料；也适合盆栽观赏或作切花。

21. 紫茉莉（彩图 9–14）

学名：*Mirabilis jalapa* L.

科属：紫茉莉科、紫茉莉属

常用别名：地雷花、胭脂花、夜饭花

形态及观赏特征：多年生草本常作一年生栽培。株高 30 ～ 100cm。具地下块根。茎多分枝而开展。单叶对生，卵形或卵状三角形。花常数朵簇生枝端；花冠高脚杯状，先端 5 裂；有紫红色、黄色、白色或杂色，花傍晚开放至次日清晨，中午前凋萎。瘦果，果实成熟后变黑色。花期 6 ～ 9 月。

原产地及习性：原产美洲热带。喜温暖，耐炎热，不耐寒；不择土壤，喜疏松、肥沃之地；喜湿润。

繁殖方式：播种、扦插或分株繁殖。

园林应用：紫茉莉花期长，从夏至秋开花不绝，可大片自然栽植于林缘或房前屋后，也可于路边丛植点缀，尤其宜于傍晚休息或夜间纳凉之地布置。

(a)

(b)

图 9–15 花烟草
(a) 花烟草整株；(b) 花烟草花

22. 花烟草（图 9–15）

学名：*Nicotiana sanderae* Sander.

科属：茄科、烟草属

常用别名：红花烟草、烟草花

形态及观赏特征：一年生草本。株高 30 ～ 80cm。全株均具细毛。基生叶匙形，茎生叶长披针形。圆锥花序顶生；花茎长 30cm；花高脚碟状，花冠 5 裂成喇叭状；小花由花茎逐渐往上开放；花有白、淡黄、桃红及紫红等色。蒴果。花期 8 ～ 10 月。

原产地及习性：园艺杂交种，亲本原产南美。喜温暖，不耐寒；喜阳，微耐阴；喜肥沃、疏松而湿润的土壤。可自播繁衍。

繁殖方式：播种繁殖。

园林应用：花烟草株形优美，色彩艳丽，可用于布置花坛、花境，也可散植于林缘、路边、庭院、草坪及树丛边缘。矮生品种可盆栽观赏。

23. 二月兰

学名：*Orychophragmus violaceus*（L.）O.E.Schulz.

科属：十字花科、诸葛菜属

常用别名：诸葛菜

形态及观赏特征：一、二年生草本。株高 30 ～ 60cm。

茎直立，秆光滑。叶无柄，基部生叶羽状分裂，茎生叶倒卵状长圆形。总状花序顶生；花瓣倒卵形，呈十字排列，具长爪；深紫或浅紫色。角果。花期 4～6 月。

原产地及习性：原产中国东北、华北、华东及华中地区。喜光，耐阴；较耐寒；对土壤要求不严。可自播繁衍。

繁殖方式：播种繁殖。

园林应用：二月兰绿叶葱葱，早春紫花开放，可形成富有田园野趣的早春景观。宜片植于坡地、草地；也可栽植林缘或疏林下作地被。

24．虞美人（图 9-16）

学名：*Papaver rhoeas* L.

科属：罂粟科、罂粟属

常用别名：丽春花

形态及观赏特征：一年生草本。株高 40～60cm。全株被毛。茎细长。叶互生，羽状深裂，裂片披针形，具粗锯齿。花单生；花梗细长；花瓣 4 枚，近圆形；花径约 5～6cm；花色丰富，有白、粉、红等深浅变化。蒴果。花期 4～6 月。

原产地及习性：原产欧、亚大陆温带。喜阳光充足；喜凉爽，忌高温，能耐寒；喜排水良好、肥沃的沙壤土，不宜种植在湿热过肥之地。

繁殖方式：播种繁殖。

园林应用：虞美人姿态轻盈，花色艳丽，花瓣薄且有丝绢光泽；微风吹过，花冠翩翩起舞，俨然彩蝶展翅，颇引人遐思。早春开放，是极美丽的春季花卉。宜丛植或种植于花境中，亦可与其他早春开花的花卉混植用作缀花草地。

25．矮牵牛（图 9-17）

学名：*Petunia hybrida* Vilm.

科属：茄科、碧冬茄属

常用别名：林芝牡丹、碧冬茄

图 9-16　虞美人

图 9-17　矮牵牛

　　形态及观赏特征：多年生草本常作一、二年生栽培。株高 20 ~ 60cm。全株具黏毛。茎匍匐状。叶卵形，全缘，几无柄；上部叶对生，下部叶互生。花单生叶腋或枝端；萼 5 深裂；花冠漏斗形，先端具波状浅裂；色彩丰富，包括白色系、红色系、蓝紫色系及复色系。蒴果。温度适宜四季皆可开花。

　　原产地及习性：园艺杂种，原种原产南美。喜温暖，耐高温，不耐霜冻；喜阳光充足，也耐半阴；喜肥沃、疏松而排水良好的土壤；忌雨涝。

　　繁殖方式：以播种繁殖为主，也可扦插繁殖。

　　园林应用：矮牵牛株形紧凑，花色丰富，花期长，是优良的花坛、花带和种植钵花卉，亦可作自然式的丛植。高型品种也是良好的切花材料。

26．半支莲

学名：*Portulaca grandiflora* Hook.

科属：马齿苋科、马齿苋属

常用别名：死不了、太阳花、松叶牡丹

　　形态及观赏特征：一年生草本。植株低矮，株高 15 ~ 20cm。茎匍匐状或斜生。叶圆棍状，肉质。花单生或数朵簇生枝顶；有白、粉、红、黄色及具斑纹等复色品种；花径 2 ~ 3cm。蒴果。花期 9 ~ 11 月。

　　原产地及习性：原产南美洲。喜光；喜高温干燥，不耐寒；喜沙质壤土，耐瘠薄；耐干旱，不耐水涝。

　　繁殖方式：播种或扦插繁殖。

　　园林应用：半支莲花色鲜艳，园林中常片植或作地被，也可用于美化树池及布置自然式花坛，还可用于窗台装饰或盆栽观赏。

27．一串红（图 9-18）

学名：*Salvia splendens* Ker.-Gawl.

科属：唇形科、鼠尾草属

常用别名：墙下红、西洋红

　　形态及观赏特征：多年生草本常作一年生栽培。株高约 80cm。茎具四棱，光滑，基部多木质化；茎节常紫红色。叶片卵形或卵圆形，顶端渐尖，基部圆形，两面无毛。总状花序顶生，花 2 ~ 6 朵轮生；苞片卵圆形，深红色；萼钟形，与花冠同色，上唇全缘，下唇 2 裂，红色。坚果，种子成熟后浅褐色。花期 7 ~ 10 月；果期 8 ~ 10 月。

　　原产地及习性：原产南美。喜温暖，忌干热；喜阳光充足，也耐半阴；在疏松、肥沃、排水良好的土壤中生长良好。

　　繁殖方式：播种或扦插繁殖。

　　园林应用：一串红植株紧凑，花色纯正鲜艳，从夏末到深秋，花开不断，

图 9-18　一串红

图 9-19　万寿菊

是布置秋季花坛的理想花材。常用作花丛、花坛的主体材料，尤于国庆花坛中大量应用；也可自然式群植于林缘。

28．万寿菊（图 9-19）

学名：*Tagetes erecta* L.

科属：菊科、万寿菊属

常用别名：臭芙蓉、蜂窝菊

形态及观赏特征：一年生草本。株高 60～90cm。茎直立，粗壮且多分枝。叶对生或互生，羽状全裂，裂片披针形或长矩圆形，有锯齿；叶缘背面具油腺点，有强臭味。头状花序顶生，具长总梗；总苞钟状；舌状花有长爪，边缘皱曲；花径 5～13cm；花黄色或橘黄色。瘦果。花期 6～10 月；果期 8～9 月。

原产地及习性：原产墨西哥。喜温暖，不耐高温酷暑；喜阳光充足，亦耐半阴；对土壤要求不严；耐干旱、耐移栽。

繁殖方式：播种或扦插繁殖。

园林应用：万寿菊花大色艳，花期长。矮型品种适宜作花坛布置或花丛、花境栽植，在国庆期间常与一串红搭配作花坛的主体材料。高型品种可作切花水养。

同属常见植物：

孔雀草（*T. patula* L.）（彩图 9-20）：株高 20～40cm。羽状复叶，小叶披针形。头状花序顶生，单瓣或重瓣；花色有红褐、黄褐、淡黄、杂紫红色斑点等。常用于花坛、花丛及花境布置。

29. 夏堇（彩图 9-21）

学名：*Torenia fournieri* Linden. ex Fourn.

科属：玄参科、蝴蝶草属

常用别名：蓝猪耳

形态及观赏特征：一年生草本。株高 15～30cm。株形整齐而紧密。茎具四棱，光滑。叶对生，卵形而端尖，叶缘有细锯齿。总状花序腋生或顶生；2 唇状，上唇浅紫色，下唇深紫色；基部有醒目的黄色斑点。蒴果。花期 7～10 月。

原产地及习性：原产印度支那半岛。喜高温，不耐寒；喜阳光，耐半阴；对土壤适应性较强，但以湿润而排水良好的壤土为佳。

繁殖方式：播种繁殖。

园林应用：夏堇株丛低矮紧密，花姿轻逸，花形小巧奇特，是优良的夏季园林花卉。适合花坛、花台等种植，亦是优良的盆栽花卉。

30. 美女樱（图 9-22）

学名：*Verbena hybrida* Voss

科属：马鞭草科、马鞭草属

常用别名：美人樱、铺地马鞭草

形态及观赏特征：多年生草本常作一年生栽培。株高 30～50cm。植株丛生而覆盖地面。全株具灰色柔毛。茎具四棱。叶对生，有短柄，长圆形或矩圆状卵形，叶缘具齿。穗状花序顶生，开花部分呈伞房状，花小而密集；花呈白、粉、红、蓝、紫等色，略具芳香。花期 6～9 月；果期 9～10 月。

原产地及习性：种间杂交种，原种产于南美洲。喜阳光充足，不耐阴；喜温暖，较耐寒，忌高温多湿；对土壤要求不严，但以排水良好、疏松、肥沃的土壤为宜。

繁殖方式：播种或扦插繁殖。

园林应用：美女樱植株低矮，开花繁密，色彩丰富，最宜作路旁及花境的边缘点缀，可布置花坛或盆栽观赏。

31. 三色堇

学名：*Viola tricolor* var. *hortensis* DC.

科属：堇菜科、堇菜属

常用别名：蝴蝶花、人面花

形态及观赏特征：多年生草本常作二年生栽培。株高 15～25cm。植株呈丛生状，全株光滑。茎长，

图 9-22　美女樱

多分枝。叶互生；基生叶有长柄，叶片近圆心形；茎生叶卵状长圆形或宽披针形，边缘有圆钝锯齿。花单生于花梗上或腋生；花瓣近圆形，花瓣有 5 枚，不整齐；花径 3 ~ 6cm；通常为蓝紫、白、黄三色，或单色，或花朵中央具一对比色之"花眼"。蒴果。花期 4 ~ 6 月；果期 5 ~ 7 月。

原产地及习性：原产欧洲南部。喜凉爽，较耐寒，在炎热的夏季常生长情况不佳；喜光，稍耐半阴；喜肥沃、疏松、富含有机质的土壤，在潮湿、排水不良的土壤中生长不佳。

繁殖方式：播种繁殖。

园林应用：三色堇植株低矮，花色浓艳，是早春花坛重要的植物材料，亦可植于路旁或装点草坪，或栽于种植钵中陈列观赏。

同属常见植物：

大花三色堇（*V.* × *wittrokiana*）：多年生草本常作二年生栽培。茎直立，分枝或不分枝。基生叶多，卵圆形，茎生叶长卵形，叶缘有整齐的钝锯齿。花顶生或腋生，挺立于叶丛之上；花瓣 5 枚，花朵外形近圆形，平展；花单色或复色，如黄、白、蓝、褐、红色等。

角堇（*V. cornuta* L.）（图 9-23）：多年生草本常作二年生栽培。株高10 ~ 30cm。茎较短而直立，花径 2.5 ~ 4cm。园艺品种较多。花有堇紫、大红、橘红、明黄及复色，近圆形。花期因栽培时间而异。角堇与三色堇花形相同，但花径较小，花朵繁密。

32. 百日草（图 9-24）

学名：*Zinnia elegans* Jacq.

科属：菊科、百日草属

常用别名：百日菊、步步高

形态及观赏特征：一年生草本。株高 50 ~ 90cm。茎直立而粗壮。叶对生，卵圆形，全缘，基部抱茎。头状花序单生枝顶；总苞钟状；花径4 ~ 10cm；舌状花倒卵形，有白、黄、红、紫等色；管状花黄橙色。瘦果。

图 9-23　角堇

图 9-24　百日草

图 9-25　小百日草

花期 6 ～ 9 月；果期 8 ～ 10 月。

原产地及习性：原产墨西哥。性强健。喜阳光；忌酷暑；喜肥沃、深厚的土壤，在夏季阴雨、排水不良的情况下生长不良；耐干旱。

繁殖方式：播种繁殖。

园林应用：百日草花色丰富，花期长，是夏秋园林中的重要花卉。最适作花坛种植，也可植于花境。其中矮型品种还可盆栽观赏，高型品种是优良的切花材料。

同属常见植物：

小百日草（*Z. angustifolia* H.B. et K.）（图 9-25）：亦名细叶百日草。一年生草本。株高 40 ～ 60cm。全株具毛。叶对生，卵形或长椭圆形，基部抱茎。头状花序小，径约 2.5 ～ 4cm；舌状花单轮，黄色，中盘花突起；花期夏秋。适用于花坛及边缘种植材料。

思考题

1. 园林花卉的分类有哪些？依据是什么？主要园林用途有哪些？
2. 依据生活周期和地下部分形态特征，园林花卉可分为哪几类？各有什么特征？举例说明。
3. 园林中常用的一、二年生花卉有哪些？其观赏特性和园林用途是什么？

第十章 园林花卉——宿根花卉

摘要：宿根花卉寿命长，种类多，抗逆性强，并且繁殖容易，应用方便，是园林中布置花坛、花境、地被、花丛等景观的优良材料。本章重点介绍我国风景园林建设中常用的园林宿根花卉。

　　宿根花卉是指植株个体寿命超过两年，能多次开花结实，地下部分形态正常而不发生变态的花卉。一部分宿根花卉在当年开花后，冬季地上茎叶全部枯死，地下部分进入休眠状态，来年春天再萌发新芽。这类花卉能露地越冬，具有较强的耐寒能力，如菊花、鸢尾、桔梗等。另有一部分宿根花卉冬季茎叶依然保持绿色，但温度低时停止生长，进入半休眠状态。这类花卉不耐寒，在北方寒冷地区需要保护地栽培才能安全越冬，如万年青等。

　　宿根花卉具有较强的适应性，对立地条件要求不严格，耐粗放管理，一次种植可多年观赏。其种类繁多，株形差异大，高低错落，四时均有花开，色彩丰富，作花境栽植最能表现这类植物的群体自然美，可丰富季相景观；还可大面积片植于裸地、林下、坡地，或点缀草坪、岩石园，充满自然野趣。某些品种多样的种类，如菊类、鸢尾类、石竹类等还可布置成专类园。

1. 蓍草

学名：*Achillea alpina* L.

科属：菊科、蓍草属

常用别名：锯齿草、蜈蚣草、羽衣草

形态及观赏特征：多年生草本。株高 60 ~ 100cm。全株密被柔毛。茎直立，上部分枝。叶互生，披针形，缘锯齿状或羽状浅裂，基部裂片抱茎。头状花序伞房状着生；边缘为舌状花，白色或淡红色，顶端有 3 小齿；中央为可育的筒状花，白色或淡红色。花期 7 ~ 9 月。

　　原产地及习性：原产东亚、西伯利亚。我国东北、华北、江苏、浙江一带均有分布。耐寒；全日照和半阴条件均能生长；对土壤要求不高，但以疏松、肥沃、排水良好的沙壤土最好。

　　繁殖方式：播种或分株繁殖。

　　园林应用：蓍草枝叶轻盈，开花繁茂。常用作花坛、花境材料；也适合布置于林缘、路旁；还可作切花。

　　同属常见植物：

　　凤尾蓍（*A. filipendulina* Lam.）：多年生草本。株高 100cm。茎具纵沟及腺点，有香气。羽状复叶互生，椭圆状披针形；小叶羽状细裂，叶轴下延；茎生叶稍小。头状花序伞房状着生，鲜黄色；边缘花舌状或筒状；花芳香。瘦果。花期 6 ~ 9 月。有白、黄及粉花品种。原产高加索地区。多用于花丛、花境等。

　　千叶蓍（*A. millefolium* L.）：株高 60 ~ 100cm。茎直立，上部有分枝，密生毛。叶矩圆状披针形，2 ~ 3 回羽状深裂至全裂，裂片线形。头状花序伞房状着生，花径 5 ~ 7cm，花白色。花期 6 ~ 10 月。原产欧洲、亚洲及美洲，我国东北、西北有野生。丛植或用于花境。

2. 蜀葵（图 10-1）

学名：*Althaea rosea* Cav.

科属：锦葵科、木槿属

常用别名：一丈红、熟季花

形态及观赏特征：多年生草本。株高大多 120 ～ 180cm，最高可达 3m。植株被毛。茎直立，不分枝。叶互生，粗糙而皱，心脏

图 10-1 蜀葵

形。花单生叶腋或呈总状花序顶生；花大，径 8 ～ 12cm；有紫、粉、红、白、黄和褐等颜色；栽培品种有单瓣、半重瓣及重瓣类型。蒴果。花期 6 ～ 8 月。

原产地及习性：原产中国四川，分布广泛，在华东、华中、华北均有栽培。耐寒性强，在华北地区能露地越冬；喜阳光，也耐半阴；喜肥沃及排水良好的土壤；忌涝。

繁殖方式：播种、分株、扦插繁殖均可。

园林应用：蜀葵植株高大，花大色艳，花期较长，自古以来深受人们的喜爱，在全国各地广为栽培。是夏秋园林中重要的花卉，适宜在建筑物前作基础种植，是花境中优良的竖线条花卉，亦可植于园路两旁或丛植于草地、篱边。

3. 安祖花

学名：*Anthurium andreanum* Lindl.

科属：天南星科、安祖花属

常用别名：红掌、火鹤花

形态及观赏特征：多年生常绿草本花卉。株高一般为 50 ～ 80cm，因品种而异。具肉质根。无茎。叶从根茎抽出，具长柄，单生；叶呈心形，鲜绿色，叶脉凹陷。花腋生，佛焰苞蜡质，正圆形至卵圆形，鲜红色、橙红肉色及白色；肉穗花序直立，圆柱状。四季皆可开花。

原产地及习性：原产于南美洲热带雨林。现在欧洲、亚洲、非洲皆有广泛栽培。性喜温热多湿而又排水良好的环境。忌强光曝晒；不耐干旱。

繁殖方式：分株或组培繁殖。

园林应用：红掌花朵独特，佛焰苞色泽鲜艳华丽，色彩丰富，是世界名贵花卉。可丛植或布置于花境，亦可于林缘作地被。花期长，切花水养可长达 1 个月，切叶可作插花的配叶。亦是世界范围内重要盆花。

4. 杂种耧斗菜

学名：*Aquilegia hybrida* Hort.

科属：毛茛科、耧斗菜属

形态及观赏特征：多年生草本，园艺杂交种。株高 40 ～ 60cm。茎多分枝。

叶丛生，2～3回羽状复叶。花顶生，下垂；萼片5枚，花瓣状，与花瓣同色；花瓣先端圆唇形，基部成长距，直立或弯曲，从花萼间伸向后方；花色丰富，有白、黄、红、蓝、紫色。蓇葖果。花期6～8月。

原产地及习性：园艺杂交种，亲本原产美国。耐寒性强，忌酷暑；喜半阴；喜肥沃、湿润、排水良好的沙质壤土；忌干旱。

繁殖方式：以分株繁殖为主，也可播种繁殖。

园林应用：杂种耧斗菜品种繁多，色彩丰富，是春夏两季重要的园林花卉。其叶形优美，花形独特，颜色淡雅，模仿其自然生境大量种植在灌木丛间、林缘及疏林草坡，能充分体现自然野趣美，颇为壮观。杂种耧斗菜也是花境、花坛和岩石园的常用材料。

5. 蜘蛛抱蛋

学名：*Aspidistra elatior* Blume.

科属：百合科、蜘蛛抱蛋属

常用别名：一叶兰、竹叶盘、飞天蜈蚣

形态及观赏特征：多年生常绿草本。根状茎粗壮，横生。叶单生，有长柄，坚硬，挺直；叶长椭圆状披针形或阔披针形，长22～46cm，宽约10cm；顶部渐尖，基部楔形，边缘波状，深绿色而有光泽。花葶自根茎抽出，紧附于地面；花基部有2枚苞片，花被钟状，外面紫色，内面深紫色。花期春季。

原产地及习性：原产我国及日本，分布于亚洲热带和亚热带地区。喜温暖，较耐寒；忌阳光直射；喜疏松而排水良好的土壤；喜阴湿，忌干燥。

繁殖方式：分株繁殖，四季都可进行。

园林应用：蜘蛛抱蛋叶片浓绿光亮，质硬挺又极耐阴湿，最宜作林下或蔽荫处地被，或丛植于庭园，草地及花境之中。也是重要的盆栽观叶植物和切叶植物。有花叶栽培品种。

6. 落新妇（图10-2）

学名：*Astilbe chinensis* (Maxim.) Franch. et Sav.

科属：虎耳草科、升麻属

形态及观赏特征：多年生草本。株高40～80cm。地下具根状茎，呈块状，粗壮。茎直立，被褐色长毛。基生叶为2～3回3出羽状复叶，具长柄；茎生叶2～3枚，较小，边缘有重锯齿，被短刚毛。圆锥花序与茎生叶对生，被褐色长毛；花密集，花瓣4～5枚，红紫色。花期7～8月。

原产地及习性：原产中国，在长江中、下游及东北地区均有野生。朝鲜、苏联也有分布。耐寒，忌高温干燥；喜半阴；喜肥沃、湿润、排水良好的疏松壤土；忌水涝。

图 10-2 落新妇　　　　　　　图 10-3　四季秋海棠

繁殖方式：分株或播种繁殖。

园林应用：落新妇植株挺立，花序密集而紧凑，栽培品种花色艳丽丰富，观赏价值高，是花境中难得的竖线条花卉。可丛植于林缘，亦可散植点缀草坪、溪流及山石。

同属常见植物：

美花落新妇（*A. hybrida* L.）：园艺杂交种。植株低矮，株高 30 ~ 50cm。花色有红、白及粉色。花期较早，4 ~ 5 月。喜温暖，在华南地区越夏困难，呈半休眠状。用作花境、花坛或盆栽观赏，也可作切花。

7. 荷兰菊

学名：*Aster novi-belgii* L.

科属：菊科、紫菀属

常用别名：柳叶菊

形态及观赏特征：多年生草本。株高 50 ~ 150cm。全株被粗毛。茎丛生，基部木质化。叶长圆形或披针状线形，光滑，暗绿色。头状花序密集，或呈伞房状；花较小，径约 2.5cm；花红紫、淡蓝至白色。瘦果。花期 8 ~ 10 月。

原产地及习性：原产北美。较耐寒，忌夏日干燥；喜阳光充足；喜湿润且排水良好的肥沃土壤。

繁殖方式：以分株和扦插繁殖为主，也可播种繁殖。

园林应用：荷兰菊植株丰满圆润，着花繁密，是夏秋园林中重要的花坛花卉，或大面积片植于坡地草坪；也可植于花境中或丛植在林缘及坡岸边作观花地被；还可盆栽观赏。

8. 四季秋海棠（图 10-3）

学名：*Begonia semperflorens* Link et Otto

科属：秋海棠科、秋海棠属

形态及观赏特征：多年生草本。茎直立，肉质，光滑。叶互生，有圆形或两侧不等的斜心形；叶色有纯绿、红绿、紫红、深褐，或有白色斑纹。聚伞花序顶生或腋生，花有白、粉、红等色。花期四季，但以春秋二季最盛。

原产地及习性：世界各地热带和亚热带广泛分布。我国各地均有栽培。喜温暖，不耐寒；喜半阴环境；不耐干燥，亦忌积水。

繁殖方式：以播种繁殖为主，也可扦插、分株繁殖。

园林应用：四季秋海棠株形秀美，叶色光洁，花朵玲珑娇艳，盛花时植株为花朵覆盖，是重要的夏季园林花卉。多作花坛及盆栽观赏，因其植株低矮紧凑，尤其适合布置立体造型花坛，形成精致的纹样或造型。

9. 长春花（彩图 10-4）

学名：*Catharanthus roseus* (L.) G.Don

科属：夹竹桃科、长春花属

常用别名：五瓣莲

形态及观赏特征：多年生草本。株高 20 ～ 60cm。茎直立，少分枝，基部木质化。叶对生，倒卵状矩圆形，全缘或微波状；叶色浓绿而有光泽；两面光滑无毛；主脉白色，明显；叶柄短。花数朵或单朵腋生；萼 5 裂；花冠高脚碟状，5 裂片，平展开放；花径 3 ～ 4cm；白色、粉红色或紫红色。蓇葖果。花期 6 ～ 9 月。

原产地及习性：产于东非、南非及美洲热带。喜温暖，不耐寒，忌干热；喜阳光充足，耐半阴；对土壤要求不严，耐瘠薄；忌干旱和水涝。

繁殖方式：播种或扦插繁殖。

园林应用：长春花株形优美，叶色翠绿鲜亮，花期较长，是夏季花坛的常用材料，也可植于各种种植钵用于广场、阳台、窗台等装饰；秋冬还可作室内盆栽观赏。

10. 彩叶草（图 10-5）

学名：*Coleus blumei* Benth.

科属：唇形科、鞘蕊花属

常用别名：五色草、洋紫苏

形态及观赏特征：多年生草本常作一、二年生栽培。株高 50 ～ 80cm。全株有毛。茎具四棱，基部木质化。叶对生，卵圆形，先端长，渐尖或锐尖，叶缘具齿，有深缺刻；表面绿色而有紫红色斑纹。栽培品种叶形与叶色变化丰富，是主要的观赏部位。顶生总状花序，上唇白色，下唇蓝色。

原产地及习性：原产非洲、亚洲、大洋洲热带和亚热带地区。喜温暖湿润，忌夏季高温，不耐寒；喜阳光充足，生长季光照不足影响叶色，也耐半阴，忌夏季强光直射。

图 10-5　彩叶草

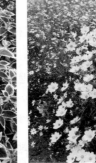
图 10-6　大花金鸡菊

繁殖方式：播种繁殖。

园林应用：彩叶草叶片形态多变，叶色绚丽多彩，是优良的彩色观叶植物。在园林中，常作花坛材料，尤适于毛毡花坛；也可丛植路径两旁作花带或作花境的边缘点缀；还可作种植钵或立体花坛材料。亦是良好的盆栽观叶植物。

11．大花金鸡菊（图 10-6）

学名：*Coreopsis grandiflora* Hogg.

科属：菊科、金鸡菊属

常用别名：剑叶波斯菊

形态及观赏特征：多年生草本。株高 30 ～ 60cm。全株稍被毛，有分枝。叶对生，基生叶及下部茎生叶全缘，披针形；上茎生叶 3 ～ 5 裂，裂片披针形，顶裂片尤长。头状花序，内外总苞近等长，具长梗；花径 4 ～ 6cm；舌状花与管状花均为黄色。花期 6 ～ 9 月。

原产地及习性：原产北美。耐寒性强；喜阳光充足，稍耐阴；对土壤要求不严，耐干旱瘠薄。

繁殖方式：分株繁殖。

园林应用：大花金鸡菊株形疏散，叶色翠绿，花色绚丽，观赏价值高，是夏秋园林中常用的花卉。其可作花境种植，或植于林缘、路边，颇具野趣；大面积片植于坡地效果好，可形成错落有致的金黄色花海。

同属常见植物：

大金鸡菊（*C. lanceolata* L.）：株高 30 ～ 90cm。叶多簇生，茎上叶甚少。头状花序，外列总苞较内列短；舌状花与管状花均为黄色。花期 6 ～ 10 月。原产北美。主要用于花境。

12．多变小冠花

学名：*Coronilla varia* Linn.

科属：豆科、小冠花属

常用别名：绣球小冠花、小冠花

形态及观赏特征：多年生草本。植株淡绿色。根繁叶茂，密生根瘤。根部不定芽再生力强。茎蔓生，匍匐向上伸，可达 180cm，分枝力强，节上腋芽萌发形成很多侧枝，地下根交错盘生；地上茎则纵横交织。伞形花序生于节间叶腋；每花序有花 5 ~ 15 朵，下部花白色，上部略带粉红色或紫色。花期 6 ~ 9 月，延续持久。

原产地及习性：原产欧洲。温带地区广泛栽培。生命力强，适应性广，抗寒；适宜中性偏碱的土壤，耐瘠薄地，不耐强酸和盐碱；耐旱。

繁殖方式：播种、扦插、分根繁殖均可。

园林应用：多变小冠花匍匐性强，枝叶茂密，抗逆性强，是优良的水土保持和覆盖植物，多用于丘陵坡地、道路两旁种植以护坡。因其具良好的固氮能力，也用于果林行间种植，覆盖地表，增加土壤肥力并抑制杂草滋生。也是优良的饲料和牧草。

13. 火星花

学名：*Crocosmia crocosmiflora* (Nichols.) N.E.Br.

科属：鸢尾科、雄黄兰属

常用别名：雄黄兰、小番红花

形态及观赏特征：多年生匍匐性草本。球茎扁圆形，外有褐色网状膜。株高约 60cm。叶片线状剑形，基部有抱茎叶鞘。复圆锥花序具多数花，花冠漏斗形，筒部稍弯曲，橙红色。蒴果 3 裂，种子数个。花期初夏至秋季。

原产地及习性：原产非洲南部。现世界各地均有栽培。耐寒，在长江中下游地区球茎露地能越冬；喜充足阳光；喜排水良好、疏松、肥沃的沙质壤土；生育期要求土壤有充足水分。

繁殖方式：分球繁殖。

园林应用：火星花花色鲜艳，于仲夏季节花开不绝，是布置花境、花坛的好材料，也可作切花，还可成片栽植于街道绿岛、建筑物前、草坪上、湖畔等。

14. 大花飞燕草（图 10-7）

学名：*Delphinium grandiflorum* L.

科属：毛茛科、翠雀属

常用别名：翠雀花

形态及观赏特征：多年生草本。株高 30 ~ 105cm。全株有毛，多分枝。叶片掌状细裂，裂片线形。总状花序长；花朵大，花径 2.5 ~ 4cm；距直伸或稍弯；花色多为蓝、淡蓝或莲青色，多数有眼斑。花期 6 ~ 9 月。园艺品种极多。

图10-7　大花飞燕草　　　图10-8　菊花

原产地及习性：原产西伯利亚及中国，在河北至东北等地有野生。喜温暖，忌夏季炎热，亦耐寒；喜光照充足，也耐半阴；喜干燥，宜种植于排水良好的沙壤土中。

繁殖方式：分株、扦插及播种繁殖均可。

园林应用：大花飞燕草株形高大，花形别致，色彩淡雅，是夏秋花境中优美的竖线条花卉，给夏季的炎热增添一抹清凉，可丛植于林缘，体现自然野趣，也可以钵植、盆栽及用作切花。

15. 菊花（图10-8）

学名：*Dendranthema morifolium* Tzvel.

科属：菊科、菊属

常用别名：黄花、秋菊、九华

形态及观赏特征：多年生宿根草本。株高60～150cm。茎直立，基部半木质化。叶互生，有柄，羽状浅裂或深裂，叶缘有锯齿，背面有毛。头状花序单生或数朵聚生枝顶，由舌状花和筒状花组成；花序边缘为雌性舌状花，花色有白、黄、紫、粉、紫红、雪青、棕、浅绿、复、间等色，花色极为丰富；中心花为管状花，两性，多为黄绿色。花期也因品种而异，早菊花期9～10月，秋菊花期11月，寒菊花期12月，园艺栽培可全年开花。

原产地及习性：原产于中国。目前世界各地广为栽培。喜凉爽，较耐寒；喜阳光充足；宜湿润肥沃、排水良好的土壤；不耐积水。

繁殖方式：以扦插繁殖为主，也可分株繁殖。

园林应用：菊花是我国的传统名花，具有悠久的栽培历史，距今已有3000多年。菊花的文化内涵也非常丰富，与梅、兰、竹并称为"花中四君子"，象征恬然自处、傲然不屈的隐士品格，为世人称颂。菊花是世界著名的优良盆花和切花。亦适于花坛、花境及花丛群植。目前露地园林中大量应用的主要有用于花坛的小菊类及用于地被的地被菊类。布置菊花专类园或举办菊花节是我国南北各地赏菊花及菊文化的重要方式。菊花不仅有花色、花型、花期、花序大小等丰富的变型，而且可以通过栽培技艺，培育出独本菊、立菊、大立菊、悬崖菊、塔菊、案头菊及菊艺盆景等，均是菊展的重要内容，深受群众喜爱。

16. 常夏石竹

学名：*Dianthus plumarius* L.

科属：石竹科、石竹属

常用别名：羽裂石竹

形态及观赏特征：多年生草本。株高 20 ~ 30cm。茎蔓状簇生，有分枝，越年呈木质状。叶对生，线状披针形，质厚，蓝灰色。花 2 ~ 3 朵，多顶生枝端，花瓣深裂至中部，径 2.5 ~ 4cm；花粉红色、白色或紫色；具芳香；有重瓣及单瓣品种之分。花期 5 ~ 10 月。

原产地及习性：原产奥地利及西伯利亚地区。喜凉爽及通风良好，忌高温炎热；喜光，较耐阴；喜沙质壤土；不耐涝。

繁殖方式：播种、扦插及分株繁殖均可。

园林应用：常夏石竹植株低矮匍匐，开花繁密，颜色鲜亮明快，是夏秋园林中良好的地被花卉，适于在岩石园及林缘等地大面积栽植或丛植点缀草坪，极富野趣。

17. 荷包牡丹（彩图 10-9）

学名：*Dicentra spectabilis* (L.) Lem.

科属：罂粟科、荷包牡丹属

常用别名：荷包花、兔儿牡丹

形态及观赏特征：多年生草本。株高 30 ~ 60cm。茎丛生，带紫红色。2 回 3 出羽状复叶对生，状似牡丹叶；具白粉，有长柄，裂片倒卵状。总状花序顶生，下垂，呈拱状；花瓣最外 2 枚基部囊状，上部狭且反卷，粉红色；内部 2 枚近白色。蒴果长形。花期 4 ~ 5 月。

原产地及习性：原产我国北部，河北、东北均有野生。日本、俄罗斯西伯利亚也有分布。耐寒性强，不耐高温；喜半阴，生长期忌直射光；喜温润和排水良好的肥沃沙壤土，在沙土及黏土中生长不良；不耐干旱。

繁殖方式：春秋以分株繁殖为主。

园林应用：荷包牡丹叶丛美丽，花朵玲珑，形似荷包，色彩绚丽，适宜于布置花境和在树丛、草地边缘湿润处丛植，还可以点缀岩石园，景观效果极好。亦是盆栽和切花的好材料。

图 10-10 紫松果菊

图 10-11 宿根天人菊

18．紫松果菊（图 10-10）

学名：*Echinacea purpurea* Moench

科属：菊科、紫松果菊属

常用别名：松果菊

形态及观赏特征：多年生草本。株高 60 ～ 120cm。全株具粗毛。茎直立。基生叶卵形或三角形；茎生叶卵状披针形，叶柄基部稍抱茎。头状花序单生于枝顶或数朵聚生；花径达 10cm；舌状花 1 轮，淡粉至紫红色；管状花具光泽，橙黄色。花期 6 ～ 10 月。

原产地及习性：原产北美。世界各地多有栽培。性强健。喜温暖，耐寒性强；喜光照充足；不择土壤，但在肥沃、深厚、富含有机质的土壤中长势佳；耐旱力强。

繁殖方式：春秋两季播种、分株繁殖。

园林应用：紫松果菊株形高大，管状花突起成圆锥状似松果，花形独特。性强健，可粗放管理，宜大面积种植在林下及林缘；也适合在夏秋花境中作背景花卉；也是良好的切花材料。

19．宿根天人菊（图 10-11）

学名：*Gaillardia aristata* Pursh

科属：菊科、天人菊属

常用别名：大天人菊、车轮菊

形态及观赏特征：多年生草本。株高 50 ～ 90cm。全株密被粗硬毛。茎稍有分枝。叶互生，基部叶多匙形，长 50 ～ 20cm；全缘至波状羽裂。头状花序单生于茎顶，径 7 ～ 10cm；舌状花上部黄色，基部紫色；管状花紫褐色。花期 6 ～ 10 月。

原产地及习性：原产北美西部。性强健。耐寒，亦耐热；喜阳光充足；喜排水良好的沙质土壤，在潮湿和肥沃的土壤中生长不佳；耐旱。

繁殖方式：播种、扦插、分株繁殖均可。

园林应用：宿根天人菊植株高大，花色艳丽，可用于花境或丛植、片植于林缘和草地中；亦可作切花。

20. 非洲菊

学名：*Gerbera jamesonii* Bolus

科属：菊科、大丁草属

常用别名：扶郎花、千日菊

形态及观赏特征：多年生草本。株高 30 ～ 45cm。全株具细毛。叶基生，叶柄长，叶片长圆状匙形，羽状浅裂或深裂。头状花序单生，高出叶面 20 ～ 40cm，花径 10 ～ 12cm，总苞盘状，钟形，舌状花瓣 1 ～ 2 轮或多轮呈重瓣状，花色有大红、橙红、淡红、黄色等。通常四季有花，以春秋两季最盛。

原产地及习性：主产南非，少数分布在亚洲。不耐寒，忌炎热；喜光；喜肥沃疏松、排水良好、富含腐殖质的沙质壤土，宜微酸性土壤，忌黏重土壤。

繁殖方式：营养繁殖或分株繁殖。

园林应用：非洲菊花朵硕大，花枝挺拔，花色艳丽，瓶插时间可达 15 ～ 20 天，为世界著名的十大切花之一；也可用于布置花坛、花境，或盆栽作为厅堂、会场等装饰摆放。

21. 连钱草（图 10-12）

学名：*Glechoma longituba* (Nakai) Kupr.

科属：唇形科、活血丹属

常用别名：活血丹

形态及观赏特征：多年生匍匐状草本。匍匐茎上升，逐节生根；茎细，有毛。叶对生，叶柄长；叶片肾形至圆心形，长 1.5 ～ 3cm，宽 1.5 ～ 5.5cm；两面有毛或近无毛，背面有腺点。苞片近等长或长于花柄，刺芒状；花萼长 7 ～ 10mm，萼齿狭三角状披针形，顶端芒状，外面有毛和腺点；花冠淡蓝色至紫色，长 1.7 ～ 2.2cm。棕褐色。坚果长圆形。花期 4 ～ 5 月；果期 5 ～ 6 月。

原产地及习性：除青海、甘肃、新疆及西藏外，全国各地均产，朝鲜亦有分布。喜阴凉、湿润气候，阳处亦可生长；耐寒；不择土壤；忌涝。

繁殖方式：春季扦插或分株繁殖。

园林应用：连钱草植株低矮，叶色翠绿，小花淡雅，尤其是覆盖地面速度快，且耐阴性强，因此是常见的耐阴地被，植于林缘、疏林下；还适于悬吊观赏。全草可入药。

图 10-12 连钱草

图 10-13 萱草

22. 萱草（图 10-13）

学名：*Hemerocallis fulva* L.

科属：百合科、萱草属

常用别名：忘忧草、宜男草

形态及观赏特征：多年生草本。株高 60cm。根状茎粗而短，呈纺锤形，有多数肉质根。叶基生，两列状，披针形。圆锥花序高于叶，花葶可达 120cm，着花 6～12 朵；花冠阔漏斗形，边缘稍为波状，盛开时裂片反卷，径约 11cm；花色多为橘红与橘黄，也有白绿、粉红、淡紫等色。花期 6～8 月，单朵花昼开夜谢，仅开 1 天。现有大量各种叶形与斑纹的栽培品种。

原产地及习性：原产中国、西伯利亚及日本等地。性强健，抗性强。耐寒性较强，在夏天炎热和潮湿的地方亦能生长；喜阳光充足，亦耐半阴；对土壤的要求不严，但喜土层深厚、肥沃、湿润及排水良好的土壤；耐干旱。

繁殖方式：分株繁殖。

园林应用：萱草在我国有着悠久的栽培历史，古称谖草，又名忘忧草。萱草叶色浓郁，花挺叶而出，花大色艳，花期长，是夏秋园林的重要花卉。其适植于林缘向阳处或疏林下作地被，也可植于花境中。

23. 芙蓉葵

学名：*Hibiscus moscheutos* L.

科属：锦葵科、木槿属

常用别名：草芙蓉、紫芙蓉、秋葵

形态及观赏特征：多年生草本。株高 100～200cm。茎呈亚灌木状，丛生。叶互生，卵状椭圆形，基部圆形，叶缘具疏浅齿。花着生于上部叶腋间；花大，径可达 20cm；花萼宿存；花瓣卵状椭圆形；有粉、紫和白色。花期 6～8 月。

原产地及习性：原产美国东部。性强健。喜温暖，耐寒性不强；喜阳，略耐阴；对土壤要求不严，在临近水边的肥沃沙质壤土中生长尤为繁茂；耐水湿，忌干旱。

繁殖方式：播种、扦插及分株繁殖均可。

园林应用：芙蓉葵植株高大，花大色艳，色彩丰富，可广泛应用于各类园林绿地中。其常植于花境或大面积丛植于坡地；也可植于墙体、建筑角隅、公路分车带及道路两旁；还可作花篱。

24．玉簪 （图 10-14）

学名：*Hosta plantaginea* (Lam.) Aschers.

科属：百合科、玉簪属

常用别名：玉春棒、白鹤花

图 10-14 玉簪

形态及观赏特征：多年生草本。株高 30 ～ 75cm。根状茎粗大，并生有多数须根。叶基生成丛；叶大，有叶柄，叶片卵形至心状卵形，端尖，基部心形；具弧形脉。总状花序顶生，花葶从叶丛中抽出，着花 9 ～ 15 朵；花漏斗形，径 2.5 ～ 3.5cm，白色，具芳香。花期 6 ～ 7 月。

原产地及习性：原产我国及日本，分布于我国江苏、安徽、江西、福建、湖北、湖南、广东和四川等地，全国各地均有栽培。性强健。喜阴，忌直射光；耐寒，在我国大部分地区均能露地越冬；喜排水良好的沙质壤土，也稍耐瘠薄和盐碱。

繁殖方式：以分株繁殖为主，也可播种繁殖。

园林应用：玉簪花花形独特，伴有阵阵清香，洁白的颜色与碧绿青翠的叶片相映衬，显得十分清雅。适合种植在林下作地被，弥补地面裸露造成的景观缺陷；也可植于建筑物的北面。是夜花园中不可缺少的花卉，还可以盆栽布置于室内。

同属常见植物：

重瓣玉簪（var. *plena*）：花白色，部分雄蕊瓣化成内轮花瓣。

紫萼（*H. ventricosa* (Salisb.) Stearn）：多年生草本。株高 40cm。叶柄边缘常由叶片下延而呈狭翅状，叶片质薄。总状花序顶生，着花 10 朵以上，花小，花淡紫色。花期 6 ～ 8 月。原产中国、日本。适作林下地被。

25．鸢尾

学名：*Iris tectorum* Maxim.

科属：鸢尾科、鸢尾属

常用别名：蓝蝴蝶、扁竹花

形态及观赏特征：多年生草本。株高 30 ～ 40cm。根状茎短粗，多节。叶剑形，纸质，淡绿色。花葶高于叶丛，具 1 ～ 2 分枝，每枝着花 1 ～ 3 朵；径 8cm；花瓣蓝色，垂瓣具蓝紫色条纹，瓣基具褐色纹，中央面有一白色带紫纹鸡冠状突起；旗瓣小，弓形直立，色浅。花期 4 ～ 5 月。

原产地及习性：原产我国，在云南、四川、江苏、浙江均有分布。性强健。耐寒；喜阳，也耐半阴；喜肥，生长期应适当施肥；喜排水良好、湿润的微酸性土壤，能在沙质土和黏土上生长；耐干燥。

繁殖方式：用根状茎分株繁殖。

园林应用：鸢尾在世界各地广泛栽植，其叶丛美丽，花形奇特，花色淡雅。花开时节，蓝紫色花似蝴蝶翩翩起舞于绿叶之间，颇具美态。因其适应性强，不择土壤，可粗放管理，适合大面积丛植林缘、路边，也可以装点岩石园。还可以与鸢尾类的各种植物搭配种植，作鸢尾专类园，展示各种鸢尾的万千美态。

同属常见植物：

花菖蒲 (*I. ensata* Thunb.)：株高 50 ～ 70cm。叶剑形，中脉显著。花葶稍高于叶丛，着花 2 朵；花色丰富，从蓝紫到白色均有。花期 6 ～ 7 月。园艺化程度高，有重瓣及大花品种。原产我国东北。喜水湿及酸性土壤。常配置于花坛、专类园、水边、沼泽园等处；也可作切花材料。

德国鸢尾 (*I. germanica* L.)：株高 60 ～ 90cm。根茎粗壮。叶厚，剑形，被白粉。花葶高出叶丛，具 2 ～ 3 分枝；花淡紫色，垂瓣中央有斑纹。花期 4 ～ 5 月。园艺品种丰富，世界各地广为栽培。喜光，耐旱，喜石灰质壤土。可用于花坛、花境或丛植；作专类园布置；也是重要的切花材料。

蝴蝶花 (*I. japonica* Thunb.)（图 10-15）：株高 20 ～ 40cm。根茎细。叶叠生，呈 2 列，深绿色，有光泽。花葶高于叶丛，具 2 ～ 3 分枝；花大；淡紫色，垂瓣中部有橙色斑点。花期 4 ～ 5 月。原产我国。稍耐寒，喜半阴。适用于林下作常绿性地被植物，或用作花境材料；也可作切花。

马蔺 (*I. lactea* var. *chinensis* (Fisch.) Koidz.)（图 10-16）：株高 30 ～ 60cm。

图 10-15　蝴蝶花

图 10-16　马蔺

(a)   (b)

图 10-17 黄菖蒲
(a) 黄菖蒲植株;
(b) 黄菖蒲的花

叶丛生,革质,坚硬;灰绿色,基部紫色。花葶与叶丛等高,着花 2 ~ 3 朵;花蓝紫色。原产我国东北。抗性强,在任何生境中均能生长,还可改良盐碱土壤。适于丛植或花境;根系发达,可用作水土保持植物材料。

黄菖蒲(*I. pseudacorus* L.)(图 10-17*a*):株高 60 ~ 70cm。根状茎粗而短。基生叶剑形,黄绿色。花葶高于叶丛;花黄色,具褐色斑或在脉间有紫褐色斑点(图 10-17*b*)。花期 5 ~ 6 月。原产欧洲及亚洲西部。适应各种生境,尤适于水边生长,是水景园的好材料。

溪荪(*I. sanguinea* Donn ex Horn.):株高 100cm。叶剑形,仅 1.5cm 宽,基部赤红色。花葶与叶丛等高,苞片晕红色;垂瓣具深褐色条纹;旗瓣紫色,基部黄色有紫斑。花期 5 ~ 6 月。原产我国东北。在水边生长良好,适于水景园种植;也可用于花坛或布置专类园;或作切花材料。

26. 火炬花

学名:*Kniphofia uvaria* Hook.

科属:百合科、火炬花属

常用别名:火把莲、火杖

形态及观赏特征:多年生草本。株高 50 ~ 60cm。叶自基部丛生,广线形。花茎高 100cm;密穗状头状花序;小花稍下垂,花被裂片半圆形;花色渐变,上部花通常深红色,下部花黄色。花期 6 ~ 10 月。

原产地及习性:原产南非。性强健。耐寒能力强;喜光照;不择土壤,但喜肥沃、排水好的轻黏质土壤。

繁殖方式:以分株繁殖为主。

园林应用:火炬花叶片细长,花序密集而丰满,颜色艳丽,宛如熊熊燃烧之火炬,甚是壮观,是花境中优良的竖线条花卉,也可丛植于草坪中或布置于建筑前,点缀色彩。部分矮型种还可用于布置岩石园,高型种可作切花。

27. 滨菊

学名:*Leucanthemum vulgare* Lam.

科属:菊科、滨菊属

常用别名:牛眼菊

形态及观赏特征:多年生草本。株高 15 ~ 80cm。茎直立,通常不分枝;无毛或被绒毛及卷毛。基生叶长椭圆形至卵形,基部楔形,渐狭成长柄,边缘圆或钝锯齿状;中下部茎叶长椭圆形或线状长椭圆形;上部叶渐小,有时羽状全裂。头状花序单生于茎顶，或茎生 2 ~ 5 个头状花序排成疏松伞房状；花具长梗；舌状花白色，管状花黄色。花期 5 ~ 8 月。

原产地及习性：原产地中海地区。喜温暖湿润，耐寒性强；喜阳光充足，也耐半阴；喜排水良好的肥沃土壤。

繁殖方式：以分株繁殖为主。

园林应用：滨菊枝叶茂密，花梗挺立，花色淡雅怡人，是夏秋园林的常用花卉。矮生种可布置花坛；中高型种宜作花境布置，还可作切花。

28．土麦冬

学名：*Liriope spicata* (Thunb.) Lour.

科属：百合科、麦冬属

常用别名：麦冬、大麦冬

形态及观赏特征：多年生常绿草本。根状茎短粗，下面生多数须根；须根中部常膨大成纺锤形，成为肉质块根。具地下匍匐茎。叶丛生，线形，稍革质，基部渐狭并具褐色膜质叶鞘；长 15 ~ 30cm，宽 4 ~ 8mm。花葶自叶丛中抽出，其上着生总状花序，长达 12cm；具花 5 ~ 9 轮，每轮 2 ~ 4 朵，小花梗短而直立；花被 6，淡紫色或近白色。浆果圆形，蓝黑色。花期 8 ~ 9 月。

原产地及习性：原产我国及日本。我国许多地区均有分布。性较耐寒；喜阴湿，忌阳光直射；对土壤要求不严，以湿润、肥沃的沙质壤土最为适宜。

繁殖方式：以分株繁殖为主，亦可春播繁殖。

园林应用：土麦冬植株低矮，叶丛终年常绿，且生长健壮，管理粗放，为良好的地被植物。因其耐寒性较强，华北地区常绿且耐阴地被主要用此种。也用作花境、花坛的镶边材料，或布置于山石、小路边及林下。全草入药。

同属常见植物：

阔叶土麦冬（*L. platyphylla* Wang et Tang）：多年生常绿草本。根细长，有时局部膨大呈纺锤形或椭圆形而成为肉质块根。地下不具匍匐茎。叶宽线形，稍呈镰刀状。花葶通常高于叶丛；总状花序，花多而浓密，淡紫色。浆果，绿黑色。花期 7 ~ 8 月。因其终年常绿，生长势强，可作林下地被，也可作花境、花坛的镶边材料，还可盆栽观赏。

29．沿阶草

学名：*Ophiopogon japonicus* (L.f.) Ker-Gawl.

科属：百合科、沿阶草属

常用别名：书带草、细叶麦冬

形态及观赏特征：多年生常绿草本。根状茎短粗，具细长匍匐茎，其上附膜质鳞片。叶丛生，线形，长 10 ~ 30cm，宽约 2 ~ 4mm；主脉不隆起。花葶有棱，低于叶丛，高约 12cm；总状花序较短，着花约 10 朵，常 1 ~ 3 朵聚生；淡紫色或白色，小花梗弯曲下垂。浆果球形，蓝黑色。花期 8 ~ 9 月。

原产地及习性：原产我国及日本。我国除东北外，大部分省区均有野生。耐寒性强；喜半阴、湿润而通风良好的环境，在自然界常野生于山沟溪旁及山坡草丛中。

繁殖方式：以分株繁殖为主，亦可春播繁殖。

园林应用：沿阶草叶片纤细柔美，株丛丰满，最宜栽于花坛边缘、路边、山石旁、台阶侧面；又是良好的地被植物，栽于林下，四季常绿，效果极好。

30. 红花酢浆草

学名：*Oxalis corymbosa* DC.

科属：酢浆草科、酢浆草属

常用别名：大酸味草、铜锤草、南天七

形态及观赏特征：多年生常绿或半常绿草本。植株低矮，株高仅 20 ~ 30cm。叶基生，有长柄，复叶具 3 小叶，小叶倒心脏形，叶面时有近似叶形的白晕。花数朵成伞房花序；花瓣 5 枚，玫瑰红色、浅紫红色或粉红色。花期 4 ~ 7 月和 9 ~ 11 月。

原产地及习性：原产南美洲热带地区。我国各地多有栽培。生于低海拔的山地、路旁、荒地或水田中。喜阳光充足的环境，也有一定的耐阴性；对土壤适应性强，在肥沃土壤中生长旺盛。

繁殖方式：以分株繁殖为主。

园林应用：红花酢浆草叶色青翠，花色明艳，株丛丰满适于作花坛及地被植物，也可用来布置花境和岩石园。全草入药。

31. 芍药（彩图 10-18）

学名：*Paeonia lactiflora* Pall.

科属：毛茛科、芍药属

常用别名：将离、殿春花

形态及观赏特征：多年生草本。株高 1m 左右。具纺锤形的块根，并于地下茎产生新芽，新芽于早春抽出地面。初出叶红色，茎基部常有鳞片状变形叶，中部 2 回 3 出羽状复叶，小叶矩形或披针形，枝梢的渐小或成单叶。花 1 至数朵着生于茎上部顶端，有长花梗，苞片 3 出。花有白、粉、红、紫、深紫、雪青、黄等色，单瓣或重瓣。蓇葖果。花期 4 ~ 5 月。

原产地及习性：原产中国北部、日本及西伯利亚。喜阳光充足，稍耐阴；性极耐寒，我国北方均可露地越冬，夏季喜凉爽而忌湿热；喜肥沃、土层深厚、湿润而排水良好的壤土或沙质壤土；忌涝。

繁殖方式：播种、扦插或分株繁殖。

园林应用：芍药为我国传统名花之一，因与牡丹形似，历来有"花相"之美誉。"婺尾"乃宴会上的最后一道美酒，芍药又开放在春末，故芍药又有"婺尾春"或"殿春"之称。其花大色艳，雍容华贵，色香俱美，韵味十足，是中国传统园林中的重要花卉。常与山石相配，独具特色；也常与牡丹组成牡丹芍药专类园；还可布置花坛、花境，或用于盆栽观赏；亦是重要的切花材料。

32. 东方罂粟（图 10-19）

学名：*Papaver orientale* L.

科属：罂粟科、罂粟属

常用别名：近东罂粟

图 10-19 东方罂粟

形态及观赏特征：多年生草本。株高近1m。植株莲座状。直根系，根粗大。茎、叶疏生白粗毛。叶基生，具长柄；具整齐羽裂，裂片长椭圆形，边缘有大锯齿。花大，单生于花茎顶端，花瓣 4～6 枚，瓣基具大黑斑；有红、粉红及橙等色；有单、重瓣品种。花期 6～7 月。

原产地及习性：原产高加索地区、伊朗北部、土耳其东北部。性强健。喜光；耐寒，喜冷凉，忌酷热，在高温地区花期缩短，在昼夜温差大的地区有利于生长开花；不择土壤，但以栽植于肥沃、疏松的沙质壤土中生长尤佳。

繁殖方式：春季分株繁殖，或播种或根插。

园林应用：东方罂粟花极美丽，深绿色的叶丛衬托硕大艳丽的花朵，适于布置在花境中，展现其优美的独特花姿。在坡地、林缘片植，能体现出浓郁的田园气息。还可以作切花。

33. 天竺葵

学名：*Pelargonium hortorum* Bailey

科属：牻牛儿苗科、天竺葵属

常用别名：洋绣球

形态及观赏特征：多年生草本呈亚灌木状。株高 20～50cm。全株具特殊气味。茎粗壮，多汁，基部木质化。叶互生，叶片圆形至肾形，边缘有波状钝齿，基部心形。伞形花序顶生，小花数十朵；花序柄长；花有大红、桃红、粉红及白等色。我国南方地区除炎热夏季，其他季节均开花，北京地区 5～6 月开花。

原产地及习性：原产非洲南部。喜凉爽，不耐寒，不耐暑热，夏季高温季节即进入休眠状态；喜阳光充足，不耐阴，日照不足开花量少；宜植于富含有机质且疏松、排水良好的土壤中；怕水涝，有一定的耐旱力。

繁殖方式：以扦插为主，也可播种繁殖。

园林应用：天竺葵株丛低矮紧凑，叶片翠绿，花色鲜艳，花期极长，是优良的园林花卉。常用作花坛布置、点缀道路、庭院或花境，也可栽于种植钵布置阳台、窗台，效果亦佳。

34. 五星花

学名：*Pentas lanceolata* (Forsk.) K.Schum.

科属：茜草科、五星花属

常用别名：繁星花

形态及观赏特征：多年生亚灌木状草本。株高 30～70cm。全株具毛。叶对生，卵形、椭圆形或披针状长圆形。聚伞花序密集顶生；小花花冠筒状，5 裂；有深红、桃红及淡紫等色。花期 6～8 月。

原产地及习性：原产非洲热带及中东地区。喜温暖，耐高温，耐寒性不强，在我国华南地区可露地栽培，在北方需要保护地越冬；喜阳光充足，稍耐阴；喜排水良好、疏松、肥沃的土壤；喜湿润空气，也能耐干旱。

繁殖方式：以扦插繁殖为主。

园林应用：五星花叶色翠绿，花序密集，色彩艳丽夺目，在我国华南地区周年均可开花，四季常绿，观赏价值极高。可植于疏林边缘及小路两旁，也可作花境材料。在北方地区一般作室内盆栽观赏。

35. 宿根福禄考

学名：*Phlox paniculata* L.

科属：花葱科、福禄考属

常用别名：锥花福禄考、天蓝绣球

形态及观赏特征：多年生草本。株高 60～120cm。茎粗壮而直立，近无毛。叶交互对生或 3 叶轮生，长椭圆形。圆锥花序顶生，呈锥形，花朵密集；花冠高脚碟状，先端 5 裂；有紫、橙、红、白等色。花期 7～9 月。

原产地及习性：原产北美洲。现世界各地广泛栽培。耐寒，忌炎热多雨；性强健。喜阳光充足；喜石灰石壤土，但一般土壤也能生长。

繁殖方式：以早春或秋季分株繁殖为主。

园林应用：宿根福禄考开花繁密，花色鲜艳，是优良的夏季园林花卉。可用于花境及花坛，在阳光充足处大面积作地被或群植于林缘、草坪等处形成优美的群体景观。

36. 随意草（彩图 10-20）

学名：*Physostegia virginiana* Benth.

科属：唇形科、假龙头花属

常用别名：假龙头花、芝麻花

形态及观赏特征：多年生草本。株高 60 ~ 120cm。地下有匍匐状根茎。茎丛生而直立，稍四棱形。叶长椭圆形至披针形，先端锐尖，缘有锯齿，长 7.5 ~ 12.5cm。顶生穗状花序，长 20 ~ 30cm，单一或有分枝；花淡紫、红至粉色；长 1.8 ~ 2.5cm；萼于花后膨大。花期 7 ~ 9 月。

原产地及习性：原产北美洲。喜温暖，耐寒及耐热力均强；喜光照充足，也耐半阴；对土壤要求不严，但喜疏松、肥沃、排水良好的壤土或沙质壤土。

繁殖方式：分株或播种繁殖。

园林应用：随意草枝茎挺直，花叶整齐，宜群植观赏，片植或丛植均可；也是布置花境的好材料；还可作切花应用。

37. 吉祥草

学名：*Reineckea carnea*（Andr.）Kunth

科属：百合科、吉祥草属

常用别名：观音草、松寿兰

形态及观赏特征：多年生常绿草本。株高约 30cm。地下有匍匐根茎，节处生根。叶丛生，阔线形至线状披针形，先端渐尖。花葶自叶丛中抽出，低于叶丛；疏散穗状花序顶生；花紫红色，无梗，具芳香。浆果球形，红色。花期 9 ~ 10 月。

原产地及习性：原产我国西南部至东南部及日本。适应性强。喜温暖、阴湿的环境，耐寒性较强；不择土壤，但以排水良好的沙质土壤最宜；不耐涝。

繁殖方式：以分株繁殖为主。

园林应用：吉祥草生长强健，株丛低矮，匍匐枝萌蘖力很强，根系发达，栽后覆土效果较快，为优良的林下、林缘地被植物。因其株丛矮小，叶片浓绿，四季青翠，也常用于室内布置。根可入药。

38. 金光菊

学名：*Rudbeckia laciniata* L.

科属：菊科、金光菊属

常用别名：裂叶金光菊

形态及观赏特征：多年生草本。株高 60 ~ 250cm。茎多分枝，无毛或稍被短粗毛。叶片较宽，基生叶羽状，5 ~ 7 裂，有时又 2 ~ 3 中裂；茎生叶 3 ~ 5 裂，边缘具稀锯齿。头状花序具长梗，着花 1 至数朵；舌状花 6 ~ 10 朵，花瓣倒披针形，下垂，金黄色；管状花黄绿色。花期 7 ~ 9 月。

原产地及习性：原产加拿大及美国。适应性强，极易栽培。喜温暖，极耐寒；喜光照充足；不择土壤，尤以排水良好的沙壤土及向阳处生长更佳；耐干旱。自播繁衍能力强。

繁殖方式：春、秋分株繁殖及播种繁殖。

园林应用：金光菊植株高大，花大而色艳，花期长，是夏秋园林中的常用花卉。在路边或林缘自然栽植效果颇佳，也是花境的优良材料，还可作切花。

同属常见植物：

黑心菊（*R. hirta* L.）：株高 100cm。全株被粗糙硬毛。在近基部处分枝。叶互生，茎下部叶呈匙形，长 10 ~ 15cm，基部 3 脉；茎上部叶长椭圆形或披针形；均全缘，无柄。头状花序单生，盘缘舌状花黄色，有时有棕色环带，有时呈半重瓣；盘心呈圆锥状突起，盘心管状花暗棕色，顶端 5 裂。瘦果细柱状。花期 6 月。用途同金光菊。

39. 八宝景天（图 10-21）

学名：*Sedum spectabile* Boreau

科属：景天科、景天属

常用别名：蝎子草

形态及观赏特征：多年生肉质草本。株高 30 ~ 50cm。全株略被白粉，呈灰绿色。地下茎肥厚，地上茎簇生，粗壮而直立。叶轮生或对生，倒卵形，肉质，具波状齿。伞房花序，花密集；花径 10 ~ 13cm，花淡粉红色。花期 8 ~ 9 月。

原产地及习性：原产我国东北。喜强光；耐寒性强，能耐 −20℃ 的低温；在干燥、通风良好的环境下生长良好；喜排水良好的土壤，耐贫瘠，耐干旱，忌雨涝积水。

繁殖方式：分株、扦插繁殖。

园林应用：八宝景天株丛丰满，花序繁密，观赏价值高，且管理粗放，是优良的园林花卉。其群体花相好，丛植或大片群植效果极佳，常在花境中作水平线条花卉；也可点缀岩石园，还可盆栽观赏。

同属常见植物：

费菜（*S. kamtschaticum* Fisch.）（彩图 10-22）：株高 15 ~ 40cm。根状茎粗壮而木质化。茎斜生。叶互生。聚伞花序顶生，花黄色或橘黄色。原产亚洲东北部。喜光，稍耐阴；耐寒；耐干旱。宜作花境、岩石园布置。

佛甲草（*S. lineare* Thunb.）（图 10-23）：株高 10 ~ 20cm。茎匍匐。3 叶轮生。聚伞花序顶生；萼片线状披针形；花为黄色。花期 5 ~ 6 月。原产我国东南部。有较强的耐旱性。宜作模纹花坛、岩石园布置，也可盆栽观赏。

垂盆草（*S. sarmentosum* Bunge）：又名爬景天、狗牙齿。株高 9 ~ 18cm。茎平卧或上部直立，匍匐状延伸，并于节处生不定根。3 叶轮生，全缘，无柄，

图 10-21 八宝景天   图 10-23 佛甲草

基部有垂距。聚伞花序顶生，有 3 ~ 5 个分枝，着花 13 ~ 60 朵；花瓣 5 枚，鲜黄色；雄蕊较花瓣短。花期夏季。原产中国、朝鲜及日本。我国华东、华北等多数地区有分布。性耐寒，北京地区可越冬。多用作地被植物，也可布置花境、花坛，用于岩石园或作镶边植物。

40. 银叶菊（彩图 10-24）

学名：*Senecio cineraria* DC.

科属：菊科、千里光属

常用别名：雪叶菊、雪叶莲

形态及观赏特征：多年生草本。株高 15 ~ 40cm。全株被白色绒毛，呈银灰色。叶肥厚，羽状深裂。头状花序呈伞房状，花黄色。花期夏秋。

原产地及习性：原产地中海沿岸。喜温暖，不耐高温；喜光照充足；喜排水良好、肥沃、疏松的土壤。

繁殖方式：以扦插繁殖为主。

园林应用：银叶菊全株覆白毛，银色发亮，四季皆有观赏价值。与其他不同叶色与花色的植物搭配种植于花境中，能调节整体色彩的明度；也适合作花坛或盆栽观赏。

41. 一枝黄花（图 10-25）

学名：*Solidago canadensis* L.

科属：菊科、一枝黄花属

常用别名：加拿大一枝黄花

形态及观赏特征：多年生草本。株高 1.5m。茎光滑，仅上部稍被短毛。叶披针形或长圆状披针形，长 9 ~ 18cm，质薄，有 3 行明显的叶脉。圆锥花序生于枝端，稍弯曲而偏于一侧；舌状花 9 ~ 20 个，短小，黄色；总苞长

图 10-25 一枝黄花

图 10-26 白三叶

2.5mm。花期 7 ~ 9 月。

原产地及习性：原产北美东部。我国华东为归化植物。生长强健。喜凉爽；喜光照充足；在排水良好的壤土或沙质壤土中生长良好。

繁殖方式：以春秋分株繁殖为主。

园林应用：一枝黄花多作花境栽植，还可丛植栽于道路两侧，亦可作切花。由于一枝黄花生长强健，已成为入侵种，因此，在应用时应尽量避免大面积片植，并做好根系防护及后期养护管理。全株入药。

42. 白三叶（图 10-26）

学名：*Trifolium repens* L.

科属：豆科、车轴草属

常用别名：白车轴草、三叶草

形态及观赏特征：多年生草本。匍匐茎，节部易生不定根。3 小叶互生，小叶倒卵形至倒心形；深绿色，先端圆或凹陷，基部楔形，边缘具细锯齿，叶面中心有个三角形的白晕。头状花序球形，总花梗长，花冠白色，偶有浅红色。荚果，倒卵状矩形。花期 4 ~ 6 月。

原产地及习性：原产欧洲。中国东北部、华东地区均有分布，多生于低湿草地、河岸、路边及林缘下、山坡。生长旺盛，适应性强。耐寒；喜光，不耐庇荫，耐瘠薄，各种土壤均能生长；耐干旱；耐一定程度的践踏；适于修剪。

繁殖方式：早春播种或生长季节分株繁殖。

园林应用：白三叶花叶兼优，且具有绿色期长、耐修剪、易栽培、繁殖快及耗费低等特点，适宜作封闭式观赏草坪，或植于林缘、坡地作地被植物。此外，因其具有较高的营养价值，为优良牧草。

43. 细叶美女樱

学名：*Verbena tenera* Spreng.

科属：马鞭草科、马鞭草属

形态及观赏特征：多年生草本。株高 20 ~ 40cm。茎丛生，基部稍木质化，倾卧状。叶 2 回羽状深裂或全裂，裂片狭线形，小裂片呈条形，端尖，全缘。穗状花序顶生，花蓝紫色。花期 4 月至霜降。

原产地及习性：原产巴西南部。喜阳光充足；耐寒；宜排水良好的肥沃土壤；夏季不耐干旱。

繁殖方式：播种或扦插繁殖。

园林应用：细叶美女樱株丛整齐，叶形细美，花期长而花色丰富，适合作草坪边缘自然带状栽植；也可布置花坛或作花境镶边材料。

44．紫花地丁

学名：*Viola philippica* Car.

科属：堇菜科、堇菜属

常用别名：铧头草、光瓣堇菜

形态及观赏特征：多年生草本。株高 4 ~ 14cm。无地上茎，地下茎很短，垂直，淡褐色，节密生，有数条淡褐色或近白色的细根。叶基生，莲座状；叶片下部者呈三角状卵形或狭卵形，上部者呈长圆形、狭卵状披针形或长圆状卵形，先端圆钝，基部截形或楔形。花梗与叶片等长或高出于叶片，萼片卵状披针形或披针形；花紫堇色或淡紫色。蒴果，长圆形。花期 4 ~ 5 月。

原产地及习性：我国大部分地区均有分布。朝鲜、日本也有。生于田间、荒地、山坡草丛、林缘或灌丛中。性强健。耐寒；喜半阴的环境和湿润的土壤，但在全光和较干燥的地方亦能生长；耐旱；对土壤要求不严。在华北地区能自播繁衍。

繁殖方式：播种或分株法繁殖。

园林应用：紫花地丁可作早春观赏花卉，成片植于林缘下或向阳的草地上，也可与其他草本植物如野牛草、蒲公英等混种，形成美丽的缀花草坪。全草可入药。

同属常见植物：

早开堇菜（*V. prionantha* Bunge）：无地上茎。叶基生，叶片长圆状卵形或卵形；初出叶少，后出叶长；叶基部钝圆形，叶缘具钝锯齿；托叶基部和叶柄合生，叶柄上部具翅。花梗超出叶；萼片 5 枚，基部有附属物，有小齿；花瓣 5 枚。蒴果椭圆形。分布于我国华北、东北各省以及陕西、甘肃、湖北等地。常用作早春的地被植物。

思考题

1．宿根花卉有哪几类？

2．园林中重要的宿根花卉有哪些种类？其观赏特性和应用方式是什么？

第十一章 园林花卉——球根花卉

摘要：球根花卉种类繁多，具有不同的地下变态器官和不同的生态习性。大部分球根花卉花色鲜艳，花朵硕大或密集，具有极强的观赏价值，是园林地被、花坛、花带、缀花草地等常用的花卉类型，一些种类也是重要的盆花和切花。本章重点介绍我国风景园林建设中常用的园林球根花卉。

球根花卉是指地下部分具有膨大的变态根或茎，以其贮藏养分度过休眠期的多年生花卉。

根据地下变态的器官及其形态，球根花卉可划分为鳞茎类（bulbs）、球茎类（corms）、块茎类（tubers）、根茎类（tuberous）及块根类（rhizomes）五类；根据其生态习性还可分为春植球根花卉和秋植球根花卉。前者在寒冷地区常春天栽植，夏秋开花，冬季休眠，常用的如大丽花、美人蕉、唐菖蒲；后者则秋季栽植，翌年春季开花，夏季休眠，常见的如郁金香、风信子、水仙花等。

在园林应用上，球根花卉具有重要的地位，不仅品种丰富，观赏价值高，同时因其花期容易调控，整齐一致，易于形成群体效果，是春秋两季园林中重要的景观花卉，尤其适用于花坛、花丛花群、缀花草坪，也可用于混合花境、种植钵、花台、花带等多种形式；还可自然栽植于岩石园之溪涧山石旁，或大片植于疏林下形成地被。有不少种类还适于切花和盆花的应用。

1. 大花葱（图 11-1）

学名：*Allium giganteum* Regel

科属：百合科、葱属

常用别名：高葱、砚葱

形态及观赏特征：多年生草本。株高可达 1.2m。鳞茎球形，被白色膜质皮。叶基生，被白粉，宽带形。花葶远高于叶丛；顶生球状伞形花序，由多数小花密生而成；花序开放前有一闭合总苞，开放时破裂；小花淡紫色。花期 6～7 月。

原产地及习性：原产于亚洲中部和喜马拉雅地区。适应性强。耐寒；喜阳光充足；不择土壤，能耐瘠薄干旱土壤，但也喜肥，宜黏质壤土。能自播繁衍。

繁殖方式：鳞茎分生能力极弱，以播种繁殖为主。

园林应用：大花葱长势强健，适应性强，花期长，花序奇特，花色淡雅，可丛植或配植于花境；也是良好的地被花卉；还可作切花。

2. 大花美人蕉（图 11-2）

学名：*Canna generalis* Bailey

科属：美人蕉科、美人蕉属

常用别名：红艳蕉、法国美人蕉

形态及观赏特征：多年生草本。株高可达 1.5m，全株被白粉。根茎横卧而肥大。叶大，互生，长椭圆状披针形。总状花序，具长梗，花大；雄蕊 5 枚均瓣化成花瓣状，圆形，其中 4 枚直立而不反卷，1 枚向下反卷；花有红、黄、紫、白、洒金等色。花期 6～10 月。

图 11-1 大花葱

图 11-2 大花美人蕉

原产地及习性：原产美洲热带及亚热带。我国各地广为栽培。性强健，适应性强。喜温暖，不耐寒；喜阳光充足，耐半阴；不择土壤，但以湿润肥沃、排水良好之深厚土壤为佳；可耐短期水涝。

繁殖方式：以分株繁殖为主，也可播种繁殖。

园林应用：大花美人蕉花叶兼美，花色丰富而艳丽，花期长，栽培容易，适合作大面积的自然栽植以及作花坛中心或花境的背景材料，也可丛植于草坪边缘或绿篱前，或作基础栽植；低矮品种可盆栽观赏；此外，美人蕉抗污染和有害气体的能力较强，可作工矿绿化的材料。有耐水湿品种可用于滨水绿化。

3. 铃兰（图 11-3）

学名：*Convallaria majalis* L.

科属：百合科、草玉玲属

常用别名：草玉铃、君影草

形态及观赏特征：多年生草本。株高 20 ～ 30cm。地下具横行而分枝的根状茎。叶基生，椭圆形或长圆状卵圆形。花葶从基部抽出；总状花序偏向一侧，着花 6 ～ 10 朵；小花钟状，下垂，白色，芳香。浆果球形，熟时红色。花期 4 ～ 5 月。

原产地及习性：原产于北半球温带。我国东北、华北、秦岭等地有野生。现世界各地普遍引种栽培。喜凉爽，耐严寒，忌炎热；喜散射光，耐阴；要求富含腐殖质的酸性或微酸性的沙质壤土；喜湿润，忌干燥。

繁殖方式：分株或播种繁殖。

园林应用：铃兰的总状花序上白色钟状小花朵朵下垂，清香似兰，故名。株丛低矮，花具清香，入秋时红果娇艳。宜作林下或林缘地被植物；也常配植于花境、草坪以及自然山石旁或作岩石园的点缀。亦可用于切花观赏。

图 11-3　铃兰

图 11-5　大丽花

4．番红花（彩图 11-4）

学名：*Crocus sativus* L.

科属：鸢尾科、番红花属

常用别名：藏红花、西红花

形态及观赏特征：多年生草本。株高 10 ~ 20cm。叶簇生，窄线形，断面半圆形，中肋白色，叶面有沟；叶缘翻卷，先端尖。花葶与叶同时或稍后抽出，顶生 1 花；花被管细长，花柱长，端 3 裂，血红色；花雪青色、红紫色或白色；芳香。花期 9 ~ 10 月。

原产地及习性：原产南欧地中海沿岸。我国西部新疆地区也有分布，世界各地广泛栽培。喜温和凉爽；喜阳光充足；要求富含有机质、排水良好的沙质壤土。

繁殖方式：分球或播种繁殖。

园林应用：番红花植株矮小，花色艳丽，宜散植于草坪中组成缀花草坪，成为疏林下的地被花卉；也可作道路镶边，或丛植于花境、岩石园中。

5．大丽花（图 11-5）

学名：*Dahlia pinnata* Cav.

科属：菊科、大丽花属

常用别名：大理花、地瓜花、西番莲

形态及观赏特征：多年生草本。株高 40 ~ 150cm。肉质块根肥大。茎直立中空。叶对生，1 ~ 3 回羽状分裂，裂片卵形或椭圆形。头状花序顶生，具长总梗；花大，中间管状花两性，多为黄色；外围舌状花单性；色彩艳丽丰富，有紫、红、黄、白等各色。花期 6 ~ 10 月。

原产地及习性：原产墨西哥。现世界各地广泛栽培。喜凉爽，忌暑热；喜阳光，忌曝晒；宜富含腐殖质、排水良好的沙质壤土；忌积水。

繁殖方式：以扦插和分株繁殖为主，也可嫁接和播种繁殖。

园林应用：大丽花花型多变，花色艳丽，品种非常丰富，应用范围广泛，可布置花坛、花境或花丛；矮生品种可盆栽观赏；高型品种还可作切花。

6. 唐菖蒲

学名：*Gladiolus hybridus* Hort.

科属：鸢尾科、唐菖蒲属

常用别名：菖兰、剑兰、什样锦

形态及观赏特征：多年生草本。株高 1～1.5m。基生叶剑形，互生，排成 2 列，草绿色。花茎自叶丛中抽出，穗状花序顶生，通常排成 2 列，侧向一边；花由下往上逐渐开放，花被片 6 枚，质如绫绸；花有白、粉、黄、橙、红、紫、蓝等色，或具复色及斑点、条纹。花期 7～9 月。

原产地及习性：小部分原产于地中海沿岸和西亚地区，大多原产于南非和非洲热带，尤以南非好望角最多。现在栽培品种广布世界各地。喜温暖、凉爽，不耐过度炎热；喜光照充足；喜深厚、肥沃、排水好的沙质壤土。

繁殖方式：以分球繁殖为主，也可用播种、球茎切割法及组培法繁殖。

园林应用：唐菖蒲植株挺拔，基生叶剑形，故有"剑兰"之称。其品种繁多，花色艳丽丰富，花期长，花容好，是世界著名切花之一，主要用于切花生产；也可布置花坛、花带、花境等，或作草地边缘的装饰性花卉。

7. 朱顶红

学名：*Hippeastrum rutilum* Herb.

科属：石蒜科、朱顶红属

常用别名：孤挺花、华胄兰

形态及观赏特征：多年生草本。叶基生，扁平带状，6～8 枚两列对生，略肉质，与花同时或花后抽出。花葶自叶丛外侧抽生，扁圆柱状，粗壮中空；伞形花序着花 3～6 朵，花梗短；花大，花被筒漏斗状；花红色，中心及近缘处具白色条纹，或白色具红紫色条纹。花期春夏季节。

原产地及习性：原产秘鲁和巴西一带。现各地均有栽培。喜温暖，不耐寒；忌强烈光照；喜疏松肥沃的沙质土壤；喜湿润，忌水涝。

繁殖方式：分球和播种繁殖。

园林应用：朱顶红花大色艳，叶片鲜绿洁净，也可布置花坛、花境或自然式丛植、片植于林缘及疏林下。北方多盆栽观赏。

8. 风信子（图 11-6）

学名：*Hyacinthus orientalis* L.

科属：百合科、风信子属

常用别名：洋水仙、五色水仙

形态及观赏特征：多年生草本。鳞茎球形或扁圆形，外被皮膜呈紫蓝色或白色等，与花色相关。叶基生，4～6 枚，带状披针形，端钝圆，质肥厚，

有光泽。花葶高 15 ～ 45cm，中空，先端着生总状花序；小花
10 ～ 20 余朵密生上部；单瓣或重瓣，有白、粉、黄、红、蓝及淡
紫等色，深浅不一，花具香味。花期 3 ～ 5 月。

原产地及习性：原产南欧地中海东部沿岸及小亚细亚一带。现
世界各地都有栽培。喜凉爽，较耐寒；喜阳光充足；喜肥，要求
排水良好、肥沃的沙壤土；喜空气湿润。

繁殖方式：以分球繁殖为主，为培育新品种可播种繁殖。

园林应用：风信子是重要的春季开花的球根花卉，其植株低
矮而整齐，花期早，花色艳丽，宜布置花坛或草坪边缘自然丛植
和片植；还可盆栽欣赏及作切花。

图 11-6　风信子

9. 百合

学名：*Lilium brownii* F.E.Br. var. *viridulum* Baker

科属：百合科、百合属

常用别名：布朗百合、野百合

形态及观赏特征：多年生草本。株高 60 ～ 120cm。鳞茎扁球形，黄白色。
茎直立，被紫晕。叶着生茎中部以上，愈向上越明显变小；上部叶苞片状，披
针形。花 1 ～ 4 朵，平伸；乳白色，背面中脉带紫褐色纵条纹；味芳香。花期
8 ～ 10 月。

原产地及习性：原产我国南部沿海及西南地区，河南、陕西及河北亦有分
布。耐寒，喜凉爽，忌酷热；喜半阴；要求深厚、肥沃且排水良好的沙质土壤。

繁殖方式：分球及扦插鳞片繁殖，也可播种繁殖。

园林应用：百合植株亭亭玉立，叶片青翠娟秀，花姿雅致，花色鲜艳，高
雅纯洁，且散发出宜人的幽香，被人们誉为"云裳仙子"。常用于布置花境、花坛，
也适宜大片纯植或丛植于草坪边缘或疏林下；还是名贵的切花材料。

百合类花卉在世界范围内受到人们的喜爱，栽培历史悠久，被培育出许多
品种，切花品种尤其丰富。目前主要栽培的有亚洲百合、东方百合、铁炮百合、
喇叭百合等四大类以及各类之间杂交获得的一些品种。百合可丛植或布置花境，
矮型品种也用于花坛和盆栽。

同属常见植物：

兰州百合（*L. davidii* var. *unicolor* (Hoog) Cotton）：为川百合的变种，鳞
茎扁圆形，径 2 ～ 15cm，白色。叶条形，仅 1 脉。总状花序，花 10 ～ 15 朵，
多可达 30 ～ 40 朵。原产甘肃南部，作食用百合栽培历史悠久。

卷丹（*L. lancifolium* Thunb.）：鳞茎圆形至扁圆形，径 5 ～ 8cm，白至
黄白色。地上茎高 50 ～ 150cm，紫褐色，被蛛网状白色绒毛。叶狭披针形，
腋有黑色珠芽。圆锥状总状花序，花梗粗壮，花朵下垂；花被片披针形，开

后反卷，呈球形，橘红色，内面散生紫黑色斑点；花药深红色。花期 7 ～ 8 月。原产中国、日本及朝鲜。

山丹（*L. pumilum* DC.）：鳞茎卵圆形，径 2 ～ 2.5cm，鳞片较少，白色。地上茎高 30 ～ 60cm，有绵毛。叶狭披针形。花 1 至数朵对生，向上开放呈星形，红色，无斑点。花期 5 ～ 7 月。我国分布极广，东北山地常见。

麝香百合（*L. longiflorum* Thunb.）：鳞茎球形或扁球形，黄白色。地上茎高 45 ～ 100cm，绿色。叶多数，散生，狭披针形。花单生或 2 ～ 3 朵生于短花梗上；花蜡白色，基部带绿晕，花筒长 10 ～ 15cm，上部扩张呈喇叭状；具浓香。花期 5 ～ 6 月。是世界上主要的切花之一。

10. 石蒜（图 11-7）

学名：*Lycoris radiata* (L' Her.) Herb.

科属：石蒜科、石蒜属

常用别名：蟑螂花、老鸦蒜、红花石蒜、一枝箭

形态及观赏特征：多年生草本。鳞茎宽椭圆形或近球形，外被紫红色膜。叶基生，线形，先端钝；深绿色；花后自基部抽出。伞形花序顶生，着花 4 ～ 6 朵；花被片 6 枚，裂片狭倒披针形，上部开展并向后反卷，边缘波状而皱缩；花鲜红色或具白色边缘。花期 9 ～ 10 月。

原产地及习性：原产我国及日本。我国长江流域及西南各省有野生。现各地有栽培。较耐寒；在自然界多分布于山林阴湿处及河岸边，喜阴湿环境；不择土壤，但喜腐殖质丰富、排水良好的沙质及石灰质壤土。

繁殖方式：分球繁殖。

园林应用：石蒜最宜作林下地被植物；也可于花境丛植或用于溪间石旁自然式栽植，因开花时无叶，所以应与其他较耐阴的草本植物搭配为佳；还可作盆花及切花。

同属常见植物：

忽地笑（*L. aurea* Herb.）（彩图 11-8）：鳞茎肥大，近球形。叶阔线形，粉绿色，花后开始抽生。花葶高 30 ～ 60cm，着花 5 ～ 10 朵；花大，黄色，长 9 ～ 11cm，筒部长 2.5 ～ 4cm。花期 7 ～ 8 月。原产我国，华南地区有野生。日本亦有分布。

鹿葱（*L. squamigera* Maxim.）（彩图 11-9）：鳞茎阔卵形，肥大，径 8cm 左右。叶阔线形，淡绿色，质地较软。花葶高 60 ～ 70cm，着花 4 ～ 8 朵；花粉红色，有雪

图 11-7　石蒜

青色或水红色晕，具芳香；花冠筒长 2 ~ 3cm；裂片斜展，倒披针形，端突尖，长 5 ~ 6cm。花期 8 月。原产我国及日本。

11. 葡萄风信子（彩图 11-10）

学名：*Muscari botryoides* Mill.

科属：百合科、蓝壶花属

常用别名：葡萄百合、葡萄水仙、蓝壶花

形态及观赏特征：多年生草本。地下鳞茎球形，皮膜白色。叶基生，线性；暗绿色；边缘常向内反卷。花葶自叶丛中抽出；总状花序密生花葶上部；花小，有蓝、白、肉红等色。花期 3 月中旬至 5 月上旬。

原产地及习性：原产欧洲南部。我国有栽培。喜光，耐半阴；喜凉爽，耐寒；喜疏松、肥沃、排水良好的沙质土壤。

繁殖方式：分球繁殖。

园林应用：葡萄风信子植株低矮，小巧别致，花期早且长，园林中适在花径、草地或坡地边缘及岩石园种植；也可作林下地被；还可盆栽观赏或作切花。

12. 中国水仙（图 11-11）

学名：*Narcissus tazetta* var. *chinensis* Roem.

科属：石蒜科、水仙属

常用别名：雅蒜、凌波仙子、水仙花

形态及观赏特征：多年生草本。鳞茎肥大，卵状或广卵状球形。叶 4 ~ 6 枚，2 列状着生；狭长带形，扁平，端钝圆；背面粉绿色。伞形花序，着花 4 ~ 12 朵，小花梗不等长；花被筒三棱状，白色；花具芳香；副冠碗状，明显短于花被片，黄色。花期 1 ~ 4 月。

原产地及习性：原种产于地中海沿岸，北非、西亚也有。变种分布于中国、日本、朝鲜。喜阳光充足，亦耐半阴；喜冬季温暖、夏季凉爽，不耐寒；要求湿润而肥沃的黏质土壤。

繁殖方式：以分球繁殖为主，为培育新品种可用播种法。

园林应用：中国水仙是我国传统名花，其株丛低矮，花色淡雅，芳香宜人，适合在园林中布置花坛、花境；也宜丛植于疏林下、草坪上，为优良的地被花卉；此外，水仙还宜室内水养造型，正值冬春开花，点缀于案头、窗台，是极佳的时令花卉。

同属常见植物：

喇叭水仙（*N. pseudo-narcissus* L.）（图 11-12）：鳞茎球形。叶扁平线形，灰绿色而光滑，端圆钝。花单生，大型，黄或淡黄色，稍具香气；副冠与花被

图 11-11　中国水仙

图 11-12　喇叭水仙

图 11-13　花毛茛

片等长或稍长，钟形至喇叭形，边缘具不规则齿牙和皱折。花期 3 ~ 4 月。

13. 花毛茛（图 11-13）

学名：*Ranunculus asiaticus* L.

科属：毛茛科、毛茛属

常用别名：芹菜花、波斯毛茛

形态及观赏特征　多年生草本。株高 30 ~ 45cm。茎单生，稀分枝，中空，有毛。基生叶 3 浅裂或 3 深裂，具长柄；茎生叶无叶柄，2 ~ 3 回羽状深裂。花单生或数朵顶生，萼绿色；花色主要有红、白、黄、橙等色。花期 4 ~ 5 月。

原产地及习性：原产欧洲东南部及亚洲西南部，现栽培品种很多，广布于世界。我国各大城市均有栽培。喜凉爽及半阴环境；忌炎热，较耐寒；要求腐殖质丰富、肥沃而排水良好的沙质或略黏质的土壤。

繁殖方式：以分株繁殖为主，亦可播种繁殖。

园林应用：花毛茛品种繁多，花大色艳，花姿美丽，可用于布置花坛，或配植在花境中；还可在林缘、草坪四周丛植。也可作切花或盆栽。

14. 郁金香（彩图 11-14）

学名：*Tulipa gesneriana* L.

科属：百合科、郁金香属

常用别名：洋荷花、草麝香

形态及观赏特征：多年生草本。株高 20 ~ 40cm。鳞茎扁圆锥形，具棕褐色皮膜。茎、叶光滑，被白粉。叶 3 ~ 5 枚，带状披针形至卵状披针形，常有毛。花单生茎顶，大型，直立杯状；花被片 6 枚，离生；有白、黄、橙、粉、紫、红等各种花色，并有复色、条纹、重瓣等品种。花期 3 ~ 5 月。

原产地及习性：原产地中海南北沿岸及中亚细亚和伊朗、土耳其、东至中国的东北地区等地。现世界各地广泛栽培。耐寒性强，怕酷热；喜向阳或半阴环境；以富含腐殖质、排水良好的沙质壤土为宜，忌低湿黏重土壤。

繁殖方式：秋季分球或播种繁殖。

园林应用：郁金香为重要的春季球根花卉，品种繁多，花形高雅，花期早，花色明快而艳丽，且开花整齐，是优秀的花坛或花境花卉；也适合自然丛植于草坪、林缘、灌木间、小溪边、岩石旁；还可作切花及盆栽观赏。

15. 葱兰（图 11-15）

学名：*Zephyranthes candida* Herb.

科属：石蒜科、玉帘属

常用别名：葱莲、玉帘

形态及观赏特征：多年生常绿草本。株高 10～20cm。小鳞茎狭卵形，颈部细长。叶基生，线形，具纵沟，稍肉质；暗绿色。花葶自叶丛一侧抽出；顶生一花，苞片白色膜质，或漏斗状，无筒部；白色或外侧略带紫红晕。花期 7～10 月。

原产地及习性：原产南美巴西、秘鲁、阿根廷、乌拉圭等草地。我国长江流域及以南各地园林习见栽培。喜温暖，也有一定耐寒性；喜阳光充足，耐半阴；喜排水良好、肥沃而略黏质土壤。

繁殖方式：以分球繁殖为主，也可播种繁殖。

园林应用：葱兰株丛低矮整齐，花朵繁茂，花期长，最宜作林下、坡地等地被植物；也可作花坛、花境及道路镶边材料；还可作盆栽观赏。

16. 韭兰（图 11-16）

学名：*Zephyranthes grandiflora* Lindl.

科属：石蒜科、玉帘属

常用别名：韭莲、红玉帘、风雨花

图 11-15　葱兰

图 11-16　韭兰

形态及观赏特征：多年生常绿草本。株高 15 ~ 25cm。鳞茎卵圆形。叶基生，较长而软，扁线形，稍厚。花葶自叶丛一侧抽出，顶生一花；花漏斗状，明显具筒部；粉红色或玫红色，苞片粉红色。花期 4 ~ 9 月。

原产地及习性：原产墨西哥、古巴等地，我国长江流域及以南各地园林习见栽培。喜温暖；喜阳光充足，耐半阴；喜排水良好、肥沃而略带黏质的土壤；喜湿润。

繁殖方式：以分球繁殖为主，也可播种繁殖。

园林应用：韭兰株丛低矮，郁郁葱葱，开花繁茂，花期较长。最适合作花坛、花境及草地镶边栽植；也可作半阴处地被花卉。

思考题

1. 球根花卉如何分类？举例说明。
2. 园林中重要的球根花卉有哪些种类？其观赏特性和应用方式是什么？

第十二章 园林花卉——攀援及蔓性花卉

摘要：攀援和蔓性花卉是构成园林垂直绿化的重要植物类群。其中的攀援类花卉攀附他物而上，可美化栅栏篱笆、棚架等；蔓性类匍地而长，是良好的地被，也可垂吊栽植，美化墙面或作立体绿化。本章重点介绍我国风景园林建设中常用的攀援及蔓性花卉。

攀援及蔓性花卉是指茎干柔弱无法直立，借助于各种攀附器官攀援他物向上生长或匍地蔓生的草本植物。依向上攀爬的方式可分为茎枝缠绕、卷须攀援、气根和卷须、吸盘、吸附等种类。这类花卉是美化篱垣棚架的优良材料。其中攀援类花卉主要用于美化篱笆、棚架或墙面，而匍地蔓生的种类主要用于垂吊栽植或用作地被。这两类花卉与藤本类植物一起构成园林绿化中垂直绿化的主力军，具有占地少、绿化空间面积大、栽培管理容易、美化效果好等优点。在炎热的夏天形成藤廊、棚架和绿墙，提供一个降温纳凉的场所，还可组织空间，引导视线，起到障景的作用，具有景观和实用双重功能。此外，同其他植物一样，攀援及蔓性花卉具有生态防护功能，对于增加城市绿量，开拓城市绿色空间，发挥了愈来愈重要的作用。

1. 落葵

学名：*Basella alba* L.

科属：落葵科、落葵属

常用别名：胭脂藤、胭脂豆、木耳菜

形态及观赏特征：一年生缠绕草本。茎长达 3～4m，有分枝。叶互生，卵形至近圆形，全缘，有柄。穗状花序腋生，长 5～20cm；花无花瓣，萼片 5 枚，淡紫色或淡红色，下部白色，连合成管。浆果倒卵形或球形，颈 5～6mm，紫色多汁液。花期 6～9 月；果期 7～10 月。

原产地及习性：原产亚洲热带。喜炎热，不耐寒；不择土壤，耐瘠薄；忌积水。生长快速。

繁殖方式：播种繁殖，亦可扦插繁殖。

园林应用：落葵可用于藤架，亦可绿化窗台，或盆栽观赏。亦是重要的蔬菜作物。

2. 马蹄金

学名：*Dichondra repens* Forst.

科属：旋花科、马蹄金属

常用别名：黄胆草、九连环、金钱草

形态及观赏特征：多年生匍匐状草本。植株低矮，株高仅 5～15cm。茎细长，匍匐地面，被灰色短柔毛，节上生不定根。叶互生，圆形或肾形，基部心形，具细长叶柄，叶面无毛，大小不等，一般直径 1～3cm。花小，单生于叶腋，黄色。蒴果近球形。花期 4 月；果期 7～8 月。

原产地及习性：广布于热带、亚热带地区，我国长江以南各省及台湾均有分布。生于海拔 1300～1980m 的山坡草地、路旁或沟边。喜温暖、湿润环境，耐炎热和高温，能耐一定的低温；适宜生长于细致、偏酸性、潮湿而肥力低的

土壤，不耐碱；耐旱力强。耐轻微践踏。

繁殖方式：通常春季或秋季播种繁殖，也可用其匍匐茎繁殖。

园林应用：马蹄金植株低矮，根、茎发达，四季常青，抗性强，覆盖率高，为优良的地被植物。还可用于小面积花坛、花境及山石园、庭院绿地及小型活动场地；也可用于沟坡、堤坡、路边等固土材料。植于墙垣，使其下垂生长，可形成绿色瀑布似的垂直绿化效果。也是垂吊装饰常用的材料。

常用栽培品种有'**银瀑**'马蹄金（'Silver Falls'），茎及叶片银灰色，主要用于垂吊栽培。

图 12-1 啤酒花

3. 啤酒花（图 12-1）

学名：*Humulus lupulus* L.

科属：大麻科、葎草属

常用别名：忽布、蛇麻花、酵母花、酒花

形态及观赏特征：多年生缠绕草本。枝蔓长度可达 6m 以上。茎、枝和叶柄密生绒毛和倒钩刺。叶卵形或宽卵形；长约 4～11cm，宽 4～8cm，先端急尖，基部心形或近圆形，不裂或 3～5 裂，边缘具粗锯齿，表面密生小刺毛。雌雄异株；雄花细小，排成圆锥花序，稻草色，具微香；雌花成长圆形穗状花序，黄绿色。果穗球果状；瘦果扁圆形，褐色。花期 7～8 月；果期 9～10 月。

原产地及习性：分布于亚洲北部和东北部，美洲东部也有。我国新疆、四川北部有分布，各地多栽培。喜光；喜冷凉，耐寒畏热；不择土壤，但以土层深厚、疏松、肥沃、通气性良好的壤土为宜，中性或微碱性土壤均可。

繁殖方式：分株繁殖。

园林应用：啤酒花攀援性强，装饰效果好，进入秋季后，叶片显得更加美丽，用于攀援花架或篱棚，为良好的垂直绿化材料。雌花序可制干花，药用，果穗为酿造啤酒的原料。

4. 五爪金龙

学名：*Ipomoea cairica* (L.) Sweet

科属：旋花科、番薯属

常用别名：五爪龙、上竹节、牵牛藤、黑牵牛

形态及观赏特征：多年生缠绕草本。枝蔓长达 1.8m。茎缠绕，灰绿色，常有小疣状突起。叶互生，掌状 5 深裂；裂片椭圆状披针形，全缘。聚伞花序

腋生，花序梗长 2 ~ 8cm，具花 1 ~ 3 朵，花冠漏斗状，紫红色、紫色或淡红色，偶有白色。花期可达全年；果期也可达全年。

原产地及习性：原产非洲及亚洲热带、亚热带地区，现已广泛栽培或归化于全热带。我国台湾、福建、广东及沿海岛屿、广西、云南均有分布。喜阳光充足；喜温暖；喜疏松、肥沃的土壤；喜湿润。

繁殖方式：播种或扦插繁殖。

园林应用：五爪金龙枝蔓轻柔，叶片繁茂，覆盖性强，是垂直绿化和小型花架的好材料；也可作篱边的爬藤材料。块根可供药用，有清热解毒之效。

5. 西番莲

学名：*Passiflora coerulea* L.

科属：西番莲科、西番莲属

常用别名：转心莲、转枝莲、洋酸茄花

形态及观赏特征：多年生缠绕草质藤本。茎细，长达 4m 左右，具单条卷须，着生于叶腋处。叶互生，纸质，长 6 ~ 10cm，宽 9 ~ 15cm，掌状 3 或 5 深裂，裂片披针形，先端尖，边缘有锯齿，基部心形；托叶较大，肾形，抱茎，长达 1.2cm，边缘波状。花单生叶腋，有花柄；花被片 10 枚，花瓣 5 枚，蓝紫色；萼片 5 枚，矩形，内白色；副冠由多数丝状体组成。浆果椭圆形，成熟后黄色。花期 6 ~ 9 月；果期 8 ~ 10 月。

原产地及习性：原产南美洲，热带、亚热带地区常见栽培。我国广西、江西、四川、云南等地有分布。喜阳光充足；喜温暖，不耐寒；喜肥沃、排水良好的土壤；忌积水。

繁殖方式：播种或扦插繁殖。

园林应用：西番莲枝叶婆娑，四季常青，郁郁葱葱，叶形变化奇特，花朵优雅，鲜艳夺目。其黄果形似鸡蛋，可赏可食。园林中可缠绕篱垣、花架、花廊等作垂直绿化，亦可附在山石上，是园林结合生产的优良材料。

6. 牵牛

学名：*Pharbitis nil* (Linn.) Choisy

科属：旋花科、牵牛属

常用别名：喇叭花、大花牵牛

形态及观赏特征：一年生蔓性草本。全株有毛，茎长，向左旋缠绕。叶互生；阔卵状心形。花大，花冠喇叭形，边缘呈褶皱或波浪状，有紫、蓝、红、白、深红等色；清晨开花，中午凋谢闭合。花期 5 ~ 10 月。

原产地及习性：原产美洲热带，我国各地均有观赏栽培。喜阳光充足，也耐半阴；喜温暖，耐热，不耐寒，怕霜冻；对土壤要求不严，较耐旱。

繁殖方式：播种繁殖。

园林应用：牵牛常用作篱垣、栅架垂直绿化的材料，也适宜盆栽观赏，摆设庭院阳台。

同属常见植物：

裂叶牵牛（*P. hederacea* Choisy）：叶常 3 裂，深达叶片中部。花 1 ～ 3 朵，多腋生，堇蓝、玫瑰红或白等色；花萼呈长尖的线状披针形，平展或反卷。花期 7 ～ 9 月。原产南美。河堤、荒地多见野生。

圆叶牵牛（*P. purpurea* Voigt）：叶阔心脏形，全缘。花小，白、玫瑰红、堇蓝等色；1 ～ 5 朵腋生。花期 6 ～ 10 月。原产美洲热带，中国南北均有分布。

7. 山荞麦（彩图 12-2）

学名：*Polygonum aubertii* L.Henry

科属：蓼科、蓼属

形态及观赏特征：半灌木状落叶藤本。茎缠绕或直立，长可达 10 ～ 15m；初为草质，1 ～ 2 年后渐变为近木质或木质。多分枝，枝叶互生或簇生。单叶互生，卵形至卵状椭圆形，边缘波状；两面光滑无毛。圆锥花序侧生或顶生；花小，白色或白绿色；具淡香。花期 8 ～ 10 月。

原产地及习性：原产俄罗斯及中国。我国内蒙古、山西、河南、陕西北部、青海、宁夏、云南、西藏等省区都有分布。喜阳光充足、开阔的环境；喜温暖，耐严寒；喜偏干的土壤，耐瘠薄。

繁殖方式：播种或扦插繁殖。

园林应用：山荞麦生长迅速，管理粗放，开花时一片雪白且有微香，常用作垂直绿化及坡地、墙垣、花架等覆盖材料，亦可作园林地被。

8. 羽叶茑萝（彩图 12-3）

学名：*Quamoclit pennata* Bojer

科属：旋花科、茑萝属

形态及观赏特征：一年生蔓性草本。蔓长达 6 ～ 7m，茎细长光滑。叶羽状狭线形，裂片整齐。聚伞花序腋生，着花 1 至数朵，花径约 1.5 ～ 2cm，花冠高脚碟状，鲜红色，呈五角星形，筒部细长。有纯白及粉花品种。花期夏季至秋凉。

原产地及习性：原产美洲热带。我国有栽培。喜阳光充足；喜温暖，不耐寒；对土壤要求不严；直根性。

繁殖方式：春播繁殖。

园林应用：羽叶茑萝茎叶细美，花姿玲珑，可栽植于浅色墙面前，缠绕于细绳、木杆或铁丝上，极为美观；也可植于篱边形成花篱。

图12-4 旱金莲

同属常见植物：

圆叶莺萝（*Q. coccinea* Moench）：蔓长达 3 ～ 4m，多分枝，较羽叶莺萝繁密。叶卵圆状心形，全缘，有时在下部有浅齿或角裂。聚伞花序腋生；着花较多；花径1.2 ～ 1.8cm；橘红色，漏斗形。

裂叶莺萝（*Q. lobata* House）：蔓长达 4 ～ 6m。叶心脏形，具 3 裂，中央裂片下部狭缩。花甚多，二歧状密生在花序上，略偏一侧；花梗基部粗大；花形奇特，花深红后转为乳黄色，雄蕊明显伸出。原产墨西哥。

9. 旱金莲（图 12-4）

学名：*Tropaeolum majus* L.

科属：旱金莲科、旱金莲属

常用别名：金莲花、旱荷

形态及观赏特征：一年生或多年生蔓性草本。茎细长，半蔓性或倾卧。叶互生，近圆形，具长柄，盾状着生。花单生叶腋，梗细长，有红、紫红、黄、橙黄等色。花期 7 ～ 9 月。

原产地及习性：原产南美洲。我国南北园林均有栽培。喜阳光充足，稍耐阴；喜温暖，不耐夏日高温，也不耐寒；要求排水良好而肥沃的土壤；喜湿润。

繁殖方式：播种繁殖，也可扦插繁殖。

园林应用：旱金莲茎叶优美，花大色艳，形状奇特，盛开时宛如群蝶飞舞，一片生机勃勃的景象。常用于花坛、墙边、篱垣或花境中；或植于阳光充足处作地被。还可作盆栽，悬垂观赏，绿化、美化窗台等。

10. 蔓长春花（彩图 12-5）

学名：*Vinca major* L.

科属：夹竹桃科、蔓长春花属

形态及观赏特征：常绿半木质蔓性植物。茎偃卧，花茎直立。叶椭圆形，全缘，有光泽。花单生叶腋；花萼 5，狭披针形；花冠蓝色，花冠筒漏斗状，花冠裂片 5。蓇葖果双生，长约 5cm。花期 4 ～ 7 月。

原产地及习性：原产地中海沿岸及南、北美洲，印度也有分布。我国长江流域及其以南有栽培。喜光，耐半阴；不耐寒，忌酷暑；喜疏松、肥沃的沙质壤土。

繁殖方式：分株、扦插繁殖。

园林应用：叶色浓绿，着花美丽而优雅，成片种植效果极佳，是良好的花叶兼赏地被材料。也是墙垣、容器栽植时垂吊装饰的优良材料。

同属常见植物：

花叶蔓长春花（'Variegata'）：叶缘白色，有黄白色斑点（彩图12-6），用途同蔓长春花。

11. 美洲蟛蜞菊

学名：*Wedelia trilobata*（L.）Hitchc.

科属：菊科、蟛蜞菊属

常用别名：三裂叶蟛蜞菊

形态及观赏特征：多年生草本。茎匍匐蔓延，长可达2m以上，节处生不定根。叶对生，长椭圆形，端有不规则锯齿或三浅裂。头状花序单生于枝顶，黄色；直径2～3cm，具长梗。花期几乎全年。

原产地及习性：原产热带美洲。现世界广为栽培。在许多国家成为入侵种。我国华南地区广泛应用。喜温暖，不耐寒；喜湿润，也耐旱；喜阳光，也耐一定蔽荫。对土壤适应性强。

繁殖方式：种子或扦插繁殖。

园林应用：美洲蟛蜞菊生性强健，长势旺盛，覆盖速度快，在热带和亚热带地区是优良的叶、花同赏的地被植物；也可悬垂利用，覆盖花廊花亭；或盆栽垂吊观赏。

12. 吊竹梅（图12-7）

学名：*Zebrina pendula* Sch.

科属：鸭跖草科、吊竹梅属

常用别名：吊竹兰、吊竹草、斑叶鸭趾草、水竹草

形态及观赏特征：常绿宿根花卉。茎分枝，匍匐性，节处生根，茎有粗毛，茎与叶稍肉质。叶互生，基部鞘状，卵圆形或长椭圆形，全缘；叶面银白色，中部及边缘紫色，叶背紫色。花小，紫红色，数朵聚生于两片紫红色的叶状苞内。花期夏季。

原产地及习性：原产墨西哥。我国在广东、云南地区可露地越冬。喜半阴，忌阳光曝晒，耐阴性强；喜温暖，不耐寒，怕炎热；喜肥沃疏松、排水良好的腐殖土，耐瘠薄；不耐旱，耐水湿。

繁殖方式：扦插和分株繁殖。

园林应用：吊竹梅叶片紫白鲜明，四季常青，株形丰满秀美，匍匐下垂，是常见的观叶花卉，可

图12-7　吊竹梅

吊盆悬挂观赏，或栽植于墙垣、花台、种植箱等，任其自然悬垂，披散飘逸；也是优良的地被植物；室内可盆栽或瓶栽水养。

13. 紫鸭跖草

学名：*Setcreasea purpurea*

科属：鸭跖草科、鸭跖草属

形态及观赏特征：常绿宿根花卉。茎初直立，后匍匐生。叶互生，披针形，长 6 ~ 13cm。茎及叶终年紫色。花径 1 ~ 3cm，粉红色。花期夏秋季。

原产地及习性：原产北美及墨西哥。我国长江流域以南常有栽培。喜温暖，不耐寒；喜光，耐半阴，光照充足时开花多，但盛夏时忌强光暴晒；喜湿润，较耐旱。喜肥沃、湿润土壤。

繁殖方式：扦插和分株繁殖为主。

园林应用：茎叶鲜艳，为常年异色叶植物。作地被或垂吊观赏。北方室内盆栽观赏。

思考题

1. 攀援及蔓性花卉的特点是什么？举例说明。
2. 园林中重要的攀援及蔓性花卉有哪些种类？其观赏特性和应用方式是什么？

第十三章 园林花卉——水生花卉、蕨类植物、多浆植物

摘要：水生花卉、蕨类植物及多浆植物是重要的专类花卉。其中水生花卉是园林中绿化、美化水体的主体材料，有不同的习性和类群，适用于布置水体的不同部位。蕨类植物大部分喜欢荫蔽的环境，是园林中布置林下及庇荫之地或阴生植物专类园和蕨类专类园的重要材料。多浆类包括仙人掌科及其他科的多肉多浆植物，因生境条件特殊而发生了形态上和生理上的适应性变化，具有奇特的观赏效果，可用于园林绿化、布置专类园，或盆栽观赏。本章重点介绍常用的水生花卉、蕨类植物及多浆植物。

第一节　水生花卉

植物学上水生植物（aquatic plant）是指常年生活在水中，或在其生命周期内某段时间生活在水中的植物。园林水生花卉泛指用于美化园林水体，布置于水边、岸边及潮湿地带的花卉。可以分为以下几类：

（1）挺水花卉：根生长于泥土中，茎叶挺出水面之上的花卉。因种类的不同可生长于沼泽地以至 1m 左右之水深处，栽培中一般植于 0.6m 水深以下。如香蒲、水葱等。挺水花卉一般用于美化岸边。

（2）浮水花卉：根生长于泥土中，叶片漂浮于水面或略高于水面。因种类的不同可生长于浅水至 2 ～ 3m 之水深处，栽培中一般植于 80cm 水深以下。如菱、睡莲等。浮水花卉是美化水面的最重要的植物类型。

（3）漂浮花卉：根伸展于水中，叶浮于水面，随水漂浮流动，在水浅处可生根于泥中。如凤眼莲、浮萍等。漂浮花卉也主要用来美化水面，尤其是水位过高不适宜布置挺水和浮水花卉的地方。

（4）沉水花卉：根生于泥中，茎叶全部沉于水中，或水浅时偶有露于水面。本类有时甚至可生于 5 ～ 6m 深之水底。沉水花卉虽然不能挺立或漂浮于水面起到美化作用，但其是湿地生态系统的重要组成部分，对于净化水体、维持园林水体生态系统平衡具有重要意义。

此外，园林水景中应用的水生花卉还包括能适应湿土至浅水环境的水际植物或沼生植物。

1. 菖蒲

学名：*Acorus calamus* L.

科属：天南星科、菖蒲属

常用别名：水菖蒲、臭蒲子、白菖蒲

形态及观赏特征：多年生挺水植物。株高 60 ～ 80cm。根茎肥大，横卧泥中，有芳香。叶 2 列状着生，剑状线形，基部鞘状，对折抱茎；叶片揉碎后有香气。花茎似叶，稍细，短于叶丛，圆柱状，稍弯曲；叶状佛焰包，内具圆柱状长锥形肉穗花序；花小，黄绿色。花期 6 ～ 9 月。

原产地及习性：原产我国及日本，广布世界温带和亚热带地区。我国南北各地均有分布。喜生于沼泽溪谷边或浅水中，耐寒性不甚强，在华北地区呈宿根状态，每年地上部分枯死，以根茎潜入泥中越冬。

繁殖方式：分株繁殖。

园林应用：菖蒲在我国传统文化中是一种象征吉祥如意的瑞草，与兰花、水仙、菊花并称为"花草四雅"。其叶丛挺立而秀美，并具香气，最宜作岸边

或水面绿化材料；也可盆栽观赏。

2. 泽泻

学名：*Alisma orientale* (Sam.) Juzep.

科属：泽泻科、泽泻属

形态及观赏特征：多年生挺水植物。株高 80 ~ 100cm。地下具球茎，卵圆形。叶基生，广卵状椭圆线形至广卵形，全缘；叶两面光滑，草绿色，具明显的平行脉。花葶自叶丛抽出，直立；顶端轮生复总状花序；小苞片白色，带紫红晕或淡红色；花小，花冠白色。花期 6 ~ 8 月。

原产地及习性：原产北温带和大洋洲。我国北部和西北部多有野生。耐寒，也耐热；喜阳，稍耐阴；喜富含腐殖质的肥沃黏质壤土；喜水湿，不可长期离水。

繁殖方式：播种或分株繁殖。

园林应用：株形美观，叶色亮绿，白色小花细致可爱，既可观叶，又可赏花，整体观赏效果甚佳。常用于水景园浅水区及岸边配置；亦可盆栽布置庭院。

3. 凤眼莲 (图 13-1)

学名：*Eichhornia crassipes* (Mart.) Solms.

科属：雨久花科、凤眼莲属

常用别名：水葫芦、水浮莲、凤眼兰

形态及观赏特征：多年生漂浮植物。须根发达，悬于水中。叶呈莲座状基生，倒卵状圆形或卵圆形，全缘；鲜绿色而有光泽；叶柄中下部膨胀呈葫芦状海绵质气囊。花茎单生，花序短穗状；花小，蓝紫色，花被中央有鲜黄色眼点。花期 7 ~ 9 月。

原产地及习性：原产南美洲。我国引种后广为栽培，尤其在西南地区的池塘水面极为常见。喜温暖，有一定的耐寒性；喜阳光充足；喜浅水、静水，在流速不大的水体中也能生长。

繁殖方式：分株繁殖。

园林应用：凤眼莲不仅叶色光亮，花色美丽，叶柄奇特，同时适应性强，管理粗放，又有很强的净化污水能力，可以清除废水中的砷、汞、铁、锌、铜等重金属和许多有机污染物质，因此是美化环境、净化水源的良好材料；亦可用作切花。在园林水体中应用时要加强后期管理，防止其过度繁殖，淤塞水面。

图 13-1 凤眼莲

4. 芡实（图 13-2）

学名：*Euryale ferox* Salisb.

科属：睡莲科、芡属

常用别名：鸡头莲、鸡头米、芡

形态及观赏特征：一年生浮水植物。全株具刺。叶丛生，浮于水面，圆状盾形或圆状心脏形；表面皱曲，叶脉隆起，两面具刺；叶柄圆柱状，中空多刺。花单生叶腋，挺出水面；花瓣紫色；花托多刺，状如鸡头。花期 7 ～ 8 月。

原产地及习性：广布于东南亚、前苏联、日本、印度和朝鲜。我国南北各地湖塘中多有野生。喜温暖，不耐霜寒；喜阳光充足，生长期间需要全光照；于泥土肥沃之处生长最佳。

繁殖方式：常自播繁衍。

园林应用：芡实叶片巨大，平铺于水面，极为壮观，也颇有野趣。花托多刺，状如鸡头，故有"鸡头米"之名。常用于水面绿化。在中国式园林中，与荷花、睡莲、香蒲等配置水景，颇多野趣。

5. 千屈菜（图 13-3）

学名：*Lythrum salicaria* L.

科属：千屈菜科、千屈菜属

常用别名：水枝柳、水柳、对叶莲

形态及观赏特征：多年生挺水植物。株高 30 ～ 100cm。地下根茎粗硬，木质化。地上茎直立，多分枝，具木质化基部。单叶对生或轮生，披针形，全缘。穗状花序顶生；小花多数密集，紫红色。花期 7 ～ 9 月。

原产地及习性：原产欧亚两洲的温带，广布全球。我国南北各省均有野生。耐寒性强；喜光；对土壤要求不严，但以表土深厚、含大量腐殖质的壤土为好；喜水湿，在浅水中生长最好。

图 13-2　芡实

图 13-3　千屈菜

繁殖方式：以分株繁殖为主，也可播种、扦插繁殖。

园林应用：千屈菜株丛整齐清秀，花色淡雅，花期长。最宜水边丛植或水池栽植；亦可布置花境，是重要的竖线条花卉。亦可盆栽观赏。

6. 荷花（彩图 13-4）

学名：*Nelumbo nucifera* Gaertn.

科属：莲科、莲属

常用别名：芙蕖、莲花、芙蓉

形态及观赏特征：多年生挺水植物。根状茎圆柱形，横生水底泥中，通称"莲藕"。叶盾状圆形，全缘或稍呈波状，幼叶常自两侧向内卷；表面蓝绿色，被蜡质白粉，背面淡绿色；具粗壮叶柄，被短刺。花单生于花梗顶端，一般挺出立叶之上，大型，具清香；萼片绿色，花后掉落；花瓣多数，因品种而异；花色有红、粉红、白、乳白和黄等色；雄蕊多数；雌蕊离生，埋藏于倒圆锥状海绵质花托内，花托表面具多数散生蜂窝状孔洞，受精后逐渐膨大，称为莲蓬，每一孔洞内生一小坚果（莲子）。花期 6～9 月。

原产地及习性：荷花原产地以往认为在亚洲热带之印度等地，但近几年来据一些新的考证，很可能为原产我国南方。荷花在我国已有 2000 多年的栽培历史，除西藏、内蒙古和青海等地外，绝大部分地区都有栽培。喜阳光和温暖环境，炎热夏季为其生长最旺盛时期，耐寒性亦甚强，只要池底不冻，即可越冬，23～30℃为其生长发育的最适温度；生长时期要求阳光直射；喜湿怕干，缺水不能生存，但水过深淹没立叶，则生长不良，严重时可导致死亡；喜肥沃土壤，尤喜磷、钾肥，而氮肥不宜过多。

繁殖方式：以分株繁殖为主，也可播种繁殖。

园林应用：荷花是我国的传统名花，花叶清秀，亭亭玉立，清香淡远，迎骄阳而不惧，出淤泥而不染，古人称之为"花中君子"。其花开盛夏，此时正炎热，若临岸观荷，田田绿叶如盖，亭亭红花映日，清香远溢，正可怡人消暑，趣味无穷。花、叶、根、茎、籽实皆具多种用途。荷花为夏季水景园的重要花卉，可以装点水面景观，点缀亭榭；或盆栽观赏；也是插花的好材料；还可兼顾生产莲藕、莲子，获景观与经济双重效益。

7. 萍蓬莲

学名：*Nuphar pumilum* (Hoffm.) DC.

科属：睡莲科、萍蓬草属

常用别名：萍蓬草、黄金莲

形态及观赏特征：多年生浮水植物。根茎肥大，呈块状，横卧泥中。浮水叶卵形，全缘，表面亮绿色，背面紫红色；沉水叶半透明，膜质。花单生叶腋，伸

图13-5 睡莲

出水面；萼片呈花瓣状，金黄色；花瓣多，短小而窄；花心红色。花期5～8月。

原产地及习性：原产北半球寒温带。我国东北、华北、华南均有分布。喜温暖；喜阳光充足；不择土壤，但以肥沃黏质土为好；喜缓慢流动的水体，生池沼、湖泊及河流等浅水处。

繁殖方式：以分株繁殖为主。

园林应用：萍蓬莲初夏开放，叶亮绿，金黄色花朵小巧而艳丽，是夏季水景园的重要花卉。常作水面绿化材料；也可盆栽装点庭院。

8. 睡莲（图13-5）

学名：*Nymphaea tetragona* Georg.

科属：睡莲科、睡莲属

常用别名：子午莲

形态及观赏特征：多年生浮水植物。根状茎直立，不分枝。叶较小，近圆形或卵状椭圆形，具长细叶柄；表面浓绿色，背面暗紫色；浮于水面。花单生于细长的花柄顶端，形小，多为白色，花药金黄色，栽培品种有粉、粉红等色；午后开放。花期7～8月。

原产地及习性：分布于我国各地。朝鲜、日本、印度、原苏联及北美皆有分布。喜阳光充足；喜温暖，较耐寒；要求腐殖质丰富的黏质土壤；喜水质清洁的静水环境。

繁殖方式：以分株繁殖为主，也可播种繁殖。

园林应用：睡莲飘逸悠闲，花色丰富，花型小巧，是重要的浮水花卉，是水面绿化的主要材料，常点缀于平静的水面、湖面，以丰富水景；还可盆栽观赏。

同属常见植物：

埃及白睡莲（*N. lotus*）：花白色、暮开朝闭。

埃及蓝睡莲（*N. caerulea*）：花蓝色、朝开暮合，沉入水下。

印度红睡莲（*N. rubra*）：叶片幼时紫红色，老时上面绿色，下面紫红色。叶缘有浅三角形齿。花玫瑰红色，挺出水面之上。

上述三种均属于热带睡莲类。

9. 荇菜（彩图13-6）

学名：*Nymphoides peltata* (Gmel) O.Kuntze

科属：龙胆科、荇菜属

常用别名：莕菜、水荷叶

形态及观赏特征：多年生漂浮植物。茎细长柔软，多分枝，匍匐水中，节处生须根扎入泥中。叶互生，卵形或卵状圆形，全缘或微波状；表面绿色而有光泽，背面带紫色。伞形花序腋生；花冠裂片椭圆形，边缘具睫状毛，喉部有细毛；小花黄色。花期 6 ~ 10 月。

原产地及习性：广布温带至热带的淡水中。我国广泛分布于华东、西南、华北、东北、西北等地。日本及前苏联也有分布。性强健。耐寒；对土壤要求不严，以肥沃稍带黏质的土壤为好。

繁殖方式：分株繁殖。

园林应用：荇菜叶小翠绿，黄色小花覆盖于水面之上，绚丽灿烂，常大片种植，形成优美景观。亦可小面积片植于小型水体。

10. 大藻（彩图 13-7）

学名：*Pistia stratiotes* L.

科属：天南星科、大藻属

常用别名：芙蓉莲、水浮萍

形态及观赏特征：多年生漂浮花卉。具横走茎，须根细长。叶基生，莲座状着生，无柄，倒卵形或扇形，两面具绒毛，草绿色；叶脉明显，使叶折成扇状。叶腋可抽生匍匐茎，端部生长成小植株。成株开花绿色。花期夏秋季。

原产地及习性：原产我国长江流域。广布热带和亚热带地区。中国长江以南地区的河流、湖泊中常见。喜高温，不耐寒；喜光；适宜栽植水深应小于 1m。

繁殖方式：分株繁殖。

园林应用：大藻株形美丽，叶色翠绿，质感柔和，犹如朵朵绿色莲花漂浮水面，别具情趣，是夏季美化水面的好材料；此外，大藻有很强的净化水体作用，可以吸收污水中的有害物质和富氧化物，因此是美化环境、净化水源的良好材料；亦可盆中水养观赏。

11. 梭鱼草（图 13-8）

学名：*Pontederia cordata* L.

科属：雨久花科、梭鱼草属

常用别名：北美梭鱼草

形态及观赏特征：多年生挺水植物。株高 50 ~ 80cm。叶基生，叶大而形态多变，多为倒卵状披针形；叶柄圆筒状，绿色；叶面光滑。穗状花序顶生；花小而密，蓝紫色带黄绿色斑点。花期 5 ~ 10 月。

原产地及习性：原产北美。美洲热带和温带均有分布。我国部分城市有引种栽培。喜光照充足；耐热，不耐寒；喜肥；喜湿。

图 13-8　梭鱼草

繁殖方式：分株繁殖或种子繁殖。

园林应用：梭鱼草植株挺拔秀丽，叶色青翠，花色迷人，花开时节，串串紫花在片片绿叶的映衬下，别有一番情趣。常群植于河道两侧或池塘四周；或与千屈菜、花叶芦竹、水葱、再力花等相间种植，布置成花境；也可盆栽观赏。

12. 慈姑（图 13-9）

学名：*Sagittaria sagittifolia* L.

科属：泽泻科、慈姑属

常用别名：箭搭草、燕尾草、欧慈姑、茨菇

形态及观赏特征：多年生挺水植物。株高 100cm。地下具根茎，其先端形成球茎。叶基生，出水叶戟形，基部具 2 裂片，全缘；叶柄长，肥大而中空；沉水叶线形。圆锥花序，小花单性同株或杂性同株，花白色。花期 7～9 月。

原产地及习性：原产我国，现南北各省均有栽培，也有其野生原种的分布。适应性较强。喜温暖；喜阳光；对土壤要求不严，尤喜富含腐殖质而土层不太深厚的黏质壤土；喜生浅水中。

繁殖方式：以分球繁殖为主，也可播种繁殖。

园林应用：慈姑的适应性强，叶形奇特，小花清秀，宜作水面、岸边的绿化材料，也常盆栽观赏。

13. 水葱（图 13-10）

学名：*Scirpus tabernaemontani* Gmel.

科属：莎草科、藨草属

常用别名：冲天草、翠管草

形态及观赏特征：多年生挺水植物。株高 150～180cm。地下具匍匐状

图 13-9 慈姑

图 13-10 水葱

根茎，粗壮。地上茎直立，中空，粉绿色。叶生于茎基部，褐色，退化为鞘状。聚伞花序顶生，稍下垂；花小，淡黄褐色，下部具稍短苞叶。花期 6 ～ 8 月。

原产地及习性：原产欧亚大陆。我国南北方都有分布。性强健。喜温暖，耐寒；喜光，耐阴；不择土壤；喜湿润，在自然界中常生于湿地、沼泽地或池畔浅水中。

繁殖方式：分株或播种繁殖。

园林应用：水葱株丛挺立，色泽淡雅洁净，常用于水面绿化或作岸边、池旁点缀，是典型的竖线条花卉；也常盆栽观赏；有花叶栽培变种，常切茎用于插花。

14. 再力花（图 13-11）

学名：*Thalia dealbata* Fraser

科属：竹芋科、再力花属

常用别名：水竹芋、水莲蕉

形态及观赏特征：多年生挺水植物。株高 80 ～ 130cm。全株附有白粉。茎直立，不分枝。叶互生，卵状披针形，先端突尖，全缘；浅灰绿色，边缘紫色。穗状圆锥花序，花茎细长；花小，蜡质；小花紫红色，苞片粉白色。花期 5 ～ 10 月。

原产地及习性：原产于美国南部和墨西哥。喜温暖，不耐寒；喜阳光充足；喜肥，在碱性土壤中生长良好；喜湿。

繁殖方式：分株繁殖。

园林应用：再力花株形美观洒脱，叶色翠绿，蓝色穗状花序高出叶面，亭亭玉立，格外显著，而穗状花序上的紫红色花朵十分鲜艳，颇具特色。常于池塘、湿地丛植、片植；点缀于山石、驳岸处；也可盆栽观赏。

图 13-11 再力花

15. 香蒲（图 13-12）

学名：*Typha angustata* Bory et Chaub.

科属：香蒲科、香蒲属

常用别名：长苞香蒲、水烛

形态及观赏特征：多年生挺水植物。地下具匍匐状根茎。地上茎直立，细长圆柱形，不分枝。叶由茎基部抽出，2 列状着生；长带形，端圆钝，

图 13-12 香蒲

基部鞘状抱茎；灰绿色。穗状花序呈蜡烛状，浅褐色。花期5～7月。

原产地及习性：原产欧、亚及北美洲。我国南北各地均有分布。对环境条件要求不甚严格，适应性较强。喜阳光；耐寒；喜深厚、肥沃的泥土，最宜生长在浅水湖塘或池沼内。

繁殖方式：分株繁殖。

园林应用：香蒲叶丛细长如剑，花序挺拔，状如蜡烛，是良好的观叶赏花植物。常用于点缀园林水池、湖畔；也可盆栽布置庭院；其花序经干制后可作切花材料。

16. 王莲（彩图13-13）

学名：*Victoria amazonica* Sowerby.

科属：睡莲科、王莲属

常用别名：亚马逊王莲

形态及观赏特征：大型浮水植物，多年生常作一年生栽培。叶有多种形态，皆平展；成熟叶大，直径可达3m以上，圆形，叶缘直立，叶柄粗，有刺。花单生，大型，花瓣多数；每朵花开2～3天，暮开朝合，第一天白色，具白兰花之香气，第二天淡红色至深紫红色，第三天闭合，沉入水中。花期夏秋季节。种子黑色，含丰富淀粉，可供食用。

原产地及习性：原产南美洲热带水域。世界各地均有引种栽培。喜阳光充足；喜高温，不耐寒，要求早晚温差小；喜肥，尤以有机基肥为宜。

繁殖方式：播种繁殖。

园林应用：王莲叶奇花大，漂浮水面，十分壮观，是水池中的珍宝，美化水体，有极高的观赏价值。常常用于各类园林中大中型湖泊，池塘等水面公园的美化布置。

第二节　蕨类植物

蕨类植物也称羊齿植物，是陆生植物中最早分化出维管系统的植物类群，既是高等的孢子植物，又是原始的维管植物。多为草本，罕为木本。

现存的蕨类植物约有12000种，寒、温、热三带都有分布，以热带和亚热带为分布中心。中国为世界上蕨类植物资源最为丰富的地区之一，目前已知的有2600余种，其中半数以上为中国特有种和特有属。多分布于中国西南和长江以南各地，尤以西南地区最为丰富，素有"蕨类植物王国"之称。

蕨类植物是最优良的观叶植物类型之一，不仅是重要的盆栽室内观赏植物，而且也可种植于园林中的荫蔽之地，形成优美的地被景观，或布置于阴生植物园和蕨类植物专类园，株形大、形态美观的种类还可孤植、丛植于园林中。此外，蕨叶亦是重要的切叶材料，用于插花花艺的陪叶。随着对蕨类植物资源的不断研究和开发，蕨类植物在园林中应用的种类和形式会愈发多样。

图 13-14　铁线蕨

1. 铁线蕨（图 13-14）

学名：*Adiantum capillus-veneris* L.

科属：铁线蕨科、铁线蕨属

常用别名：铁线草、美人粉、水猪毛土

形态及观赏特征：中小型陆生蕨。株高 25 ～ 40cm。植株纤弱，直立而开展。叶簇生，具短柄；叶柄墨黑且明亮，细圆坚韧如铁丝，故名；2 ～ 3 回羽状复叶，叶形变化较大，小叶片多为扇形，外缘斜圆形，浅裂至深裂；叶脉扇状分叉。孢子囊群生于叶背外缘。

原产地及习性：原产美洲热带及欧洲温暖地区。广布于我国长江以南各省，北至陕西、甘肃和河北，多生于海拔 100 ～ 2800m 的山地、溪边或湿石上。喜温暖；喜半阴。宜疏松、湿润、富含石灰质的土壤；喜湿润。为钙质土指示植物。

繁殖方式：孢子或分株繁殖。

园林应用：铁线蕨四季常青，纤细优雅，清秀挺拔，可作基础种植，也可植于假山缝隙，柔化山石轮廓，营造出生机勃勃的山野风光。点缀于窗台、门厅、台阶、书房案头，为优良的盆栽观叶植物；此外，还是优良的切叶植物材料。

2. 贯众

学名：*Dryopteris setosa* (Thunb.) Akasawa

科属：鳞毛蕨科、鳞毛蕨属

常用别名：小贯众、昏鸡头、小金鸡尾

形态及观赏特征：多年生常绿宿根蕨。有根状茎，短而直立或斜向生长，与叶柄皆密生阔卵状披针形、黑褐色的大鳞片。叶簇生，叶片矩圆状披针形，长 25 ～ 45cm，宽 10 ～ 15cm，1 回羽状分裂，羽片镰刀状披针形，边缘有细锯齿。孢子囊群生于叶背小脉顶端。

原产地及习性：原产东亚。我国华北、西北以及长江以南各地均有分布，生于山坡林下、溪沟边、石缝中、墙角边等阴湿地区。喜温暖、阴湿的环境，能耐寒。喜石灰岩土壤。

繁殖方式：分株或孢子繁殖。

园林应用：贯众适于疏林下、池岸阴坡处丛植或作地被植物，也是理想的室内盆栽观叶植物。叶片可剪切下来进行插瓶。根状茎可入药。

3. 荚果蕨（图 13-15）

学名：*Matteuccia struthiopteris* (L.) Todaro

科属：球子蕨科、荚果蕨属

常用别名：黄瓜香、野鸡膀子

形态及观赏特征：大中型陆生蕨。株高达 1m 左右。根状茎直立，连同叶柄基部密被针形鳞片。叶簇生，典型的二型叶，不育叶矩圆状倒披针形，2 回深羽裂，新生叶直立向上生长，全部展开后则成鸟巢状；孢子叶从叶丛中间长出，有粗硬而较长的柄，挺立，长度为不育叶的一半，羽片荚果状。孢子叶 10 月成熟，此时为最佳观赏时期。

原产地及习性：分布于我国东北、华北、陕西、四川、西藏等地，多成片生于海拔 900 ~ 3200m 的高山林下。喜冷凉、湿润、荫蔽环境，北方地区能露地栽培。喜半阴，如湿度能保证也能耐受一定的强光照。

繁殖方式：通常为分株繁殖，春秋两季进行均可。亦可用孢子或组织培养方式繁殖。

园林应用：荚果蕨是北方地区非常理想的地被植物，解决了极阴条件下绿化的难题。其覆盖率大，株形美观，秀丽典雅，可植于疏林下或小区的背阴处，丛植或片植作地被，也可配植于花境中。适于盆栽陈列观赏，孢子叶可作干切花材料。荚果蕨还是优良的山野菜。

4. 肾蕨（图 13-16）

学名：*Nephrolepis cordifolia* Presl.

科属：骨碎补科、肾蕨属

常用别名：蜈蚣草、圆羊齿、篦子草、石黄皮

形态及观赏特征：中型陆生蕨或附生蕨。株高 30 ~ 80cm。根茎直立，被鳞片，匍匐茎的短枝上易生出块茎。叶丛生，1 回羽状复叶；长 60cm，宽 6 ~ 7cm；斜上伸，浅绿色；小羽片长 3cm、缘具尖齿，干后易脱落。

原产地及习性：原产于世界热带及亚热带各地。我国东南各省均有分布，多生于溪边林下或岩石缝隙中。喜半阴，忌阳光直射；喜温暖。喜疏松、透气

图 13-15 荚果蕨

图 13-16 肾蕨

的中性或微酸性土壤；喜湿润。

繁殖方式：春季孢子繁殖或分株繁殖。

园林应用：肾蕨叶色浓绿，青翠宜人，姿态婆娑，栽培容易，生长健壮，可丛植于阶旁、石隙、水滨、花境等处，也可群植作地被；是优良的室内观叶植物，可置于厅堂、书房等处；也可盆栽、吊篮栽培，有情趣；还是主要的切叶植物材料。全草和块茎均可入药。

同属常见植物：

'**波士顿**'蕨（*N. exaltata* 'Bostoniensis' Pres.）：叶簇生，羽状复叶，叶裂片较深且多回羽裂，形成细碎而丰满的复羽状叶片；淡绿色，有光泽。是著名的盆栽蕨类植物品种，常用于装饰几案、垂吊观赏或植于玻璃瓶中作微型景箱景观。

5. 凤尾蕨

学名：*Pteris multifida* Poir.

科属：凤尾蕨科、凤尾蕨属

常用别名：井栏边草、凤尾草

形态及观赏特征：中小型陆生蕨。株高 30～70cm。根状茎直立。叶簇生，直立生长；二型叶，纸质，能育叶长卵形，长约 30cm，宽约 18cm，淡绿色，1 回羽状，中部以下羽片常分叉，狭披针形；不育叶同形，但羽片较宽，边缘有锐齿。

原产地及习性：广泛分布于我国河北、山东、山西及长江以南各地。日本、朝鲜也有，多生于石灰岩缝或林下及井边、墙缝等阴湿处。喜温暖、潮湿的半阴环境，要求疏松、肥沃、富含腐殖质的钙质土壤。

繁殖方式：分株或孢子繁殖。

园林应用：凤尾蕨叶形洁净美观，优雅别致，生长旺盛，可丛植于庭园阶旁、树下，或与山石搭配，或植于花境之中，也可作地被。适于室内盆栽，点缀于案头，也可配植山石盆景，还是插花的良好衬叶。全草入药。

第三节　多浆植物

多浆植物（多肉植物）广义上指茎、叶特别粗大或肥厚，具有发达的贮水组织，并在干旱环境中有长期生存力的一类植物，多数原产于热带、亚热带干旱、炎热及强光条件下，不耐寒冷和水涝。

多浆植物以仙人掌科植物为主，还包括了番杏科、景天科、大戟科、萝藦科、菊科、百合科、凤梨科、龙舌兰科以及马齿苋科等科的植物。为了栽培管理及分类上的方便，常将仙人掌科植物列为一类，称仙人掌类；而将仙人掌科之外的其他科多浆植物，称为多浆植物；常将两类合称为仙人掌及多浆植物或多浆植物。

该类植物由于生境特殊，在形态上极具特点。依形态特点可将其划分为三类。

一、仙人掌型

此类植物以仙人掌科植物为代表。茎粗大或肥大，块状、球状、柱状或叶片状，肉质多浆，绿色，代替叶进行光合作用，茎上常有棘刺或毛丝。叶一般退化或短期存在。如仙人掌、仙人球等。

二、肉质茎型

此类植物通常具有明显的肉质地上茎，还具有正常的叶片进行光合作用。茎通常无棱，也不具棘刺。如瓶子树、酒瓶兰等。

三、肉质叶型

此类植物主要由肉质叶组成，叶既是主要的贮水和光合器官，也是观赏的主要部分。形态多样，大小不一，茎或短而直立，或细长而匍匐。如燕子掌、绿铃等。

在园林应用上，仙人掌及多浆植物种类繁多，各具特色。首先是变化多样，如棱形多样，有上下竖向贯通的，有呈螺旋状排列的，还有锐形、钝形等多种形状；此外，条数不同，变化丰富；同时刺形多变，有刚毛状刺、针状刺等，都形成各自不同的观赏价值。其次，花色艳丽丰富，花朵着生位置多变，形态各异，同时体态奇特，趣味性强，具有较高的可观性。习性上，仙人掌及多浆植物大都耐旱、耐瘠薄，管理粗放且栽培容易，气候适宜地区可露地应用形成奇特的景观。在寒冷地区该类花卉是重要的盆栽植物，可布置成室内专类园。

1. 仙人球

学名：*Echinopsis tubiflora* Zucc.

科属：仙人掌科、仙人球属

常用别名：刺球、雪球、草球、花盛球

形态及观赏特征：多年生常绿植物。茎球形或卵圆形，顶部凹入，高20cm左右；绿色，肉质，有纵棱12～14条；棱上有纵生的针刺10～15枚，直硬，黄色或暗黄色。花长喇叭状，长20cm以上，晚上开放，白色，稍具芳香；花筒外被鳞片，鳞腋有长毛。花期7～8月，单花约开放36h。

原产地及习性：原产于阿根廷及巴西南部的干旱草原。性强健。喜阳光充足；对温度要求不严。喜排水、透气良好的沙壤土；耐旱。

繁殖方式：通常以分株或嫁接繁殖为主。

园林应用：仙人球可盆栽观赏及布置专类园。可入药。

2. 金琥（彩图 13-17）

学名：*Echinocactus grusonii* Hildm.

科属：仙人掌科、金琥属

常用别名：象牙球

形态及观赏特征：多年生常绿植物。植株呈圆球形，通常单生。球茎深绿色，径可达 50cm；顶部密被大面积绒毛，具棱，约 20 条，排列整齐。刺座长，刺窝甚大，被金黄色硬刺，呈放射状，7～9 枚；顶端新刺座上密生黄色绵毛。花着生于茎顶，长 4～6cm，钟状；外瓣的内侧带褐色；内瓣亮黄色。寿命 50～60 年。

原产地及习性：原产墨西哥中部沙漠及半干旱地区。喜阳光充足，但夏季温度过高时需遮荫。喜含石灰质的沙砾土，生长较迅速。

繁殖方式：以播种繁殖为主。

园林应用：金琥形大而圆，金刺夺目，是珍贵的观赏仙人掌植物。小型个体适宜于盆中独栽，置于书桌、案几，别有情趣。大型个体则适宜于地栽，布置专类园。群植时，大小金琥疏密有致，错落排列于微地形中，极易形成干旱及半干旱沙漠地带的自然风光。

3. 昙花

学名：*Epiphyllum oxypetalum*（DC.）Haw.

科属：仙人掌科、昙花属

常用别名：昙华、月下美人、琼花

形态及观赏特征：多年生常绿肉质植物。茎稍木质，扁平叶状，有叉状分枝。老枝圆柱形；新枝长椭圆形，边缘波状，无刺。花大型，漏斗状，生于叶状枝的边缘；花萼筒状，红色；花重瓣，纯白色，瓣片披针形。花期夏季，晚 8～9 时开放，约经 7h 凋谢。

原产地及习性：原产墨西哥至巴西热带雨林。我国各地温室都有栽培。性强健。喜半阴；喜温暖；对土壤要求不严，喜富含腐殖质、排水良好的微酸性沙质土壤；喜湿润，亦耐旱。

繁殖方式：扦插繁殖。

园林应用：昙花是珍贵的盆栽观赏花卉。其花、叶还可入药。

4. 令箭荷花

学名：*Nopalxochia ackermannii* Kunth.

科属：仙人掌科、令箭荷花属

常用别名：红花孔雀、孔雀仙人掌

形态及观赏特征：多年生常绿附生仙人掌类。全株鲜绿色。茎多分枝，灌木状。叶状枝扁平，披针形，缘具疏锯齿，齿间有短刺。花着生在茎先端两侧，漏斗形，有紫、粉、红、黄、白等色；花被开张而翻卷；花丝及花柱均弯曲，甚美。花期春夏，单花开 1 ~ 2 天。

原产地及习性：原产墨西哥中南部、玻利维亚及哥伦比亚。喜阳光充足；喜温暖，不耐寒。喜富含腐殖质、肥沃、疏松、排水良好的微酸性土壤；喜湿润。

繁殖方式：扦插或播种繁殖。

园林应用：令箭荷花花大色艳，花期长，是重要的室内盆栽观赏花卉。

5. 仙人掌（彩图 13-18）

学名：*Opuntia ficus-indica* Mill.

科属：仙人掌科、仙人掌属

常用别名：霸王树、仙巴掌、仙桃、火掌

形态及观赏特征：多年生常绿多浆植物。在原产地或温暖地区，植株丛生成大灌木状。茎下部木质化，圆柱形。茎节扁平，椭圆形，肥厚多肉；刺座内密生黄色刺。幼茎鲜绿色，老茎灰绿色。叶小，呈针状，早落。花单生茎节上部，短漏斗形，鲜黄色。浆果暗红色，汁多味甜，可食。花期夏秋。

原产地及习性：原产美洲热带。在我国海南岛西部近海处也有野生仙人掌分布。性强健。喜阳光充足；喜温暖，耐寒。不择土壤，以富含腐殖质的沙壤土为宜；耐干旱，畏积涝。

繁殖方式：扦插繁殖，易于发根。

园林应用：仙人掌姿态奇特，常作盆栽观赏。在中国华南和西南地区可以用于环境绿化；配植于专类园，与假山石及其他仙人掌类植物配植，可形成热带沙漠景观，北方则栽培于室内观赏。

思考题

1. 水生花卉有哪几类？其应用有什么特点？
2. 园林常用的水生花卉有哪些种类？各自的观赏特点及园林用途是什么？
3. 园林常用的蕨类植物有哪些种类？各自的观赏特点及园林用途是什么？
4. 园林常用的多浆类植物有哪些种类？各自的观赏特点及园林用途是什么？

第十四章 草坪草

摘要：草坪草是指由人工栽培的矮型禾本科或莎草科多年生草本植物。该类植物在人工养护管理条件下，能形成致密似毡的草坪。依据草坪草的生态习性，可将其分为暖季型草坪草和冷季型草坪草。两类草坪草因其生态习性和生长节律的差别，形成的草坪效果不同，养护管理的需求也不同。本章重点介绍我国园林建设中常用的暖季型和冷季型草坪草植物。

　　草坪草是指由人工栽培的矮性禾本科或莎草科多年生草本植物。该类植物在人工养护管理条件下，能形成致密似毡的草坪。依据草坪草的生态习性，可将其分为暖季型草坪草和冷季型草坪草。暖季型草坪草又称夏绿型草种。生长最适温度为 26 ~ 32℃，主要分布在亚热带、热带。其主要特征是早春开始返青复苏，入夏后生长旺盛，进入晚秋，一经霜打，茎叶枯萎退绿。性喜温暖、空气湿润的气候，耐寒能力差。冷季型草坪草又称冬绿型草坪植物。主要分布在寒温带、温带及暖温带地区。生长发育的最适温度为 15 ~ 24℃。冷季型草种的主要特征是耐寒冷，喜湿润冷凉气候，抗热性差；春秋雨季生长旺盛，夏季生长缓慢，呈半休眠状态；生长主要受季节炎热强度和持续时间，以及干旱环境的制约。这类草种茎叶幼嫩时抗热、抗寒能力均比较强，可通过修剪、浇水等方式，提高其适应环境的能力。两类草坪草因其生态习性和生长节律的差别，形成的草坪效果不同，养护管理的需求也不同。

第一节　暖季型草坪草

1. 地毯草

学名：*Axonopus compressus* (Swartz) Baeuv.

科属：禾本科、地毯草属

常用别名：大叶油草

形态及观赏特征：多年生草本。具长匍匐枝。秆高 15 ~ 40cm，压扁，节上可生根，密生灰白色柔毛，高 15 ~ 50cm。叶片阔条形，质柔薄，端钝。总状花序穗状。

原产地及习性：原产热带美洲、印度群岛和我国台湾。我国主要用于华南及西南地区。匍匐枝蔓延迅速。喜温暖，不耐寒；喜湿润，不耐干旱；耐阴；宜沙质壤土，在水位高的沙土或沙质壤土生长最好，干旱的沙质土或高燥地区生长不良。

繁殖方式：播种或栽植生根的匍匐茎，亦可分株繁殖。

园林应用：地毯草能形成紧密草坪，且喜荫湿，耐瘠薄，是优良的固土护坡草种；耐践踏，园林中常用来布置草坪供各类休憩娱乐活动。

2. 野牛草

学名：*Buchloe dactyloides* (Nutt.) Engelm.

科属：禾本科、野牛草属

形态及观赏特征：多年生低矮草本。具匍匐茎，秆高 5 ~ 25cm。叶线状披针形，长达 20cm，宽 1 ~ 2mm，两面均疏生白柔毛，叶色绿中透白，质地柔软。花雌雄同株或异株。

原产地及习性：原产北美及墨西哥。我国有引种。该草生长迅速、均匀，耐践踏，再生力强，与杂草竞争力强。夏季耐热耐旱，冬季耐寒性强，也耐盐碱。绿色期180天左右。在我国东北、西北、华北北部生长良好。

繁殖方式：多用分根繁殖，也可用种子或匍匐茎繁殖。

园林应用：野牛草植株低矮，叶片纤细，绿色柔和，是优良的草坪植物，可用于固土护坡或作游憩草坪，更为重要的是野牛草耐旱，耐瘠薄，是我国广大干旱缺水地区的优良草坪草种。

3. 狗牙根

学名：*Cynodon dactylon* (L.) Pers.

科属：禾本科、狗牙根属

常用别名：绊根草、爬根草

形态及观赏特征：多年生草本。具根茎，秆匍匐地面，长达1m，直立部分高10~30cm。叶线形，扁平，长1~6cm，宽1~3mm。穗状花序，3~6枝，指状排列于茎顶。花果期5~8月。

原产地及习性：分布于世界暖温地区。我国分布于华北、西北、华东至华南，多生于旷野、路边及草地，是我国中南部野生乡土草种。喜光，稍耐半阴；耐热，不耐寒。对土壤要求不严；耐旱。耐践踏，生活力强。

繁殖方式：分根或用匍匐茎繁殖。

园林应用：狗牙根具发达的根状茎，可快速覆盖地面，是良好的草坪植物，适宜公园、庭院等作游憩草坪大面积栽培，亦可铺建运动场草坪，还可用于护沟、固坡、护岸、固堤。

同属常见植物：

杂种狗牙根（*C. dactylon* × *C. transvaalensis*）：根茎发达，叶丛密集、低矮，茎略短，匍匐生，可以形成致密的草皮，是近几年人工培育的杂交草坪草种。

4. 假俭草

学名：*Eremochloa ophiuroides* (Munro) Hack.

科属：禾本科、假俭草属

常用别名：百足草

形态及观赏特征：多年生草本。具匍匐茎，秆基部倾斜地面，高30cm。叶片扁平，顶端钝，长4~10cm，宽2~5mm。总状花序单生秆顶，长4~6mm，扁压。花期7~8月。

原产地及习性：原产我国，分布于长江流域以南各省区。喜温暖，不耐寒；喜光，耐阴，耐干旱；较耐践踏。

繁殖方式：播种、扦插或分株繁殖。

园林应用：假俭草植株低矮，根深耐旱，生长迅速且再生能力强，为良好的固土植物，亦可作园林草坪及运动场草坪。

5. 细叶结缕草

学名：*Zoysia tenuifolia* Willd.ex Trin.

科属：禾本科、结缕草属

常用别名：天鹅绒草、朝鲜芝草

形态及观赏特征：多年生草本。具地下匍匐茎，节间较短。秆直立，茎纤细，高 10～15cm。叶线状内卷，革质，长 2～7cm，宽约 0.5mm。总状花序顶生，紫色或绿色，常覆没于叶丛之中。花期夏秋。绿色期 210 天左右。

原产地及习性：产日本及朝鲜。中国南部亚热带地区广泛应用。该草不耐寒，华北地区不能越冬；喜阳光，不耐阴；喜黄壤土；耐干旱，耐潮湿，植株低矮，耐踏。

繁殖方式：播种或匍匐茎铺植。

园林应用：细叶结缕草植株低矮；色泽嫩绿，草丛密集，外观似天鹅绒地毯，平整美观，且具一定的弹性，是最优良的观赏草种之一，是公园及居住区的良好草坪植物，一般多用于小型庭院绿地铺设观赏草坪；也可铺设在纪念物、雕塑、喷泉周围做观赏草坪。

同属常见植物：

结缕草（*Z. japonica* Steud.）：根系分布较深，一般可达 30cm 以下。具坚韧的地下根状茎及爬地生长的匍匐枝。叶片革质，扁平，具一定的韧性。总状花序，花果穗呈绿色。花期 5～6 月。原产亚洲东南部，主要分布在中国、朝鲜、日本等暖温地带。我国北起东北的辽东半岛，南至海南岛，西至陕西关中等广大地区，均有野生自然群落。绿色期 260 天左右。适应性强且耐践踏。多用于公园、庭院、街头绿地等处铺设游憩草坪；也可铺设运动场草坪；还可作护坡固土的草坪植物。

中华结缕草（*Z. sinica* Hance）：株高 12～30cm,较细叶结缕草高。叶扁平，略长。总状花序，花期 5 月。原产中国、日本、朝鲜及澳洲，我国分布于东北、华东至广东地区。喜光，喜湿润，稍耐阴，耐盐碱，适于沿海地区应用。绿色期 250 天左右。除用于草坪外，亦适合用作河岸湿地的固坡植物。

第二节　冷季型草坪草

1. 匍匐翦股颖

学名：*Agrostis stolonifera* L.

科属：禾本科、翦股颖属

形态及观赏特征：多年生草本。株高约 45cm。秆基平卧地面，具长达 8cm 的匍匐茎，节上生根。叶长约 15cm，两面有小毛刺，粗糙。圆锥花序，成熟时呈紫铜色，长 11 ～ 20cm。花期夏秋。

原产地及习性：广布于世界温暖地区。我国华北、西北、华东、四川等地均有分布。多生于潮湿草地，在雨多、湿润、肥沃地生长好。耐阴；耐寒性强；不耐干旱及盐碱性土壤。耐踏性次于结缕草。

繁殖方式：播种繁殖，也可用插茎法繁殖。

园林应用：匍匐翦股颖株丛低矮，叶色嫩绿，叶丛细密，有"绿色羊毛"之称，可作观赏草坪，也可用作运动场草坪及高尔夫球场果岭。

同属常见植物：

细弱翦股颖（*A. tenuis* Sibth.）：株高约 20 ～ 40cm，稍有匍匐茎。叶极细，长 5 ～ 10cm。原产新西兰，分布于欧洲、亚洲之北温带及我国山西。耐修剪，可形成细密草坪，适于排水良好、较为干燥之地及山坡上，常与其他草种混播应用。

2. 羊胡子草

学名：*Carex regescens* (Franch) V. Krecz.

科属：莎草科、苔草属

常用别名：白颖苔草、细叶苔草、硬苔草

形态及观赏特征：多年生低矮草本。具细长根状茎，呈绳索状。秆三棱形，基部具黑褐色，呈纤维状裂开的旧叶鞘。叶基生成束，叶片纤细。穗状花序卵形至矩圆形，紧密排列，淡白色。果囊卵状披针形。花果期 4 ～ 6 月。

原产地及习性：分布于我国辽宁、山东、河南及华北、西北部分地区。俄罗斯、朝鲜和日本也有分布。该草耐寒力强，抗旱性好，耐盐碱，耐瘠薄，在各类土壤上均能生长。耐阴能力一般，耐践踏能力较差，不耐炎热高温。植株光滑，绿色期较长，260 天左右。与杂草竞争力差。

繁殖方式：播种或分株繁殖。

园林应用：羊胡子草叶光滑无毛且柔软，叶色草绿，具有较高的观赏价值，为良好的草坪植物。

同属常见植物：

异穗苔草（*C. heterostachya* Bge.）：又名大羊胡子草。秆三棱柱形，纤细。叶基生，线形，短于秆，近缘常外卷。着花繁密，苞片短，叶状或刚毛状。果囊卵形或广卵圆形，革质，有光泽，上部急缩成短喙。小坚果倒卵形，有三棱。绿色期 210 天左右。喜冷凉，耐寒；耐阴，耐干旱及盐碱。耐践踏性较差，不耐低修剪。是优良的观赏草坪植物。

3. 紫羊茅

学名：*Festuca rubra* L.

科属：禾本科、羊茅属

常用别名：匍红孤茅、红孤茅

形态及观赏特征：多年生草本。生长缓慢，播种 3 ~ 4 年充分发育。秆基部斜伸或膝曲，株高 45 ~ 70cm，基部红色或紫色，分枝丛生，先匍匐后直立，有短匍匐茎。叶细长，线形，油绿色，光滑柔软，对折或内卷。圆锥花序长 5 ~ 13cm，狭窄。花期 6 ~ 7 月。

原产地及习性：原产欧、亚两洲的寒带及温带北部。我国长江流域以北各省、华北、华东、西北诸省均有分布。忌高温多湿，耐低温能力强；土壤以富含腐殖质的沙质黏土和肥沃而干燥的沼泽土为最宜，能耐干燥之沙土或瘠地。

繁殖方式：种子繁殖。

园林应用：紫羊茅叶细且具匍匐性，为重要的草坪植物，也可作观赏草，还可固结土壤，保持水土。

同属常见植物：

苇状羊茅（*F. arundinacean* Schreb）：叶片呈卷曲状，尖形叶尖，叶片质地粗，叶脉突出，缺少主脉。具有显著的抗践踏、抗热、抗干旱能力，稍耐阴，抗冻性较差。

4. 宿根黑麦草

学名：*Lolium perenne* L.

科属：禾本科、黑麦草属

常用别名：多年生黑麦草

形态及观赏特征：多年生草本。丛生，茎高约60cm。叶细长线形，绿色，具光泽。穗状花序顶生，小穗有花 5 ~ 10 朵，无芒。花期 5 月。

原产地及习性：原产西南欧、北非及西南亚的温带。我国华东、华中及西南等地有分布。喜冬季温和而湿润的气候，不耐严寒，不耐高温；不耐阴；喜肥沃、湿润而排水良好之壤土或黏土，不宜沙土，可在微酸性土壤中生长；不耐干旱。

繁殖方式：以播种繁殖为主。

园林应用：宿根黑麦草生长迅速，成坪速度快，故多用作先锋草种，与其他草种混播可形成优美草坪。也是优良的牧草。

5. 加拿大早熟禾

学名：*Poa compressa* L.

科属：禾本科、早熟禾属

常用别名：扁秆早熟禾

形态及观赏特征：多年生草本。根系发达，茎节短，茎秆扁圆，形成坚固根丛。具根状茎，秆高可达 1m。匍匐茎发达。基部叶片多而短小。圆锥花序紧缩，长约 5cm，全株蓝绿色。种子成熟后草色仍为绿色。早春长势极好，夏季较差。花期 7 月。

原产地及习性：原产欧洲、中亚及西亚。我国河北、山东、江西、江苏等地栽培。本种耐阴；耐寒，又耐炎夏；耐贫瘠与干燥土壤，在沙质土壤和黏质土壤上皆能生长，湿润、阴处生长不良。耐践踏。

繁殖方式：播种繁殖。

园林应用：加拿大早熟禾叶色蓝绿，颜色美观，宜作草坪草种，剪短时可形成优美草坪，但细密平整度不及草地早熟禾，可用于公园、风景区、庭园及水土保持绿化地被；亦可作牧草。

同属常见植物：

草地早熟禾 (*P. pratensis* L.)：具细根状茎，15 ~ 20cm 处根最密集。秆丛生，直立光滑。叶舌膜质，叶片条形，柔软、细长，密生基部。圆锥花序开展。颖果纺锤形。花期 5 ~ 6 月。原产欧洲、亚洲北部及非洲北部。广泛分布于北温带冷凉湿润地区。我国东北、山东、江西、河北、内蒙古等地均有。耐旱力较加拿大早熟禾弱。喜疏松、多含腐殖质的肥沃土壤，耐碱地，可生于石灰质土壤中。为重要的草坪植物，均匀、整齐、柔软、叶面平滑、质地有光泽。耐修剪，耐践踏。地下茎为蔓性，可保持水土，宜种于斜坡地；亦是优良牧草。

思考题

1. 草坪草的分类有哪些？依据是什么？
2. 园林中常用的草坪草植物有哪些？举例说明。

附录一　英汉园林植物学主要词汇索引

附录二 植物拉丁学名索引

附录三 植物中文名称索引